이해하기 쉬운

2차전지

오서영 · 이정현 · 윤좌현 지음

도서출판 동화기술

머리말

에너지라 함은 일을 할 수 있는 능력이나 힘을 말한다. 즉, 사람이나 기계 또는 장치 등을 움직이게 하기 위해 꼭 필요한 것으로서 존재하는 에너지의 형태는 광범위하다. 특히 에너지 고갈 등의 문제로 인해 앞으로 다가올 미래의 에너지 사회를 구축하기 위해서는 더 높은 에너지 변환 효율로 구성된 전기에너지를 저장하는 에너지 장치도 필요하다.

2차 전지는 이와 같은 목적에 부합하는 에너지 장치 중 하나로서 우리나라에서는 반도체만큼이나 중요한 화제가 되고 있기 때문에 2차 전지에 대한 관심이 뜨거울 수 밖에 없다. 특히 에너지 사회에서는 보다 높은 에너지 밀도를 가진 2차 전지가 필요하다.

따라서 마이크로 전자산업의 급속한 발달과 함께 4차 산업혁명의 전장화, 초연결화의 핵심동원력으로서 미래의 에너지 사회를 구상하는 핵심 기술로 인정받고 있는 2차 전지는, 핵심전력 공급원인 전지개발의 중요성이 크게 부각되는 것과 함께, 기존의 2차 전지를 뛰어넘는 더 훌륭한 2차 전지가 우리나라에서도 개발될 수 있도록 지금이라도 인재육성이 필요한 시점이라고 생각한다.

이에 미력하지만 학교시절 세부전공으로 익힌 에너지 관련 부문과 대학에서 2차 전지 강의를 한 경험을 살려 전지의 탄생부터 미래 전망까지 다양한 과정들을 다루었으며, 기초 원리부터 쉽게 이해할 수 있도록 준비하였다.

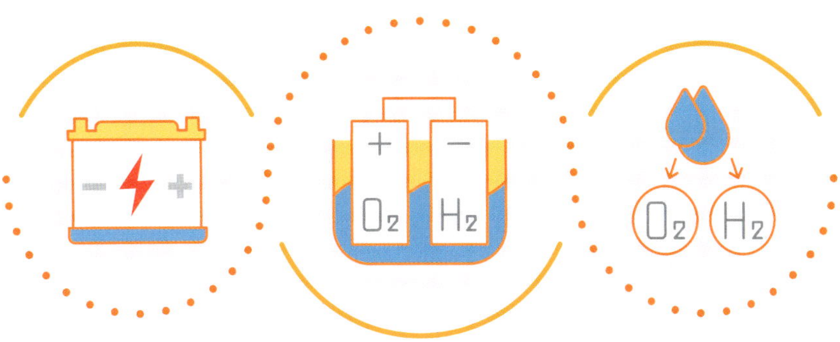

이 책에서 광범위한 2차 전지 계통의 내용들의 모든 것을 완벽하게 다루기는 어렵지만, 2차 전지 관련 학생이나 관련 기업의 취업을 준비하는 독자에게는 유익한 지침서가 되었으면 하는 희망으로 집필하였으며, 내용상 부족한 점에 대해서는 많은 분들이 조언을 주신다면 계속 수정하고 보완하여 2차 전지 분야의 완벽한 전문서적으로 자리매김할 수 있을 것으로 기대한다.

끝으로 항상 따뜻한 격려를 아끼지 않으신 김광열 영덕군수님과 주변 모든 지인분들께 감사함을 전하고, 이 책의 출판을 맡아 수고해주신 도서출판 동화기술 정우용 회장님과 이재영 상무님 그리고 교정과 편집으로 고생하신 편집자분께 감사드린다.

저자 드림

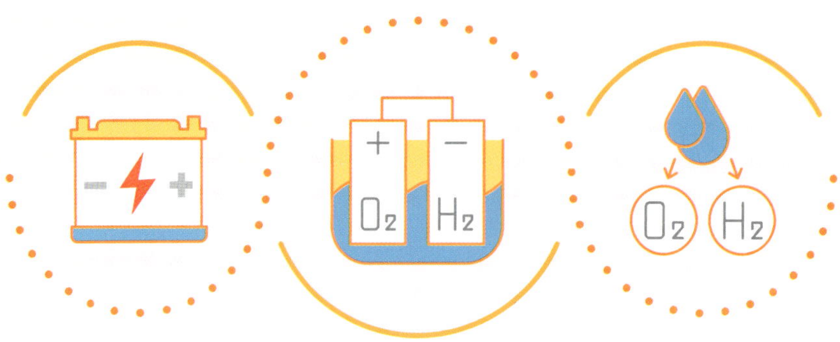

목차

Chapter 3 전지의 제조공정과 관리

CHAPTER 01

전지의 기초와 변천과정

1-1 전지의 변천과정

[1] 전지역사의 개요

인류가 처음 접한 전기는 '번개(Lightning)'로서 현대인들은 과학, 물리 등에 대한 지식을 터득하면서 자연현상이라고 알고 있지만, 그 당시 고대인들은 상상도 못할 만큼 엄청난 파괴력의 힘을 지닌 번개를 두려움의 대상으로 신성하게 여겼을 것이라고 짐작할 수 있다. 파괴의 힘이 강력한 번개를 두려움의 대상으로 여기는 것은 신화에서도 나타난다. 본래 인도 성전 '리그베다'에 등장하는 천신 중 벼락을 신격화한 가장 강력한 힘을 지닌 신(神)인 제석천(Indra)은 자신을 상징하는 강력한 무기는 인다라망(因陀羅網)이다. 이것은 제석천궁에 장엄되어 있는 그물로 수많은 보배 구슬로 이루어져 있어 흔들면 서로 빛을 발하면서 함께 어우러져 악신(惡神)을 물리친다는 모습으로 묘사되고 있다.

또한, 고대의 전기가 번개였다면 B.C. 600년경 그리스의 탈레스에 의하여 호박(Amber ; 송진이 굳어서 된 보석)을 문지르면 먼지가 달라붙는다는 마찰전기와 B.C. 200년경 중국에서는 철조각을 끌어당기는 돌(자철광)이 있음을 알고 있는 기술이 존재하고 있었다. 그 후, 기술이 계속 진행되어 이러한 정전기와는 달리 동전기(動電氣)를 사용한 전지가 발견된 것은 1936년 이라크 국립박물관의 유물 관리자였던 독일의 고고학자 빌헬름 쾨니히(Wilhelm Konig)가 오늘 날 이라크(Iraq)의 수도인 바그다드 부근 티그리스(Tigris) 강변의 고도인 셀레우키아 유적이 있던 호야트럽퍼 언덕(Tel)에서 발견한 항아리 전지 <그림 1-1-1 바그다드의 고대전지>가 최초이다. 이 전지 항아리의 내부는 점토로 만든 항아리 안쪽에 U자 형태로 된 얇은 구리봉(높이 9.9 cm, 직경 2.8 cm)을 넣고, 그 가운데에 굵은 철봉을 넣은 것으로 이 항아리의 구조를 확인하고서 이것이 전지와 흡사하다고 느꼈다고 한다. 항아리 전지 한 개당 0.8～1.5 V의 전압을 낼 수 있었으며, 여러 개를 직렬로 연결하여 금(Au)・은(Ag) 세공 등 전기도금을 하는데 사용했을 것으로 추정된다. 이 항아리 전지 발굴팀은 내부에 없어진 전해액 대신 식초를 넣어 보았는데 약 1.1 V의 전압을 얻을 수 있었다고 한다. 만약 항아리 전지가 정말 전지라고 한다면 세계 최초의 전지라고 알려져 있는 1800년경 이탈리아의 과학자 알레산드로 볼타(Alessandro Volta)가 발명한 것에 비하여 무려 2,000년 이전에 발명된 셈이다. 볼타 전지는 물질의 화학적 반응을 통해 화학에너지를 전기에너지로 변환시키는 세계 최초의 전기 발생장치로서 세계 최초의 전지는 소금물을 적신 판지(cardboard soaked in salt solution)를 사이에 두고 은판(silver disc)과 아연판(zinc disc)을 반복하여 여러 층을 쌓아 설치한 후 두 금속을 구리선으로 연결하여 만들었다. 이를 볼타 파일(Voltatic pile)이라고 하는데, 이것이 최초의 볼타 전지로서 그 후 전기를 에너지원으로 쓰는 연구가 한층 탄력을 받게 되는 계기가 되었다.

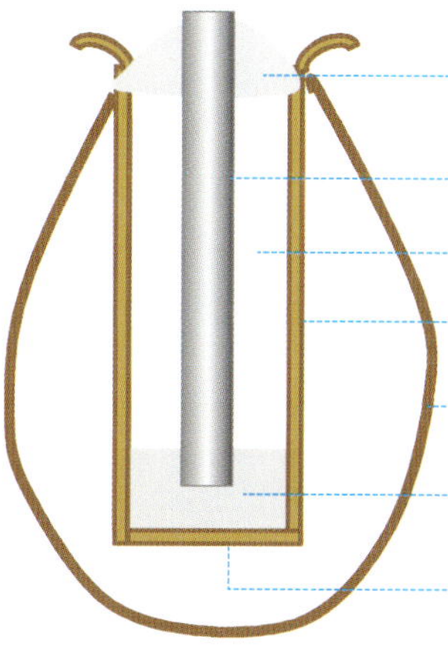

그림 1-1-1 바그다드의 고대전지

[2] 전지의 변천

▶ 791년 이탈리아의 해부학자이자 생리학자인 루이지 알로이시오 갈바니(Luigi Aloisio Galvani)가 '개구리의 근육에 금속조각을 대면 수축하는 경우(경련)가 있다.'는 현상에서 동물에게서 발생하는 전기라는 의미로 '동물전기'라고 이름

을 붙인 동물전기를 발견한 것이 전지의 시초가 되었다.

▶ 1800년 이탈리아의 물리학자인 알레산드로 주세페 안토니오 아나스타시오 볼타(Alessandro Giuseppe Antonio Anastasio Volta)는 염수(소금물)에 적신 판지 또는 헝겊(Cardboard soaked in salt Solution)을 사이에 두고 반대성질을 가진 서로 다른 금속인 은판(Silver disc)과 아연판 (Zinc disc)을 <그림 1-1-2 볼타의 전퇴(Pile)>에서와 같이 적층(반복하여 여러 층을 쌓는 것) 설치한 후에 두 금속을 구리선으로 연결하면 기전력이 발생한다는 사실을 발견하였다.
이것이 최초의 볼타 전지이며, 볼타의 전퇴(電堆, Pile)는 최초의 건전지 형태로서의 발명과 그 후 전기 연구에 크게 기여한 공헌으로 나폴레옹으로부터 작위와 훈장을 수여받는 한편, 그의 이름을 따서 전압의 단위를 '볼트(V)'로 사용함으로서 후세에 그 이름을 계속적으로 알리게 되었으며, 오늘날의 1차 전지의 기초가 되어서 그 뒤 많은 전지가 고안되었다.

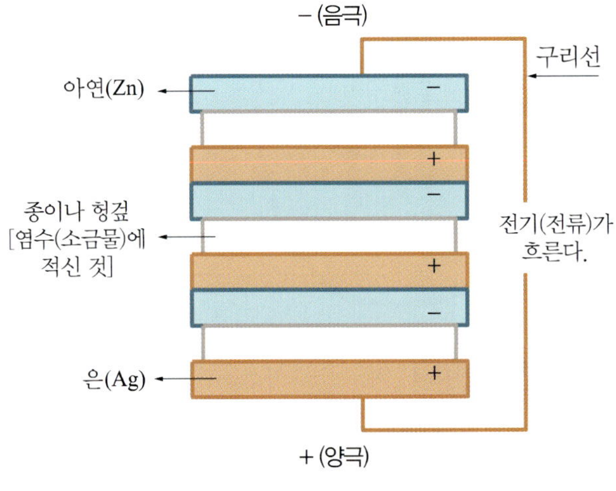

그림 1-1-2 볼타의 전퇴(Pile)

▶ 1836년 영국의 화학자이자 기상학자인 존 프레데릭 다니엘(John Frederick Daniel)은 아연판을 황산아연 수용액에, 구리판을 황산구리 수용액에 담그고 두 용액을 염다리로 연결하여 만들어진 대표적인 1차 전지 중 하나를 발명하였다. 이 1차 전지는, 전지 내에 전류를 흘려줌으로써 방전 시에 일어난 화학반응을

역으로 되돌리는 것은 불가능하지만 사용하는 동안 전류의 세기가 일정한 전류를 계속 공급하는 개량전지로서 볼타 전지를 한 걸음 더 발전시켜 전기 연구의 새로운 장을 열었다.

- 1859년 프랑스 물리학자 가스톤 플랑테(Gaston Plante)는 양극(+) 활성물질에 이산화 납(PbO_2), 음극(−) 활성물질에 해면상 납(Pb), 전해액에 황산(H_2SO_4)을 이용한 두 장의 납판(Pb Plate)에 직류전류를 통하게 연결하여 그 납판에서 2차적으로 기전력이 발생하는 것을 최초로 발견하였으며, 이것은 오늘날의 2차 전지의 주류를 이루는 아연산 축전지가 처음 만들어지는 계기가 되었다.
- 1878년 프랑스의 르크라세(Lecrange)가 발명한 르크랑셰 전지는 무겁고 큰 형태의 르크랑셰 전지를 휴대용으로 편리하게 간소화한 것으로서 '아연−탄소 건전지'라고도 하며, 그 후 많은 개량을 통하여 현재 1차 전지의 주류를 이루는 망간건전지로 발전하였다.
- 1880년 일반적으로 가장 많이 사용하는 전지라고 할 수 있는 '망간전지'는 상용화된 이후 여러 차례의 성능 개선을 통하여 현재에 이르기까지 사용되고 있다.
- 1883년 프랑스의 클라크와 독일의 돈, 하스랏샤에 의해서 산화은 전지(SR전지 ; Silver Oxcide Round Cell)가 발표되었다. 양극 활성물질로 산화은(Ag_2O)을 사용하고, 음극 활성물질로 아연(Zn)을 사용하며, 전해액으로는 수산화칼륨(KOH) 또는 수산화나트륨(NaOH) 수용액을 사용하고, 분리막(Separator)은 비닐론이나 알파화 펄프계가 사용된 전지로서 일반적으로 '코인형(동전형) 전지'라고 한다. 이 전지는 1940년대는 군사용으로, 1960년대는 민생용으로 개발된 전지로서 평탄한 방전전압과 소형, 경량으로 높은 전력의 뛰어난 부하특성으로 손목시계의 전원으로 사용되고 있다.
- 1899년 스웨덴의 과학자인 발데마르 융그너(Waldemar Jungner)에 의해 니켈 카드뮴 전지(Ni-Cd 전지, 니카드 전지)가 처음 발명되었는데 '융그너 전지'라고도 불린다. 수산화니켈을 양극에, 카드뮴을 음극에, 수산화칼륨 용액을 전해액으로 하여 만든 축전지로서 대표적인 알칼리 전지이다.
- 1939년 독일의 화학자 로베르트 빌헬름 에버하르트 분젠(Robert Wilhelm von Bunsen)은 음극(−)은 카본, 양극(+)은 아연, 전해액은 희황산(묽은 황산), 감극제로서 초산을 사용하고 있다. 전해액의 묽은 황산 속에 아연으로 된 원통을 세우고 그 속에 탄소 막대와 진한 질산이 든 통을 넣어 만든 전지로서, 기전력

은 1.94 V이지만 사용하지 않을 때는 전극을 전해액에서 끌어올려 놓지 않으면 안 되는 불편한 전지가 되어 활성화되지는 않았다.

- 1959년 프랑스의 물리학자 가스톤 플랑테(Gaston Planté)에 의해 납축전지가 발명되었다. 자동차 배터리에 사용되는 납축전지는 다른 2차 전지보다 용량이나 전압이 큰 것이 특징이며, 구성을 보면 양극(+)은 이산화납(PbO_2), 음극(−)은 납(Pb), 전해질은 증류수에 황산을 희석하여 제조한 묽은 황산($2H_2SO_4$)으로 구성되어 있다.
- 1960년대에 밀폐형 니켈카드뮴(Ni-Cd)전지가 본격적으로 양산화 되면서 철도 차량용, 비행기 엔진 시동용 등을 비롯하여 고출력이 요구되는 산업 및 군사용으로 널리 이용되었지만 메모리 효과와 인체, 환경에 유해한 카드뮴(Cd) 사용으로 인해 점차 사용을 기피하는 추세로 돌아섰다.
- 1968년 자동차 배터리에 사용되는 납축전지는 화학변화에 의해 화학적 에너지가 전기적 에너지로 변화되기도 하고, 가역적으로 전류를 충전하면 다시 역(Reverse)으로 반복 사용할 수 있는 전지인 2차 전지(축전지)의 생산공장이 국내에 많이 설립되면서 운송장치인 자동차, 선박, 오토바이, 전동 카 등에 사용되고, 동력장치로는 산업용 리프트, 기관차 등에 사용되면서 산업 전반에 중추적인 역할을 하게 되었다.
- 1989년 니켈−수소(NI-MH) 배터리가 처음 출시되었는데 축전지에는 카드뮴 대신 음극용 수소흡수합금 또는 수소흡장합금이 사용되었다. 납축전지는 전해액으로 묽은 황산을 사용하였던 산(Acid)전지와는 달리 알칼리(Alkali)전해액을 사용한 2차 전지로 주목받게 되었다.
- 1901년 미국의 발명가인 토마스 알바 에디슨(Thomas Alva Edison)이 니켈−철(Ni-Fe) 축전지를 발명하였다. 1899년 스웨덴의 과학자인 발데마르 융그너(Waldemar Jungner)에 의해 개발된 니카드(NCd) 전지는 에디슨이 개발한 니켈−철(Ni-Fe) 전지와 경쟁했는데, 이 경쟁에서 니카드(NCd) 전지의 손을 들어준 회사는 독일의 비르타(Varta)와 프랑스의 SAFT (투자회사)로서 이 회사들은 니카드 전지를 상업화에 성공하면서 니카드 전지 시대를 활짝 열었다.
- 1942년 미국의 루벤(Ruben)에 의해 발명된 아연산화 수은 전지(Zinc-Mercuric oxide cell)는 간단히 '수은 전지'라고도 부른다. 또한, 발명자의 이름을 따서 '루벤 전지(Ruben cell)'라고도 했었고, 혹은 발명자 이름 'Ruben'과 회사 이름

인 '말로리(Mallory)'의 한 글자씩을 따서 'RM 전지'로 부르기도 했었다. 수은 전지의 구성물질은 음극(−)에는 아연(Zn)을, 양극(+)에는 산화수은(HgO)을, 전해질에는 진한 수산화칼륨(KOH)이 널리 사용되었는데, 수산화이온(OH^-)을 지니고 있기 때문에 물에 녹이면 염기성을 띠면서 흰색 고체로 조해성이 강해서 그냥 공기 중에 두면 스스로 녹아 눅눅해진다. 이 전지는 1차 전지 가운데서 대단히 높은 에너지 밀도와 전압 안정성으로 1960~1970년대 소형전자기기의 주 전원으로 사용하였고, 수명이 거의 다할 때까지 1.35 V의 일정한 전압을 유지하는 장점이 있지만 수은의 유해성으로 인해 1980년대 이후부터 사용을 억제하여 현재는 보청기 등 일부에서만 허용되고 있다.

- 1944년 'Mallory' 회사가 법인화된 후, 루벤(Ruben)이 정식 합류하여 '말로리 배터리 사(Mallory Battery)'가 되었다. 처음에는 수은전지를 주로 생산했었지만 1964년도에 알카라인 건전지를 출시하면서 현재의 '듀라셀(dura cell)' 명칭을 쓰기 시작하였다.
- 1947년 납축전지에 비해 가볍고 니켈−수소 배터리보다 저렴해서 많이 사용했었던 니켈−카드뮴(Ni-Cd) 배터리는 가격이 저렴하다는 장점이 있었지만 수입되는 카드뮴 가격의 상승과 메모리 효과(Memory effect)로 인해 사용하는 곳이 많이 감소되는 현상도 있었지만 밀폐형 니켈−카드뮴(Ni-Cd) 축전지로 개선되면서 현재까지도 사용되고 있다.
- 1949년 알칼리 망간 전지는 실용화가 되면서 망간 건전지와 비교하여 전지용량이 크고 내부저항이 적어서 부하가 큰 장시간 사용에 적합한 전지로서 원통형과 코인형으로 분류된다. 전지의 구성물질에 양극(+)재료는 이산화망간(MnO_2), 음극(−)재료는 아연(Zn), 전해액은 수산화칼륨 용액(KOH), 분리막으로는 부직포(폴리오레핀, 폴리아미드계)를 사용하고 있다.
- 1950년 리튬(Lithium) 전지는 음극(−)에 금속 리튬(Lithium)을 사용한 모든 전지들을 가리키는 용어로서 NASA (미항공우주국)에서 우주군사용으로 연구가 시작되었으며, 많은 에너지 활용을 위해 활성이 높은 리튬금속을 사용하였다. 리튬 전지인 기능면으로 1차 전지와 2차 전지로 나뉘는데, 1차 전지인 망가니즈 건전지에 비해 2차 전지인 리튬이온 전지, 리튬폴리머 전지 등은 전압과 에너지 밀도가 높아서 카메라나 전자시계 등의 전원으로 많이 사용되고 있다.
- 1960년대 리튬 1차 전지는 1960년대 들어 미국의 NASA에서 우주개발용 전원

으로 연구 개발된 고에너지 밀도의 전지로서 오늘날 본격적으로 실용화가 되고 있는 것은 플루오린화 흑연(CF)·리튬(Fluoride Lithium ; LF) 전지 그리고 활성 물질로 이산화망가니즈(MnO_2)를 함유한 양극(+), 리튬(Lithium)을 음극(−), 비수성 유기용액의 전해질로 되어 있는 이산화망가니즈(MnO_2)·리튬(Lithium) 전지이다.

- 1970년대 전반기에는 원통형 플루오르화흑연−리튬전지[$(CF)_n$/Li]를 군용통신기기와 구난무선기기, 고공관측용기구 및 남극관측 등 극지탐험에서 사용하는 기기 등의 전원으로 주로 사용하다가, 1970년대 후반에는 안정성 확보가 용이한 소형으로의 개발을 지향하여 가늘고 경량인 핀타입 전지를 개발하여 밤낚시용 전자찌에 사용하면서부터 민생용 전지로 보급되었다. 이와 동시에 장기 신뢰성이 높고 내누액성이 뛰어난 코인형 전지는 전자시계용으로 기존의 산화은 전지를 대체하여 장수명 전지로서 널리 사용되었다.
- 1972년 일본의 요시노 아키라가 리튬이온 전지 등을 개발했다.
- 1973년 리튬 1차 전지는 양극(+)에 이산화망간−리튬(MnO_2), 음극(−)에 Li, 전해액에 $LiClO_4$ (유기전해액) 사용이 실용화되었다.
- 1975년 이산화망간−리튬(MnO_2/Li) 전지 등의 리튬 탄소복합(이온) 2차 전지가 발명되었다.
- 1980년대에는 종래의 아연(Zn)을 음극(−)으로 사용하는 전지 대신에 리튬을 사용하였으며, 작동 전압이 높고 전압 평탄성이 좋고 자기방전이 낮아 각종 전자기기의 메모리 백업용 전원으로 버튼형(코인형) 리튬 전지의 수요가 폭발적으로 증가하였다.
- 1983년 리튬 2차 전지의 경우에 버튼형 카본−리튬(Carbon-Lithium) 전지가 개발되었지만, 특성이 콘덴서와 유사하고 용량이 너무 작아 사용이 매우 제한적이기에 활성화되지는 않았다.
- 1985년 리튬 1차 전지는 전압이 높고, 펄스 방전 특성이 우수하고, 용량이 큰 원통형 리튬전지(CR123)가 자동카메라용 전원 등으로 사용되면서 전 세계적으로 수요가 증가하였다.
- 1988년에 바나듐계 리튬 전지가 개발되어 메모리 백업용으로 사용이 시작되었다.
- 1990년 말 하이브리드 자동차가 처음 등장하여, NiMH 배터리(니켈수소 합금 전지)가 모든 고전압 사양에 핵심적으로 적용되었다. 니켈수소 합금 전지는 고전압 하이브리드 시장에서 여전히 중요한 위치에 있으나, 그 독점적인 자리를

점차 리튬이온 전지(Lithium-ion battery) 기술에 내어주고 있다.

▶ 1990년 캐나다의 Moli Energy에서 황화몰리브데늄(MoS_2)을 양극(+)으로, 리튬금속을 음극(−)으로 사용하는 2차 전지를 개발하여 일본에 수출하였으나, 사용 중 리튬전지가 폭발하는 사고가 발생하여 전량 회수하는 사태가 발생하였다. 이 사고의 원인은 충·방전을 반복함에 따라 금속리튬 음극(−)에서 양극(+)으로 이동하였던 리튬이 방 전시 음극(−)에서 수지상으로 성장하여 내부에서 양극(+)과 음극(−)이 단락됨에 의한 것이었다.

▶ 1990년 밀폐형 니켈−수소 축전지[MH 양극(+) / NiOOH 음극(−) / KOH (전해질)] & 리튬이온 2차 전지가 실용화되었다. 니켈−수소(NiH) 전지는 니켈(Ni) 및 수소(H_2) 가스를 기반으로 충전 가능한 전기화학적 에너지원이다.

▶ 1991년 일본의 Sony Energytec에서 리튬금속을 탄소로 대체한 리튬이온 전지를 개발, 상품화하였다. 이 리튬이온 전지는 금속리튬을 사용하지 않기 때문에 종래의 리튬전지에 비해 매우 안전하지만, 휘발성이 강한 유기 전해액을 사용함에 따른 발화에 의한 안전성 문제가 여전히 남아있었다.

▶ 1991년 일본 Sony사는 원통형 리튬이온 전지(Lithium-ion battery)를 세계 최초로 상업화 하였다.

▶ 1992년 원통형 리튬이온 전지(Lithium-ion battery)는 실용화된 지 2년 만에 대량 생산이 개시된 2차 전지로서 니켈−카드뮴(Ni-Cd) 전지와 동작전압이 같고 구조적으로도 비슷하지만 음극(−)에 수소 흡장합금(Hydrogen-absorbingalloy)을 채용하고 있어서 높은 에너지 밀도를 가져 현재까지 전기자동차용으로 각광받고 있다.

▶ 1996년 리튬이온 전지는 사용하는 제품의 형태에 따라 배터리의 모양은 각형(Quadrangle type), 원통형으로 생산 및 실용화 되었다. 1999년에는 파우치형(Pouch type) 등이 개발되었다.

▶ 2003년 리튬이온 전지(Lithium-ion battery) 개발을 통해 전동공구용 원통형 등에도 널리 사용되었으며, 전기차용 원통형 리튬이온 전지는 국내 LG화학이 최초로 양산하였다.

1-2 화학 전지의 구성 원리

[1] 화학 전지(Chemical cell)의 개념

화학 전지란 물질이 갖고 있는 에너지인 화학에너지를 전기에너지로 바꾸어서 사용하는 전지를 말하는데, 그렇다면 화학에너지는 전기에너지로 어떻게 바뀌는가? 화학에너지의 자발적인 산화·환원 반응을 이용하여 전자가 이동하는 과정에서 전류가 발생하여 전기에너지로 변환되므로, 화학 전지는 전자가 이동하는 화학반응(산화·환원 반응)을 이용해 인위적으로 전류를 발생시키는 장치라고 말할 수 있다. 최초의 화학 전지는 1800년대 이탈리아의 볼타가 개발한 볼타 전지(Alessandro Volta Cell)를 들 수 있으며, 볼타(Volta)의 전지 발명에 의하여 인간은 전류(Current)라는 현상을 이용할 수 있게 되었다. 볼타 전지 이후에 니켈-카드뮴 전지, 알칼리-망가니즈 전지, 수은 전지, 리튬이온 전지 등 다양한 형태의 전지가 개발되었다.

[2] 화학 전지(Chemical cell)의 원리

전기가 도선을 따라 흐르는 원리는 금속의 반응성의 크기 차이 때문에 생기는 현상이다. 금속은 대체로 전자를 잃고 양이온이 되려는 경향성을 가지고 있기 때문에 양이온이 된다는 것은 전자를 잃는다는 것, 즉 산화된다는 의미이며, 이온화 경향성이 크다는 것은 산화되려는 속도가 더 빠르다는 의미로 해석이 된다. 따라서 반응성이 커서 전자를 잃고 양이온이 되기 쉬운 금속은 이온화 경향이 강한 반면에 반응성이 작아서 전자를 잃기 쉽지 않은 금속은 이온화 경향이 약하다. 금속끼리 서로 연결하면 반응성이 더 큰 금속에서 반응성이 작은 금속 쪽으로 전자가 이동하기 때문에 반응성이 큰 금속이 반응성이 작은 금속에게 전자를 주는 자발적인 화학반응(산화 반응)이 일어나고, 전자는 (−)전하를 띠므로 전자가 이동하는 것은 전류가 흐르는 것이다.

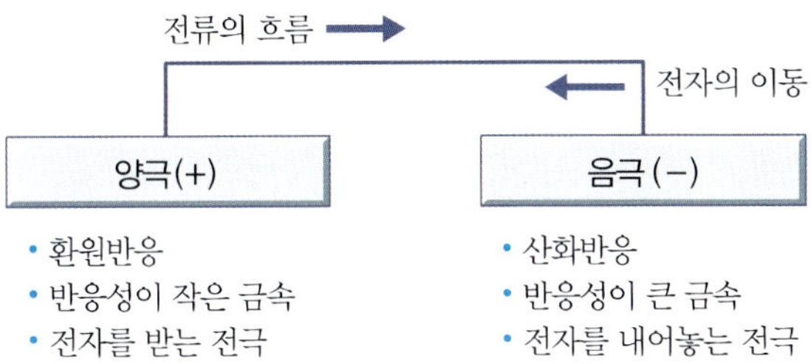

그림 1-2-1 화학 전지의 반응성

자발적 화학 전지 반응을 이해하기 위해서 황산구리 용액에 아연판과 구리판을 담그는 것을 생각해보면, (−)극의 아연(Zn)판에서는 반응에 참여하는 구리(Cu)판보다 반응성이 큰 금속이므로 아연이 전자를 잃고 산화되어 다음과 같은 반응이 일어나게 된다.

$$Zn(s) \rightarrow Zn^{2+} + (aq) + 2e^{-}$$

(+)극의 구리(Cu)판에서는 아연(Zn)판보다 반응성이 작은 금속이므로 전자를 얻어 환원되어 다음과 같은 반응이 일어나게 된다.

$$Cu^{2+}(aq) + 2e^{-} \rightarrow Cu(s)$$

이온화 경향 순서(산화가 잘 되는 순서)를 고려하면 아연(Zn)과 구리(Cu) 둘 중 어떤 금속이 전자를 잃고 산화되려는 경향이 더 클까? <그림 1-2-9 금속의 이온화 경향>을 참고하면 아연(Zn)임을 알 수 있다. 화학반응이 자발적으로 일어나는 반응이 진행되었다면, 아연(Zn)은 전자 두 개를 잃고 아연(Zn^{2+})이 되는 산화 반응이 일어났을 것이며 구리(Cu)는 전자 두 개를 얻어 구리(Cu^{2+})가 되는 환원 반응이 일어났을 것이다.

$$\text{산화반응 : } Zn(s) \rightarrow Zn^{2+}(aq) + 2e^-$$
$$\text{환원반응 : } Cu^{2+}(aq) + 2e^- \rightarrow Cu(s)$$
$$\therefore \text{ 전체적 반응 : } Zn(s) + Cu^{2+}(aq) \rightarrow Zn^{2+}(aq) + Cu(s)$$

아연(Zn)은 2가 아연(Zn^{2+})이 되면서 용액 중에 서서히 녹아 들어가고, 2가 구리(Cu^{2+})는 구리(Zn)금속 표면에서 구리(Cu)금속으로 석출되면서 2가 구리(Cu^{2+})로 인한 용액 중의 푸른색이 점점 옅어진다. 반응성이 작은 금속에서 전자를 받아 환원하는 반응이 일어나야 하는데 금속은 전자를 얻는 환원 반응성이 작기 때문이다. 이때 두 금속에 전류를 계속 흐르게 하려면 반응성이 큰 금속이 반응성이 작은 금속 쪽으로 이동한 전자가 계속 소모되도록 하기 위해 연결된 두 금속을 전해질에 넣으면 된다. 반응성이 큰 금속은 전자를 내놓고 양이온으로 되는 산화 반응을 일으키고, 이때 전자는 반응성이 작은 금속으로 이동하며, 이동한 전자는 반응성이 작은 금속에 접촉되어 있는 전해질의 양이온과 반응하여 소모되는 화학반응(환원 반응)을 한다. 이와 같이 반응성의 크기가 다른 두 금속을 전해질 속에 넣고 연결하여 자발적인 산화·환원 반응이 일어나 두 금속 사이에 전류가 흐르게 하는 장치를 화학 전지라 한다. 화학 전지는 반응성이 커서 전자를 내주는 금속을 (−)극, 전자를 받아들이는 반응성이 작은 금속을 (+)극이라 한다. 이 화학 전지의 두 금속 사이에 흐르는 전류를 이용하여 전구에 불을 켜거나 스피커의 소리를 내는 등 여러 가지 일을 하는 데 사용할 수 있다.

(1) 볼타 전지(Volta cell)의 원리

최초의 화학 전지는 볼타 전지(Alessandro Volta Cell)이다. 볼타 전지(Volta Cell)는 아연(Zn)금속과 구리(Cu)금속을 도선으로 연결하여 아연(Zn)판에서는 전자(e^-)를 내주는 산화 반응이, 구리(Cu)판에서는 전자(e^-)를 소모하는 환원 반응이 일어나는데 구리(Cu)판이 직접 반응하는 것이 아니라 전해질의 수소이온(H^+)이 전자를 얻어 수소(H) 기체로 환원되는 반응이 일어난다.

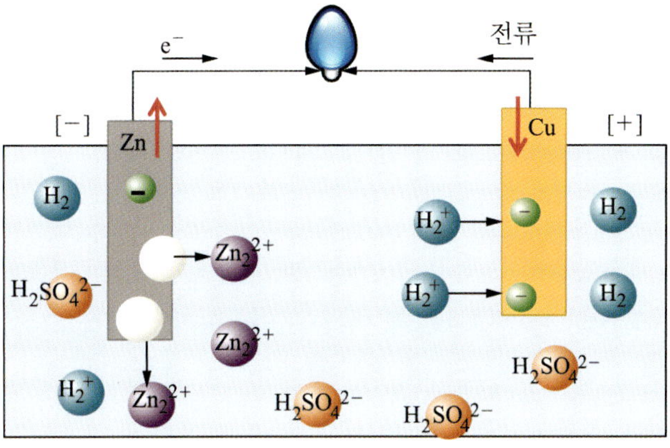

그림 1-2-2 볼타 전지의 원리구조

<그림 1-2-2 볼타 전지의 원리>에서 보는 바와 같이 좌측 (−)극의 아연(Zn)판과 우측 (+)극의 구리(Cu)판을 강산성의 액체 화합물인 황산(H_2SO_4)에 넣고 도선으로 연결하면, 좌측의 아연(Zn)판은 우측의 구리(Cu)판에 비하여 이온화 되려는 경향이 크기 때문에 먼저 반응하여 아연(Zn)판에서 전자(e) 두 개를 잃음에 따라 2가 아연이온(Zn^{2+})이 되어 용액액체 화합물인 황산(H_2SO_4) 속으로 녹아 들어가고, 아연판에 남아 있던 전자(e)는 도선을 따라 반응성이 작은 우측 구리(Cu)판으로 이동한다. 이때 구리금속 쪽으로 이동한 전자는 구리(Cu)금속과 접하고 있는 전해질 수용액의 수소이온(H^+)과 반응하여 수소 기체로 환원된다. 양 전극에서 이러한 반응이 계속 일어나서 도선으로 전류가 계속 흐르는 장치이다.

볼타 전지는 (+)극 쪽에서 수소 기체가 발생하게 되기 때문에 '분극 현상'이 일어나는 단점이 발생한다. 분극 현상이란 전류가 잠시 흐르다가 전압이 급격하게 떨어지는 현상으로서 구리 표면에 수소 기체가 덮이면서 수소이온의 반응을 방해하기 때문이며, 구리판의 표면을 덮는 현상을 줄이기 위하여 수소 기체를 물로 산화시키는 이산화 망가니즈(MnO_2), 과산화수소(H_2O_2) 등의 감극제(소극제)를 사용하게 된다.

산화반응 (−)극 : $Zn(s) = Zn^{2+}(aq) + 2e^-$

환원반응 (+)극 : $2H^+(aq) + 2e^- = H_2(g)$

전체반응 $Zn(s) + 2H^+(aq) = Zn^{2+}(aq) + H_2(g)$

(2) 다니엘 전지(Daniel cell)의 원리

다니엘 전지는 <그림 1-2-3 다니엘 전지의 원리구조>에서와 같이 반응성이 큰 아연(Zn)금속판과 반응성이 작은 구리(Cu)금속판을 도선으로 연결한 후 두 금속을 각각의 전해질 속에 넣으면, 아연금속은 '2+'의 전지 두 개를 내놓고 구리(Cu)는 아연(Zn)이 내놓은 '2+' 전자 두 개를 받아 환원되어 구리(Cu)금속으로 석출된다. 이때, 구리(Cu)판에서는 수소(H_2)가 아닌 구리금속이 달라붙으므로 분극 현상(전압 불평형률)은 전혀 일어나지 않으며, 두 전극 사이에 전위차가 생겨 전류가 흐른다. 전위차는 두 금속의 산화·환원 반응에 의한 전류를 흐르게 하는 것으로서 '기전력'이라고도 하며, 전류를 흐르게 하는 최초의 전압이라 할 수 있다. 다니엘 전지에서는 양쪽 금속 주변에서 산화·환원 반응이 일어날 때 수용액의 전하량이 균형을 이룰 수 있도록 하는 것이며, (−)극인 아연판이 산화되어 아연이온이 발생되므로 황산아연 수용액은 아연이온수가 증가하여 상대적으로 양전하량이 커지고, (+)극인 구리판 주변에서는 구리이온이 환원 반응하여 양이온이 감소하므로 상대적으로 음전하량이 커져 수용액의 전하량의 불균형이 발생한다. 이때 염다리의 역할은 염다리 속의 염의 음이온이 황산아연 수용액 쪽으로 흘러가고, 염의 양이온은 황산구리 수용액 쪽으로 흘러나와 수용액의 전하량의 균형을 조절하여 전위차가 계속 유지가 되도록 하는 것이다.

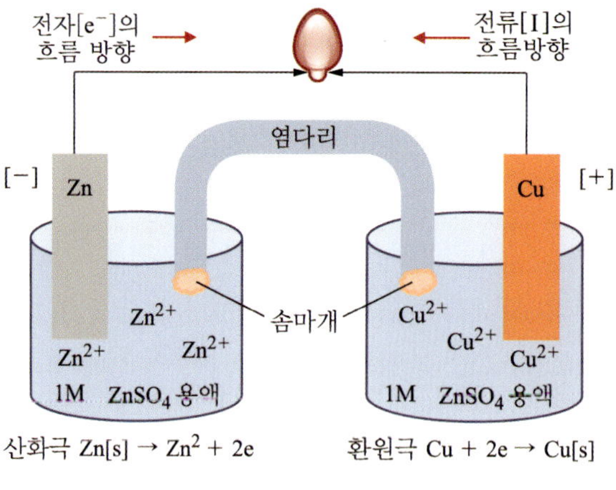

그림 1-2-3 다니엘 전지의 원리구조

다니엘 전지는 볼타 전지를 개선시킨 전지라고 볼 수 있으며, 기전력은 약 1.1 V이고, 재생이 안 되는 1차 전지이다. 화학반응식은 다음과 같다.

산화반응 (−)극 : $Zn(s) = Zn^{2+}(aq) + 2e^-$

환원반응 (+)극 : $Cu^{2+}(aq) + 2e^- = Cu(s)$

전체반응 $Zn(s) + Cu^{2+}(aq) = Zn^{2+}(aq) + Cu(s)$

(3) 산화 · 환원의 개념

① 산화반응 : 산소를 얻거나 전자를 잃거나 산화수가 증가하는 반응

② 환원반응 : 산소를 잃거나 전자를 얻거나 산화수가 감소하는 반응

③ 산화 · 환원의 동시성 : 반드시 주고받는 거래가 있으며, 산화수로 전자의 거래를 할 수 있다.

④ 산화제와 환원제 : 산화제는 자신은 환원되면서 다른 물질을 산화시키는 물질을 말하고, 환원제는 자신은 산화되면서 다른 물질을 환원시키는 물질을 말한다.

<그림 1-2-4 산화 · 환원의 개념>의 A입장에서 보면 'A'라는 원소가 가지고 있던 산소(O_2)를 'B'에게 주었다면(산소를 잃는 과정에서 이동) 환원되었다고 말하고, B입장에서 보면 'A'에게서 받았으므로(산소를 얻는 과정에서 이동) 산화되었다고 말할 수 있다.

예를 들면, 실생활에서 사과를 깎아두면 누렇게 변하는 갈변현상이 일어나거나 촛불을 켜두면 촛농이 녹아내리면서 연소반응이 일어나는 현상은 모두 산소(O_2)가 관여하는 산화반응의 공통점이다.

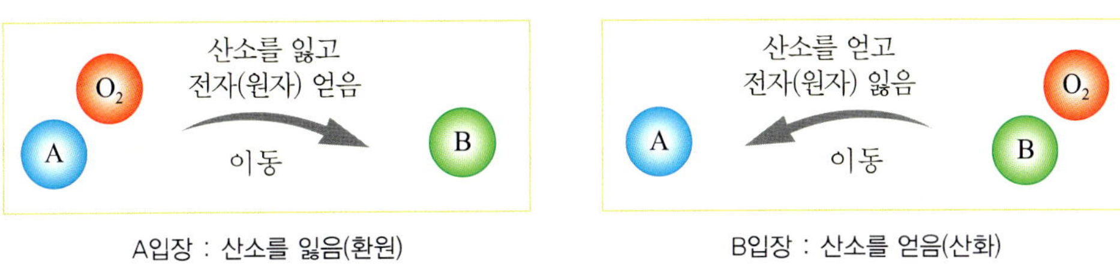

그림 1-2-4 산화 · 환원의 개념

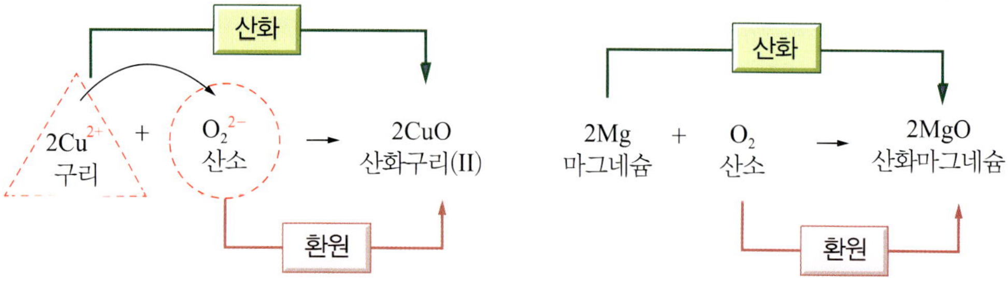

그림 1-2-5 산화 · 환원의 반응

<그림 1-2-5 산화 · 환원의 반응>의 좌측을 보자. 구리(Cu)가 산소(O_2)와 결합하여 산화구리(CuO)가 된 것을 전자개념으로 본다면, 구리(Cu)는 <그림 1-2-9 금속의 이온화 경향>에서 알 수 있듯이 '2+'의 전자가를 가지며, 산소(O_2)와 결합할 때는 산소(O_2)에게 '2+'개를 준 것이므로 구리(Cu)는 산화되었고(삼각형의 점선), 산소(O_2)는 16족 원소로서 '2−'의 원자가를 가지고 있으며 이온결합하려는 상태(중성이 되려는 상태)에서 구리(Cu)로부터 '2+' 받았으므로 환원(원형의 점선)되었다. 따라서 구리(Cu)는 산소(O_2)와 결합하여 화합물의 형태인 산화구리(CuO)가 되는 것이다. 그리고 산화 · 환원은 반드시 반응물에서 찾아야 한다.

<그림 1-2-5 산화 · 환원의 반응>의 우측을 보자. 마그네슘(Mg)도 산소(O_2)와 결합하여 화합물의 형태인 산화마그네슘(MgO)이 되는 산화 · 환원반응 개념이므로 <그림 1-2-9 금속의 이온화 경향>을 참고하여 연습해보면 이해가 쉽게 된다. Chapter 2에서 화학반응에 대하여 더 상세한 설명을 하고 있다.

(4) 산화수를 활용한 산화 · 환원의 이해

여러 가지 산화−환원 반응을 모두 설명하기 위하여 산화수를 사용한다. 산화수는 어떤 물질 속에서 원소가 어느 정도로 산화되었는지를 나타내는 가상적인 전하량을 말한다. 이온결합화합물에서 원자의 산화수는 이온의 전하량과 같으며, 염화나트륨(NaCl)에서 나트륨(Na)의 산화수는 '1+'이고, 염소(Cl)의 산화수는 '1−'(17족 원소)이다. 산화마그네슘(MgO)에서 마그네슘(Mg)의 산화수는 '2+'이고, 산소(O)의 산화수는 '2−'이다. 공유결합 화합물에서 원자의 산화수를 구할 때에는 전기 음성도가 큰 원자가 공유 전자를 모두 차지한다고 가정한다. 예를 들어, 수소(H_2)와 산소(O_2)가 결합하여 물이 생성될 때 전기 음성도가 작은 수소는 전자를 잃고 전기 음성도가 큰 산소가 전자를 얻는다고 가정한다. 따라서 수소의 산화수는 '1+'가 되고, 산소(O)의 산화수는 '2−'가 되지만 홑원소 물질(H_2, N_2, O_2, Cl_2, He 등)은 전자가 어느 쪽으로도 치우치지 않으므로 원자의 산화수는 '0'이다. 산화수를 결정할 때 이해하기 쉬운 규칙 몇 가지는 알아두면 훨씬 쉽게 적용할 수 있다.

1) 산화수의 규칙

① 반응물에서 단원자(Fe, Cu, Ag, Au, Hg 등) 상태일 때 산화수는 '0'이다.

② 일반적으로 화합물에서 수소(H_2)의 산화수는 보통 '1+'이지만 NaH와 같은 금속의 수소 화합물에서의 수소(H_2)의 산화수 '1−'이다.

③ 일반적으로 화합물에서 산소(O_2)의 산화수는 보통 '2−'이다(단, 과산화물에서는 '1−'이고, 전기 음성도가 더 큰 플루오린(F)과 결합하였을 때에는 '2+'이다).

④ 홑원소 물질인 H_2, N_2, O_2, Cl_2, He (18족 원소) 등을 구성하는 원자의 산화수는 "0" 이다.

⑤ 산화수가 증가하면 산화되는 것이고, 산화수가 감소하면 환원되는 것이다.

<그림 1-2-6 산화수를 활용한 산화 · 환원의 이해>의 좌측 설명에서 반응물에서의 구리(Cu)는 산화수의 규칙 ①번에 속하는 단원자이므로 산화수는 '0'이다. 또 결합하고자 하는 산소(O_2)는 산화수의 규칙 ④번에 속하는 홑원소 물질이므로 산화수는 '0'

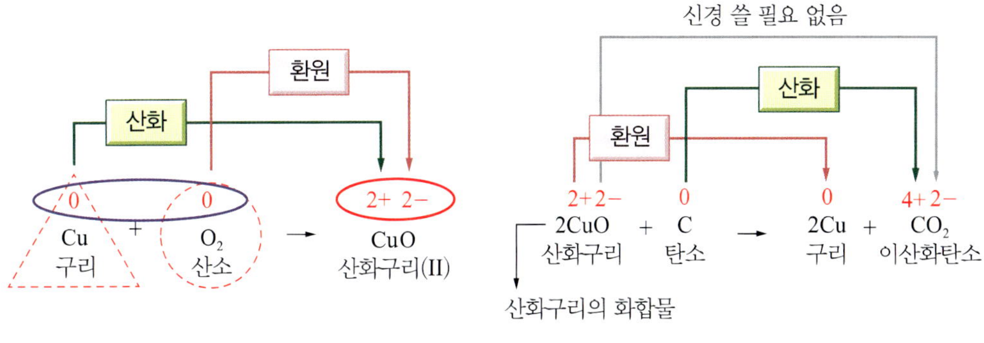

그림 1-2-6 산화수를 활용한 산화 · 환원의 이해

이다. 산화수 '0'끼리 결합되어 이루어진 화살표방향의 우측 화합물이 산화구리(CuO)이다. 화합물에서 구리(Cu)는 <그림 1-2-9 금속의 이온화 경향>을 활용해보면 구리(Cu)의 전자가는 '2+'이며, 화합물의 산화구리(CuO)에서 산소(O_2)는 산화수의 규칙 ③번에 속하므로 일반적으로 가지게 되는 산화수는 '2−'가 된다. 따라서 반응물에서의 구리(Cu)는 산화수 '0'이었는데, 화합물이 되므로 인하여 구리(Cu)의 전자가는 '2+'가 되어 산화수의 규칙 ⑤번에 의해 산화수가 증가(0에서 2+로 증가)해 산화(삼각형의 점선 표시)되었음을 알 수 있다. 그리고 반응물에서의 산소(O_2)는 산화수의 규칙 ④번에 속하는 홑원소 물질이므로 산화수 '0'이었는데, 화합물이 되므로 인하여 산화수의 규칙 ③번에 속하여 산화수는 '2−'가 되고, 산화수의 규칙 ⑤번에 의해 산화수가 감소(0에서 2−로 감소)하면 환원(원형의 점선 표시)되었음을 알 수 있다.

<그림 1-2-6 산화수를 활용한 산화·환원의 이해>의 우측 설명에서 산화구리(CuO)의 화합물과 탄소(C)가 결합하여 구리(Cu)와 이산화탄소(CO_2)가 생성되는 과정에서 화합물 산화구리(CuO)에서 구리(Cu)의 전자가는 '2+'이며, 산소(O_2)는 산화수의 규칙 ③번에 속하므로 산화수는 '2−'가 된다. 이러한 화합물과 결합하려는 탄소(C)는 산화수의 규칙 ①번에 속하는 단원자이므로 산화수는 '0'이다. 화합물과 단원자가 결합되어 이루어진 화살표방향의 우측의 생성물의 구리(Cu)는 원자상태에 있으므로 산화수의 규칙 ①번에 속하는 단원자이고 산화수는 '0'이 되며, 다음 이산화탄소(CO_2)는 결합상태이므로 이럴 경우에는 우리가 확실히 알고 있는 산소(O_2)부터 적어둘 필요가 있다. 따라서 산소(O_2)는 산화수의 규칙 ③번에 속하므로 산화수 '2−'가 된다. 이산화탄소(CO_2)의 경우 산소(O_2)의 산화수는 '2−'이지만 탄소(C)와 결합하면서 2개가 되므로 '4−'의 값이 되고, 이를 중성상태로 만들어주려면 탄소(C)는 자연스럽게 '4+'의 값을 가지게 된다. 산화수의 수치를 원소 위에다 적어두고, 반응물(화살표방향의 좌측)에 있던 산화구리(CuO)화합물에서 구리(Cu)의 전자가는 '2+'이고 생성물(화살표방향의 우측)의 구리(Cu)는 단원자이므로 산화수는 '0'이 되어 산화수의 규칙 ⑤번에 의해 산화수가 감소(2+에서 0로 축소됨)에 해당되어 환원되었음을 알 수 있다(화살표방향의 좌측). 산화구리(CuO)화합물의 산소(O_2)가 산화수 '2−'의 값을 가지므로 생성물(화살표방향의 우측)에 있는 결합물의 산소(O_2)도 산화수 '2−'의 값을 가지게 되어 전자의 주고받음이 없게 된다. 반응물에서나 결합물에서나 산화수의 전자 수가 변함없을 경우는 신경 쓸 필요가 없으며, 화합물과 결합하려는 반응물(화살표방향의 좌측)에 있는 탄소(C)는 산화수가 '0'이고 생성물(화살표방향의 우측)에 있는

결합물의 이산화탄소(CO_2)의 탄소(C)는 '4+'이므로 산화수가 증가(0에서 4+로 늘어남)하여 산화된 것을 바로 알 수 있다.

2) 산화수의 주기성

① 결합하는 원자의 전기 음성도 크기에 따라 전자를 잃거나 얻을 수 있기 때문에 한 원자가 여러 가지 산화수를 가질 수 있다.

② 원자의 최고 산화수는 원자가 전자수를 넘지 못한다. → 산화수의 +값은 전자를 잃은 개수이므로 원자는 최외각 전자 이상의 전자는 뺏기지는 않는다.

연습문제

(1) 연소 : 물질이 산소와 빠르게 결합하여 빛과 열을 내는 반응
<그림 1-2-7 산화・환원의 연습문제>의 좌측 ①번 해당 → 산화수를 활용하여 원소에 산화수를 적고 산화・환원되는 적용 물질을 구분하라.

(2) 금속의 부식 : 금속이 산소와 서서히 결합하는 반응
<그림 1-2-7 산화・환원의 연습문제>의 우측 ②번 해당 → 산화수를 활용하여 원소에 산화수를 적고 산화・환원되는 적용 물질을 구분하라.

<그림 1-2-8 CH_4 산화・환원>은 <그림 1-2-7 산화・환원의 연습문제>의 ①번 연습문제에 해당하는 것으로서 이해를 돕기 위한 보조 그림이라 생각하면 좋을 것이다. 반응되는 것과 생성되는 것의 내용은 Chapter 2의 화학반응에서 상세한 설명을 하고 있다.

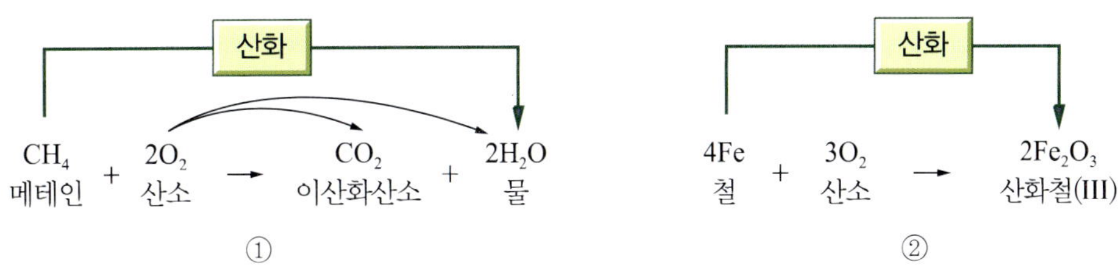

그림 1-2-7 산화・환원의 연습문제

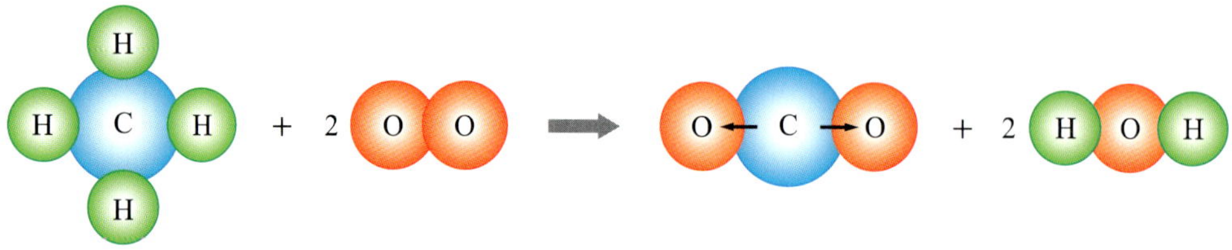

그림 1-2-8 CH_4 산화 · 환원

(5) 금속의 반응성

1) 금속의 이온화 경향

기본적으로 <그림 1-2-9 금속의 이온화 경향>에 나오는 금속의 원소(점선표시 부분)와 전자가를 알아두면 산화와 환원이 되는 과정에서 계산을 훨씬 쉽게 할 수 있다. 수소(H)를 중심으로 좌측으로 갈수록 반응성이 크고(이온화 경향이 크다 또는 산화되기 쉽다), 우측으로 갈수록 반응성이 작다(이온화 경향이 작다 또는 산화되기 어렵다). 그리고 칼륨(K), 칼슘(Ca), 나트륨(Na)은 찬물과 반응하면 수소(H)기체가 발생하고, 마그네슘(Mg), 알루미늄(Al), 아연(Zn), 철(Fe)은 고온의 수증기와 반응하면 수소(H)

	칼	칼	나	마	알	아	철	니	주	납	중심 [수소]	구	수	은	백	금
구분	K	Ca	Na	Mg	Al	Zn	Fe	Ni	Sn	Pb	[H]	Cu	Hg	Ag	Pt	Au
전자가	+	2+	+	2+	3+	2+	2+	2+	2+	2+	+	2+	2+	+	2+	2+
반응성	크다															작다
물과 반응	찬물 수소 발생			고온의 수증기 수소 발생				묽은 산 수소 발생			반응하지 않음					
산소와 반응	매우 빠름			가열하면 빠름				느림					반응하지 않음			
수소이온과 반응	반응하여 수소 발생											반응하지 않음				

그림 1-2-9 금속의 이온화 경향

기체가 발생하며, 니켈(Ni), 주석(Sn), 납(Pb)은 묽은 산과 반응하면 수소(H)기체가 발생한다. 또한 칼륨(K), 칼슘(Ca), 나트륨(Na)은 매우 빠른 속도로 산소(O)와 반응하며, 마그네슘(Mg), 알루미늄(Al), 아연(Zn) 철(Fe)은 가열하면(온도가 높아질수록 또는 추운 지역보다 상온이 유지되는 지역일수록) 산소(O)와 빠른 속도로 반응하고, 니켈(Ni), 주석(Sn), 납(Pb), 구리(Cu)는 대체로 산소(O)와의 반응이 느리며, 수은(Hg), 은(Ag), 백금(Pt), 금(Au)은 대체로 산소(O)와 반응을 하지 않으므로 고가(High Cost)이지만 전자기기의 주요 부품과 장신구에 많이 사용된다.

2) 전자이동에 따른 금속부식 반응

주유소의 지하 유조탱크는 지면에서부터 지하로 대략 5 m 이상 깊이로 굴착하여 묻는데, 철제유조탱크를 흙바닥에 그냥 묻는 것이 아니라 콘크리트 바닥과 대략 1탱크 당 4곳의 기둥을 세우고 기둥사이에 원형의 탱크를 횡형으로 눕힌 다음에 흙으로 메움을 하므로 주유소의 유조탱크는 토양과 대기환경의 공기, 물, 습기에 항상 노출되어 있어 철제유조탱크의 외부에 칠(도장), 산화피막(Zn, Al), 기름도금 등으로 최대한 부식을 방지한다.

하지만 금속 철(Fe)은 지하에 스며든 물과 반응해 전자를 내주고 녹을 만드는 반응(산화)을 일으키므로 음극화 보호방법으로 희생금속(여기서는 Mg)을 사용한다. <그림 1-2-10 전자이동에 따른 금속부식방지>에서와 같이 철(Fe) 기름탱크를 대신하여 부식될 금속반응성이 큰 금속 마그네슘(Mg) 덩어리를 도선(구리선)으로 연결하면 연결된 마그네슘(Mg)의 반응성이 철(Fe)보다 크기 때문에 물과 먼저 반응하여 산화된다. 산화된 '2+'의 이온전자(e)가 도선(구리선)을 따라 철(Fe) 기름탱크에 계속 공급되면(보내주면) 철(Fe) 기름탱크는 금속 마그네슘(Mg) 덩어리에서 '2+' 이온전자(e)를 공급받아서 철(Fe) 기름탱크 주변에서 물(H_2O) 또는 산소(O_2)에게 전자를 공급하는 반응을 하므로 철(Fe)이 이온으로 되면서 녹스는 것(산화되는 것)을 막아 주는 것이다.

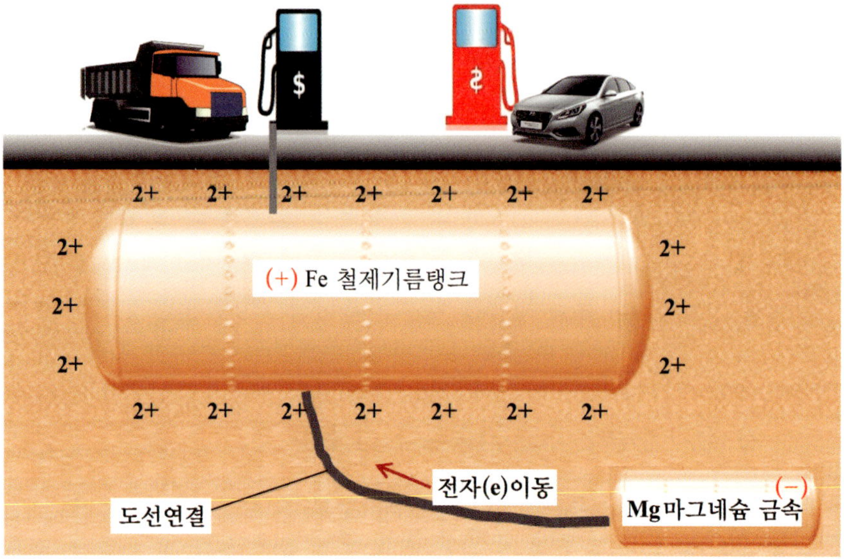

그림 1-2-10 전자이동에 따른 금속부식방지

1-3 전지의 분류 및 특성

[1] 전지의 분류

화학반응, 방사선, 온도의 차이, 빛 따위로 전극 간에 전위차가 발생하게 하여 전기에너지를 만드는 장치를 '전지'라고 말한다. 전지는 용도, 재료, 사용물질, 형태에 따라 다양하게 분류될 수 있으나 보편적으로 <그림 1-3-1 전지의 분류>와 같이 크게 화학 전지와 물리전지로 나눌 수 있으며, 특성은 <표 1-3-1 화학 전지와 물리전지의 특성>과 같다. 분류표에 제시되어 있는 것처럼 화학 전지 중에서 일정 수명기간 동안만 한 차례 사용이 가능한 건전지 종류를 '1차 전지(Primary cell)'라고 하며, 재충전을 통해 장시간 반복 사용이 가능한 배터리 종류를 '2차 전지(Secondary cell)'라고 한다.

표 1-3-1 화학 전지와 물리전지의 특성

화학 전지		물리전지	
1차 전지	화학에너지를 전기에너지로 변환시키는 전지로서, 화학반응이 비가역적이거나 가역적이라도 충전은 용이하지 않음	태양 전지	반도체의 p-n접합을 이용하여 광전효과에 의해 태양광에너지를 직접 전기에너지로 변환하는 장치
2차 전지	화학에너지와 전기에너지간의 상호변환이 가역적이어서 충전과 방전을 반복할 수 있는 전지	열전소자 전지	반도체의 p-n접합을 이용하여 열에너지를 직접 전기에너지로 변환하는 장치
연료 전지	연료(천연GAS, Methanol, 석탄)의 화학에너지를 전기에너지로 직접 변환하는 화학발전 장치로서, 외부에서 연료가 연속 공급되어 발전이 가능한 전지	원자력 전지	방사성 동위원소의 에너지를 전기에너지로 변환

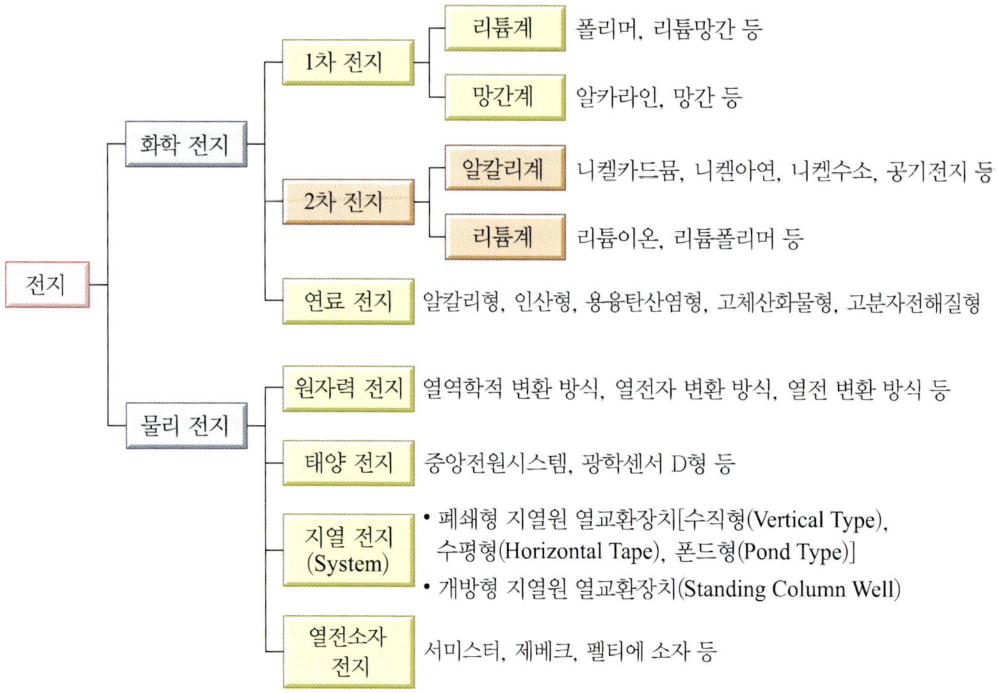

그림 1-3-1 전지의 분류

[2] 1차 전지의 종류와 특성

(1) 1차 전지(Primary cell) 종류와 구성 원리

전지는 전자의 산화환원 반응을 이용하여 화학에너지를 전기에너지로 바꾸는 직류 장치이다. 1차 전지는 방전한 후 충전이 불가능한 일회용 전지로 보통 '건전지'라고 한다. 1차 전지에는 많은 종류가 있으나, 기본적으로 양극과 음극 그리고 전해질로 구성되어 있다. 음극에서는 이온화 경향이 큰 금속을 사용하여 전자를 내어 놓는 산화 반응이 일어나며, 양극에서는 이온화 경향이 작은 금속을 사용하여 전자를 얻어 환원 반응이 일어난다. 대표적 1차 전지의 종류는 다음과 같다.

1) 망간 전지(Mn Cell)

르클랑셰 전지를 건전지화한 것으로서 우리가 흔히 볼 수 있는 건전지로 많이 사용되고 있다. 물질의 산화·환원 반응으로 화학에너지를 전기에너지로 변환시키는 화학전지로서 일상에서 편리하게 사용하는 소모성의 1차 전지다. <그림 1-3-2 르클랑셰 전지 모식도(좌측) & 망간 건전지 구조(우측)>와 같이 가장 오래된 건전지는 전해질을 흡수제에 흡수시켜 흐르지 않도록 고안한 전지로서 구조는 원통 모양 또는 사각기둥 모양이다. 내부 구성은 (−)극에 아연(Zn) 금속을 쓰고, 전해질은 염화암모늄(NH_4Cl)과 염화아연($ZnCl_2$)을, (+)극에 탄소막대, 분극현상을 없애는 산화제로 이산화망가니즈(MnO_2)를 사용한 망간 전지이다. 아연(Zn)통을 용기 겸 음극으로 하며, 양극 합제로 이산화망가니즈(MnO_2)와 전기전도성의 탄소(아세틸렌 블랙, 흑연)가루와 염화암모늄(NH_4Cl)가루 3가지를 전해액(염화암모늄·염화아연이 주성분)으로 굳혀 형성시킨 것으로서 그 중심에 탄소 막대가 있다. 탄소 막대와 덮개 사이에는 세퍼레이터(Separator)와 전해액에 콘스타치(Cornstarch)와 밀가루를 섞어 겔(Gel)화한 전해액층이 끼어 있다. 건전지 속에서 (−)극으로 작용하는 아연판에서는 아연 금속이 산화되면서 전자가 생성되고, 이 전자는 도선을 따라 탄소막대인 (+)극 쪽으로 이동하여 전해질과 환원 반응하므로 전류가 흐르게 된다. 염화암모늄(NH_4Cl)이나 염화아연($ZnCl_2$) 등 중성염 수용액을 전해액으로 하는 건전지로서 가장 보편적인 전지로서 주로 손전등이나 리모컨, 인터폰, 시계, 장난감 등 소모 전류가 적으면서 오래 사용하는

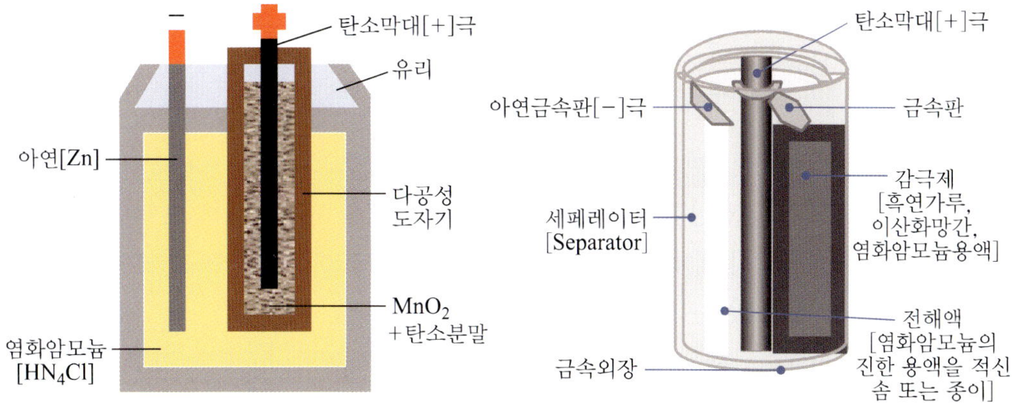

그림 1-3-2 르클랑셰 전지 모식도(좌측) & 망간 건전지 구조(우측)

제품에 많이 사용되는 1차 전지로 기전력은 대체로 1.5 V이다. 망간 건전지 안에 전해질 물질인 수산화칼륨이 들어있는데, 이 물질이 새어나와 (누액으로) 공기와 만나면 건전지 표면에 하얀색 결정이 생기고, 피부에 접촉하면 붉은 반점이 나타날 수 있다. 또한 건전지에는 아연과 망간도 들어있으므로 주의해야 하는데, 아연은 비교적 독성이 낮은 편이지만 산화된 아연 가루를 마시면 오한과 열이 나는 '아연중독'에 걸릴 수 있고, 망간은 호흡을 통해 허파에 들어가면 허파꽈리에 붙어서 호흡능력을 떨어뜨리고 염증이 발생해 기침할 때 피가 섞인 가래가 나오는 '망간폐렴'을 일으킬 수 있다는 치명적인 단점이 있다.

2) 리튬 1차 전지(Li Cell)

금속 리튬(Li)을 음극 활물질로 사용하고 전해질은 프로필렌 탄산염(프로필렌, C_3H_6) 산화물과 이산화탄소(CO_2)에서 나온 폴리프로필렌 탄산염의 종합 부산물 등을 사용한다. 이 부산물 등은 활성이 커서 수용액에서 물과 반응하기 때문에 용융염, 무기 및 유기 전해질을 사용하는데, 유기비수용액을 사용하면 3 V 이상의 고전압도 가능하다. 망가니즈 건전지에 비해 약 2배의 고전압을 지니며, 매우 낮은 표준환원전위 (−3.045 VSHE) 때문에 고에너지 밀도가 5∼10배 높아서 전지의 전극 재료로서 가장 각광받는 재료이다. 그리고 리튬(Li)은 비수용액 전해질과도 열역학적으로 반응하며, 안정성은 리튬금속과 전해질 사이에 부동태 피막이 형성되어 직접적인 화학반응을 막아주기 때문에 실제로 전지에 사용할 수 있을 정도로 진하다. 카메라, 전자시계, 부표 등의 전원으로 많이 사용된다.

이 밖에 장기보존성능이 우수하며, 소형으로서 저온(−40∼85℃)에서 사용할 수 있는 특성을 지닌 고체전해질을 사용한 전지가 심장페이스메이커 등에 사용되고 있다.

그리고 사용하는 양극 활물질에 따라 리튬염화티오닐($Li/SOCl_2$), 리튬이산화황(Li/SO_2), 리튬망간이산화물(Li/MnO_2), $Li/(CF)_n$ 전지 등으로 나뉘며, 양극 활물질로 이산화망가니즈(MnO_2)를 사용한 코인형 리튬전지는 전자수첩, IC카드, 완구, 계측기 등과 같이 안정된 성능과 저출력이 요구되는 전자기기(전자미터기−수도, 가스, 전력 미터기)와 전자공학의 주전원 및 메모리 백업 전원에 사용된다. 또한 양극활물질로 이산화황(SO_2)을 사용한 리튬 1차 전지는 주로 군수용으로 사용되고 있으므로 군부대에서 사용되는 대부분의 전지가 리튬 1차 전지라고 보면 된다. 리튬 1차 전지는 충전을 하지 않아도 수명이 약 20~30년 정도이며, 배터리를 창고에 오랫동안 보관하여도 성분이 변성되지 않아 오랜 기간 비축이 가능하다. 또한 −55~85℃라는 넓은 온도범위에서 사용 가능하기 때문에 시추시설, 송유관, 스마트 그리드 등의 산업현장에서도 확대 사용되고 있다. 리튬 1차 전지는 상용화된 배터리들 가운데 가장 넓은 온도범위에 속한다고 볼 수 있고 용도에 따라 원통형, 핀형, 페이퍼형, 각형과 같이 여러 형상으로 만들 수 있기 때문에 사용범위가 넓다.

3) 알카라인 전지(Alkaline Cell)

산성도 염기성도 아닌 중성의 전해질을 사용하는 망간 전지와 비슷한 구조를 갖지만, 알카라인 전지는 수용액의 성분을 바꾸어 알칼리 성분의 염기성 수용액을 사용하여 수명과 사용기한을 더욱 크게 늘린 전지로서 아연 탄소 전지보다 더 많은 전류를 제공하는 전지이다.

<그림 1-3-3 알카라인 전지의 구성성분 수용액> 우측과 같이 수산화아연(ZnOH)을 물에 녹이면 아연이온(Zn^+)과 수산화이온(OH^-)이 생성된다. 여러 종류의 염기가 공통적인 성질을 지니는 것은 모든 염기가 물에 녹아 수산화이온(OH^-)을 내놓기 때문인데, 산과 마찬가지로 염기도 종류에 따라 수용액 상태에서 내놓을 수 있는 수산화이온의 개수가 다르다. 일반적으로 수산화칼륨(KOH)이나 수산화암모늄(NH_4OH)은 물에 녹아 원자 1개당 수산화이온 1개를 내놓지만, 수산화칼슘(Ca) 또는 수산화아연(Zn)은 1개당 2개의 수산화이온을 내놓을 수 있다.

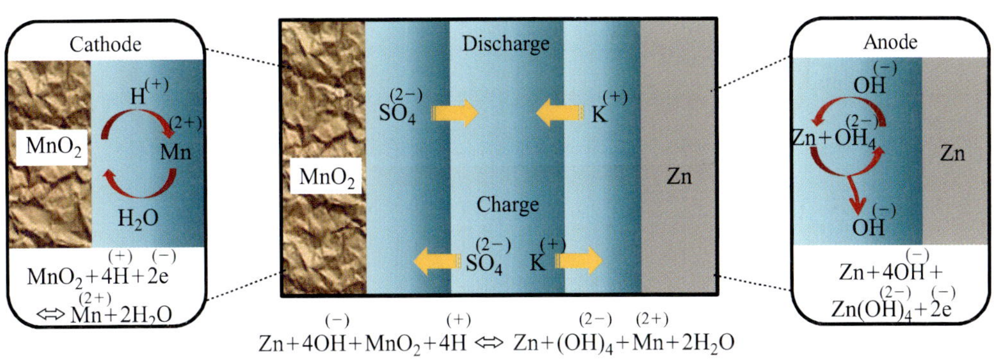

그림 1-3-3 알카라인 전지의 구성성분 수용액

4) 리저브 배터리(Reservoir Battery)

<그림 1-3-4 Reservoir Cell의 구조>에서와 같이 망간 전지(Mn Cell), 알카라인 전지(Alkaline Cell)들과는 달리 배터리 내부에는 양극과 음극만 있고, 전해질의 수용액은 배터리 외부에 존재하는 형태의 구조를 가진다. 평소에는 우측 그림의 '빈 공간의 전지'와 같이 배터리의 역할을 할 수 없지만 외부 신호가 주어지면 가느다란 막대처럼 생긴 피스톤이 외부에 놓인 전해액을 배터리 내부로 밀어 넣게 되면서 배터리가 작동하기 시작하여 일정시간 동안 높은 출력을 내는 것이다. 이러한 배터리는 주로 무기용 미사일의 전원장치로 사용된다.

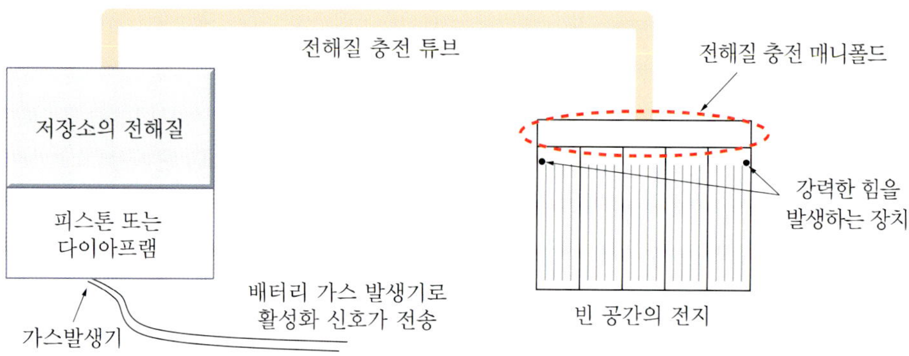

그림 1-3-4 Reservoir Cell의 구조

5) 앰플 배터리(Ample Battery)

리저브 배터리(Reservoir Battery)와 유사한 구조를 갖고 있지만 앰플 배터리(Ample Battery)는 수용액이 유리와 같은 보관용기인 앰플에 담겨져 있으며, 외부로부터 일정 이상의 충격이 가해지면 이 앰플이 부서지면서 수용액이 양극과 음극을 채워 배터리가 작동한다. 주로 군사용으로 사용되는 배터리이며, 신뢰성이 매우 중요하므로 배터리가 적시에 작동하지 못하면 특히 미사일이나 포탄 등의 전원장치에서 불발탄으로 발생한다.

(2) 1차 전지 특성과 주요 재료

표 1-3-2 1차 전지의 특성과 주요 재료

망간 전지	• 1868년 프랑스 르클랑셰에 의해 발명된 역사가 오래된 전지 • 경부하, 저전력 기기에 적합한 전지			
	정극재표	부극재료	전해액	분리막
	MnO_2	Zn	NH_4Cl, $ZnCl_2$ 수용액	크라프트지
알카라인 전지	• 망간에 비해 전지용량이 크고 내부저항이 적어서 큰 부하의 장시간 사용에 적합한 전지로서 원통형과 코인형으로 분류			
	MnO_2	Zn	KOH, NaOH용액	부직포 (폴리오레핀, 폴리아미드계)
수은 전지	• 아연을 음극으로 하는 1차 전지 가운데서 대단히 높은 에너지로서 밀도와 전압 안정성으로 1960~1970년대 소형 전자기기의 주 전원으로 사용 • 수은의 유해성으로 1980년대 이후 사용을 억제			
	Hg_2 O	Zn	KOH 또는 NaOH 수용액	비닐론이나 알파화 펄프계
산화은 전지	• 1940년대 군사용, 1960년대 민생용으로 개발된 전지 • 평탄한 방전전압과 뛰어난 부하 특성으로 손목시계의 전원으로 사용			
	Ag_2 O	Zn	KOH 또는 NaOH수용액	비닐론이나 알파화 펄프계
공기아연 1차 전지	• 19세기말부터 20세기 초에 걸쳐, 거치형 공기전지가 개발되어 항로표지용 전원이나 각종 통신기기에 사용 • 단추형으로는 의료기(보청기) 용도로 사용하고 있으며, 고에너지 밀도와 큰 전기용량과 평탄한 방전특성을 보유			
	Air 중의 O_2	Zn	KOH 수용액	폴리프로필렌, 폴리아미드 부직포
리튬 1차 전지	• 1960년대 들어 미국의 NASA에서 우주개발용 전원으로 연구 개발된 고에너지 밀도의 전지 • 오늘날 본격적으로 실용화가 되고 있는 것은 플루오르화 흑연·리튬 전지와 이산화망간·리튬전지			

	플루오르화 흑연, 이산화망간에 탄소 결합(결착)	리튬	γ-부칠락톤, 1,2-디메톡시에탄의 혼합기 용매에 보론플루오로와 리튬의 전해질을 용해시킨 액체	폴리프로필렌, 올레핀계 부직포

[3] 2차 전지의 종류와 특성

(1) 2차 전지(Secondary cell) 종류와 구성 원리

2차 전지란 한 번 쓰고 버리는 1차 전지와 달리 충전해서 반영구적으로 사용하는 전지로서 친환경 부품으로 주목받고 있으며 니켈－카드뮴, 리튬이온, 니켈－수소, 리튬폴리머 등 다양한 종류가 있다. 여러 번 충전 및 방전이 가능하다는 장점을 가지고 있는 2차 전지는 하나 이상의 전기화학 셀로 구성된 배터리이다. 2차 전지는 배전 네트워크를 안정화하기 위해 연결된 버튼 셀에서 메가와트(MW ; 1 MW = 1,000 kW)급 시스템에 이르기까지 다양한 모양과 크기로 생산되며 납산(Lead acid), 니켈－카드뮴(NiCd), 니켈－수소(NiMH), 리튬－이온(Li-ion), 리튬－이온 폴리머(Li-ion polymer) 등 여러 가지 전극 재료와 전해질의 조합이 사용되기 때문에 일반적으로 일회용 배터리보다 초기 비용은 많이 들지만 교체하기 전 여러 번 충전할 수 있기 때문에 총 소요 비용과 환경영향면에서 훨씬 적은 것이 장점이다.

일부 2차 전지 유형은 일회용 유형과 동일한 크기 및 전압으로 사용할 수 있으며, 교환식으로 사용할 수도 있으므로 노트북 컴퓨터, 휴대전화, 카메라 등 들고 다니는 전자기기뿐만 아니라 전기자동차의 핵심소재이기도 하며, 부가가치가 높아 반도체 및 디스플레이와 함께 21세기 '3대 전자부품'으로 꼽힌다. 2차 전지를 활용하는 대표적인 예로는 전기차를 들 수 있다.

표기사항 참고

용량 표기 시에 숫자와 단위는 띄어쓰기가 원칙이며, 단위는 영어소문자 표기가 원칙이다. 단, 캘빈(K), 암페어(A), 볼트(V) 등과 같이 과학자의 이름을 딴 경우와 동일 분류의 기본단위에서 더 큰 것을 나타내는 경우는 예외로 한다.
'k'는 소문자, M, G, W는 대문자를 사용해야 하며, 이 원칙에서 벗어난 ① mw, ② kw, ③ Kw 등은 모두 잘못된 표기 사례이다. 여기서 ①번, ②번은 앞뒤 모두 소문자이므로 틀렸고, ③번은 앞은 대문자이고, 뒤는 소문자로 표기되었으니 틀렸다. 예를 들어,

W 전력을 나타내며 '와트'라고 읽는다.
W 일을 나타내며 '더블유'라고 읽는다.
V 전압의 단위를 나타내며 '볼트'라고 읽는다.
V 속도의 단위를 나타내며 '브이'라고 읽는다.

앞에는 소문자로, 뒤에는 대문자로 표기한 'kW'가 맞다. 만약에 MW에서 대문자가 아닌 소문자 'm'을 사용한다면 "1 mW = 1밀리와트 = 0.001 W"라는 의미가 되므로 유의해야 한다. 그리고 k = 1,000이므로 1 kW = 1,000 W라는 뜻이며, 여기서 kW → MW → GW가 될수록 1,000배씩 곱해진다고 생각하면 쉽다.

1 kW (1킬로와트) × 1000 = 1 MW (1메가와트)
1 MW (1메가와트) × 1000 = 1 GW (1기가와트)

1) 전기차

① 전기차(EV) : 배터리와 전기모터 동력만으로 구동되는 차
② 플러그인 하이브리드 차(PHEV) : 전기모터와 내연기관 병행 장착으로 외부로부터 전기 충전이 가능한 차
③ 하이브리드 차(HEV) : 내연기관 구동 시 발생하는 전기를 배터리에 저장하여 고속과 저속에서 전기에너지를 효율적으로 활용하는 차
④ 마이크로 하이브리드(Micro hybrid car) : 하이브리드 자동차의 기본적인 기능인 엔진의 Start-Stop 기능과 엔진 차량 탑재의 얼터네이터(Alternator)를 강화한 발전기(AC Generator)의 기능을 갖추고 모터를 이용한 전기에너지 활용기능을 지닌 형태의 모터 어시스트(Assist) 기능을 부가한 하이브리드 차
⑤ 마일드 하이브리드(Mild hybrid car) : 마이크로 하이브리드의 회생제동 장치에 의해 브레이크를 밟을 때 발생하는 운동에너지를 전기에너지로 바꿔 차량 내에

축적하여 에너지 브레이크와 가속 시 엔진 보조 기능이 첨가되어 효율을 증대시킨 형태의 차

⑥ 스트롱 하이브리드(풀 하이브리드) : 마일드 하이브리드에 부하 평준화 기능이 부가되어 전력 소모가 적은 시점에 부하를 증가시켜 부하의 변동량을 고르게 하며, 전기모드만으로 주행이 가능한 형태의 차

⑦ 연료전지차(FCEV ; Fuel Cell Electric Vehicle) : 수소 연료전지를 탑재하여 모터로 주행하는 방식으로서 수소와 산소의 전기화학적 반응으로 전기를 생산하여 구동되는 차이며, 전기모터로 자동차를 구동하므로 배기가스를 전혀 배출하

차량 종류	ICE	HEV	PHEV	BEV 또는 EV	FCEV
Full Name	Internal Combustion Engine	Hybrid Electric Vehicle	Plug-in Hybrid Bectric Vehicle	Battery Electric Vehicles	Fuel Cell Electric Vehicles
구동원	내연기관	내연기관+모터	내연기관+모터	모터	모터
구조		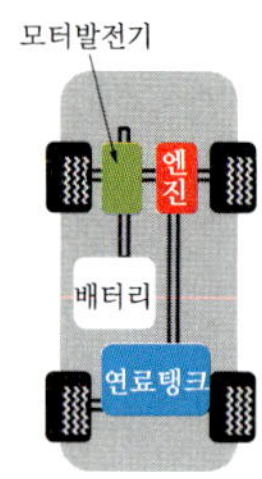	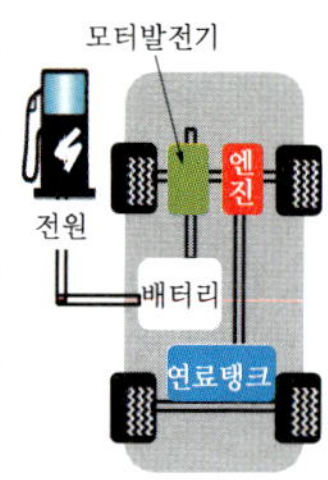	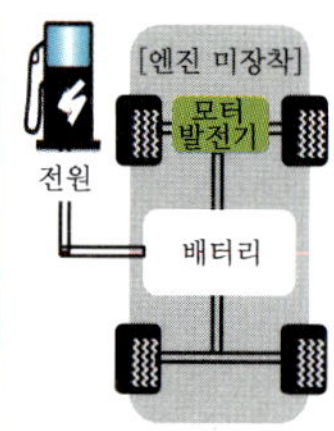	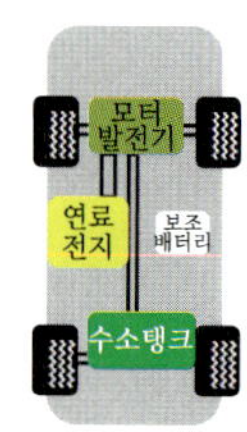
배터리 용량	전원시동용 배터리 12 V	0.968~1.8 kWh	4~16 kWh	16~100 kWh 10~30 kWh	1~2 kWh
에너지원	화석연료	화석연료+전지	화석연료+전지	전지	연료전지(수소)
특징	주행거리와 속도, 연료구입 자유롭고, 차량구입 가격, 유지보수비용 등이 저렴하며, 차량수명이 반영구적	주행 조건별 엔진과 모터를 조합한 최적운행으로 연비 향상	단거리는 전기, 장거리는 엔진사용 주행, 하이브리드+전기차의 특성을 지님. 또한 가정용 전기로 충전 가능	충전용 전기에너지만으로 주행. 한 번 충전하는 데 기본 약 30분 이상 소요, 100 km 정도로 짧은 주행거리	배터리를 차에 싣고 다니면서 수소도 싣고 다니며, 수소차 안에 탑재된 수소 연료 전지스택을 통해 전기를 만들어 주행

그림 1-3-5 2차 전지의 대표적인 전기차 종류와 구조

지 않는 것이 특징이다. 궁극적인 환경친화형 자동차라고 할 수 있다. 종류로는 수소연료전지자동차, 연료전지차, 수소 전기차 등이 있다. 수소연료전지자동차에서 수소(H)는 발열량과 폭발성이 매우 커서 연료로는 훌륭하지만 산소(O)와 만났을 때는 위험하기 때문에 수소와 산소가 전기화학적으로 결합하는 수소 연료 전지스택을 만드는 것이 매우 어려워 상용화로 가는 길은 조금 늦어질 수밖에 없다. 수소연료전지스택에서 가장 중요한 부품은 MEA (Membrane Electrode Assembly)라는 것으로 분리막에서 수소와 산소가 만나도록 하는 촉매를 바른 부품이다. 스택 MEA는 마이크로미터(μm) 단위의 굉장히 얇은 막 위에 촉매를 고르게 펴 바르는 기술로서 조금만 더 바르거나, 덜 바르거나, 어긋나게 발라도 연료전지는 제 기능을 할 수가 없기 때문에 굉장히 높은 난이도가 요구된다. 또한 촉매를 얼마나 넣을지 혹은 분리막 두께를 어떻게 할지 하나하나 설계하는 것도 엄청난 기술이 요구된다고 한다.

2) 연축전지(Lead accumulator)

대표적인 2차 전지인 납축전지(lead-acid battery)와 함께 가장 오래된 전지이다. 연축전지(Lead accumulator)는 자동차의 전기장치의 전력원 배터리로 많이 사용되고 있으며, 금속 납(Pb)을 음극(－극), 산화납[Pb(II)O]을 양극(＋극), 진한 황산을 전해질로 구성되어 진한 황산(H_2SO_4)의 비중(약 38%)이 약 1.280인 상태에서 기전력(전압)이 약 2.1 V 발생된다. 납－산 전지의 활성성분은 황산과 각각 순수한 납(Pb)과 이산화납(PbO_2)으로 된 2쌍의 전극이다. 각 구성전지는 병렬로 연결되어 있는 몇 개의 전극쌍으로 이루어지고 약 2 V의 전압을 낼 수 있다. 3개 또는 6개의 전지를 직렬로 연결하면 6 V 또는 12 V의 전지가 된다. 각 전지 속에 들어 있는 황산 전해액은 구역별로 분리되어 저장된다. 방전할 때는 전극을 이루는 물질이 황산납($PbSO_4$)으로 변하고 황산(H_2SO_4)은 점점 없어진다. 방전은 모든 화학물질이 전부 소모되기 전(Fore), 대체로 산(Acid)이 더 이상 활성물질에 도달하지 못할 때 그친다. 직류 전류를 축전지에 통과시켜 충전하면 화학변화가 역으로 일어나고 전극에 있는 황산(H_2SO_4)에서 유도된 여러 가지 염인 황산염(H_2SO_4)이 치환되어 황산의 비중이 증가한다.

3) 납축전지(Lead-acid battery)

음극(−극)은 납(Pb), 양극(+극)은 이산화납(PbO_2), 전해액 비중 1.2 (20%)의 묽은 황산(물을 타서 묽게 한 황산)으로 구성된 구조이며, 기전력은 대체로 약 2.1 V이다. 전해액 농도(비중)는 충·방전에 따라서 변하기 때문에 비중을 측정하면 충전량을 대략 알 수 있다.

① <그림 1-3-6 충전상태(좌측) / 방전과정(우측)>에서 좌측은 완전충전 상태로서 양극(+)판의 작용물질은 갈색의 과산화 납(PbO_2), 음극(−)판은 해면상(海綿狀)의 회색 납(Pb)이며, 전해액은 묽은 황산(H_2SO_4)으로 밀도(ρ)는 전해액 온도 20℃에서 약 1.280 g/cm^{3}이다. 전해액은 밀도에 따라 항상 일정 비율로 수소의 양이온(H^+)과 2가의 전자가를 가지는 황산 음이온(SO_4^{2-})으로 분리되는 현상으로 나타나는데, 이러한 이온(ion)의 분리 또는 화합물이 간단한 구성 성분으로 분해되는 현상을 '해리(dissociation)'라고 한다.

② <그림 1-3-6 충전상태(좌측) / 방전과정(우측)>의 우측은 방전상태(방전되는 과정)으로서 음극(−극)판과 양극(+극)판이 부하(예 : 전구)를 통해 서로 연결되면, 외부회로에서 전류는 양극으로부터 부하를 거쳐 음극으로 흐르며, 반대로 전자는 음극(−극)에서 양극(+극)으로 이동한다. 즉, 전해액에서의 전류의 흐름은 음극판에서 양극판으로 운반되는 수소이온(H^+)에 의해 이루어진다.
또한, 방전 시에는 양극(+)판의 화학작용은 과산화 납(PbO_2)은 4가 전자가를

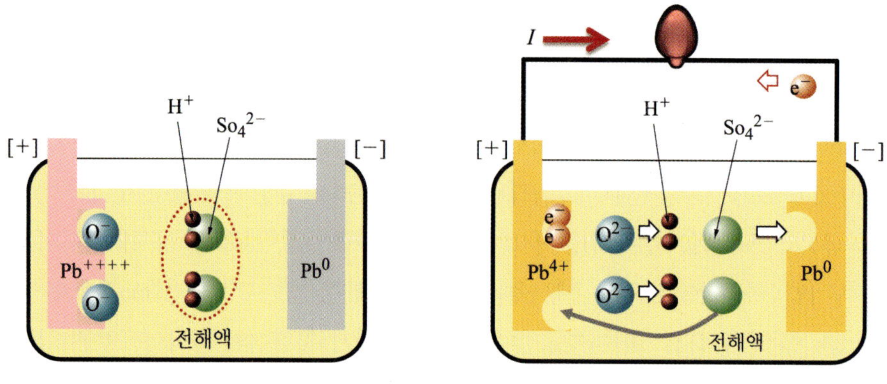

그림 1-3-6 충전상태(좌측) / 방전과정(우측)

가지는 납-양이온(Pb_4^+)과 2가의 전자가를 가지는 산소 음이온(O_2^-)으로 분해된다. 음극으로부터 부하(예 : 전구)를 거쳐 양극으로 전자가 이동하면(양극판에서는 전자를 흡수하면), 4가의 전자가를 가지는 납 양이온(Pb_4^+)으로부터 2가의 전자가를 가지는 납-양이온(Pb_2^+)으로 분리 생성된다. 이어서 2가의 전자가를 가지는 납-양이온(Pb_2^+)은 전해액에서 해리된 2가의 전자가를 가지는 황산-음이온(SO_4^{2-})과 반응하여 황산 납($PbSO_4$)으로 변환되고, 양(+)극 판으로부터 자유롭게 분리된(전리된) 2가의 전자가를 가지는 산소 음이온(O_2^-)은 전해액에서 해리된 1가의 전자가를 가지는 수소 양이온(H^+)과 반응하여 물(H_2O)이 생성되어 다음과 같은 식으로 표현할 수 있다.

$$PbO_2 + H_2SO_4 + 2H^+ + 2e^- \rightarrow PbSO_4 + 2H_2O$$

그리고 방전 시 음극(-극)판의 화학작용은 양극(+극)판으로 전자를 보내기 때문에(방출하기 때문에), 전기적으로 중성상태의 납(Pb^0)이, 2가의 전자가를 가지는 납 양이온(Pb_2^+)으로 변화된 다음 전해액 내의 황산 음이온(SO_4^{2-})과 반응하여 황산 납($PbSO_4$)이 되며 다음과 같은 식으로 표현할 수 있다.

$$Pb + H_2SO_4 \rightarrow PbSO_4 + 2H^+ + 2e^-$$

③ <그림 1-3-7 방전상태(좌측) / 충전과정(우측)>의 좌측에서 사용을 다한 방전 후의 상태로서 양극(+)판의 과산화 납(PbO_2)과 음극(-)판의 납(Pb)은 모두 황산 납($PbSO_4$)으로 변화된다. 이때 황산용액은 전리된 후 이온반응을 통해 물이 생

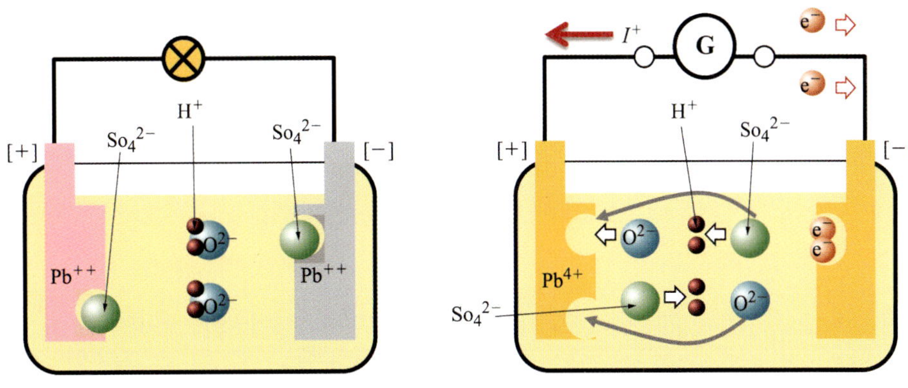

그림 1-3-7 방전상태(좌측) / 충전과정(우측)

성됨으로서 전해액의 밀도(ρ)는 약 1.2~1.14 g/cm^3 정도로 낮아진다.
사용을 다한 방전 후 상태의 방전 종지전압(discharge final voltage)은 축전지가 더 이상 방전되어서는 안 되는 축전지의 하한전압을 말하는 것으로서 이 하한전압한계 이하로 전압이 낮아지면 전기화학적 셀에 악영향을 미치거나 또는 완전히 파손시킬 수 있으며, 방전종지전압은 소비전류의 크기와 관계가 있다. 12 V 납(Pb) 축전지의 경우, 정격전류로 방전하면 약 20시간 후에는 완전히 방전되어 10.5 V의 방전종지전압에 이르게 된다(1.75 V/cell). 방전종지전압 이하로의 방전 또는 정격용량의 80% 이상 방전된 상태를 '과방전'이라고 한다. 그리고 저온방전시험 시, 12 V 납(Pb) 축전지에서의 방전종지전압은 현저하게 더 낮아져 EN-시험규격(유럽통합시험규격)에 따르면 6.0 V가 되지만 이는 축전지가 이미 완전 방전되었음을 뜻하는 것은 아니며, 방전종지전압에 도달하면 더 이상 고출력을 발휘할 수는 없지만 외부회로가 계속 연결되어 있으면 축전지의 단자전압이 0 V에 도달할 때까지 매우 급속히 하강을 한다. 이렇게 되면 방전의 기능을 모두 잃고 축전지는 파손된다. 방전종지전압은 용도나 극판의 형태에 따라서 전압이 변하며, 통상적으로 자동차용 축전지일 경우에는 1.75 V이고 산업용 축전지일 경우는 1.80 V이다.

④ <그림 1-3-7 방전상태(좌측) / 충전과정(우측)>의 우측은 충전과정으로서 축전지에 외부 전원을 연결하면 충전기 또는 발전기의 (+)극과 축전지의 (+)극, 충전전원의 (−)극과 축전지의 (−)극을 서로 연결한다. 따라서 전류는 외부전원으로부터 축전지의 (+)극으로, 축전지의 (+)극으로부터 축전지 내부의 부하를 거쳐 축전지의 (−)극으로 흐른다. 충전 시에는 정해진 시간 내에 축전지가 받아들일 수 있는 전하의 양, 즉 충전 허용도는 음극판의 작용물질 외에 주로 축전지의 내부저항에 따라 좌우되며, 이는 극판의 수, 즉 축전지의 크기에 따라 증가한다. 그리고 충전 시에 (+)극 판에서의 화학작용은 충전장치(또는 발전기)는 축전지의 (+)극 판에서 전자를 흡수하여, 이를 (−)극 판으로 이송하는 과정에 전해액으로부터 2가의 전자가를 가지는 황산음이온(SO_4^{2-})은 (+)극으로 이동하면서 자신이 가지고 있던 전하를 (+)극에 주게 되면서 불안정한 4가의 전자가를 가지는 과황산화납[$Pb(SO_4)_2$]이 된다. 그리고는 인가(승인 ; Approval)된 충전전압은 과황산화납[$Pb(SO_4)_2$]을 4가의 납 양이온(Pb_4^{+})과 2가의 황산 음이

온(SO_4^{2-})으로 분리시킨다. 4가의 전자가를 가지는 납 양이온(Pb_4^+)은 물(H_2O)로부터 전리된 2가의 전자가를 가지는 산소 음이온(O_2^-)과 반응하여 과산화 납(PbO_2)이 된다. (+)극 판으로부터 자유롭게 분리된(전리된) 전자를 방출하면서 황산 음이온(SO_4^{2-})은 물로부터 해리된 수소 양이온(H^+)과 반응하여 황산(H_2SO_4)이 되고, 황산납($PbSO_4$)은 2산화납(PbO_2)으로 변환된다. 변환과정은 다음과 같은 식으로 표현할 수 있다.

$$PbO_4 + 2H_2O \rightarrow PbSO_2 + H_2SO_4 + 2H^+ + 2e^-$$

또한 충전 시 (−)극 판에서의 화학작용은 (+)극 판으로부터 (−)극 판으로 전자(e^-)를 흡수 인가되면 (−)극 판의 황산 납($PbSO_4$)을 1차로 4가의 납 양이온(Pb_4^+)과 2배의 황산 잔류 음이온(SO_4^{2-})으로 분해하며, 이어서 전자(e^-)는 자신이 가지고 있는 전하를 4가의 납 양이온(Pb_4^+)에게 주면 음극판은 전기적으로 중성인 납(Pb^0)이 된다. 황산 잔류 음이온(SO_4^{2-})은 물로부터 해리된 수소−양이온(H^+)과 반응하여 황산(H_2SO_4)이 됨으로서 전해액은 물(H_2O) 또는 밀도가 낮은 황산용액(PH_4)에서 밀도가 높은 황산용액(PH_4)으로 변화한다. 변환과정은 다음과 같은 식으로 표현할 수 있다.

$$PbSO_4 + 2H^+ + 2e^- \rightarrow Pb + H_2SO_4$$

그리고 충전과정을 거친 뒤 충전 후의 상태를 보면, (+)극 판의 백색 황산 납($PbSO_4$)은 갈색의 과산화 납(PbO_2)으로 변화되고 (−)극 판의 백색 황산 납($PbSO_4$)은 회색의 해면상 납(Pb)으로 변화된다. 이때 물(H_2O)은 황산용액(PH_4)으로 변화되므로 전해액의 밀도는 약 1.280 g/cm^3 정도로 높아지며, 물(H_2O)과 황산(H_2SO_4)은 결합된 상태는 물론이고 분리(해리)된 상태로도 존재한다. 변환과정은 다음과 같은 식으로 표현할 수 있다.

$$① \ H^+ + OH^- \rightarrow H_2O$$
$$② \ 2H^+ + SO_4^- \rightarrow H_2SO_4$$

따라서 충전 시에도 물(H_2O)은 분해되어 약간의 수소(H_2)가스와 산소(O_2)가스(폭발가스)를 발생시키기 때문에 다음과 같은 식으로 표현할 수 있다.

$$2H_2O \rightarrow 2H_2 + O_2 \ (\uparrow)$$

4) 니켈 – 카드뮴 배터리(NiCd ; nickel–cadmium battery)

니켈(Nickel oxide hydroxide)과 카드뮴(Cadmium)을 사용한 알칼리 축전지로서 충전이 가능한 전지이며, '니카드(Ni-Cd) 전지'라고도 한다. 전지의 양(+)극에는 수산화니켈[$Ni(OH)_3$], 음(−)극에는 카드뮴(Cd), 전해질로 수산화칼륨(KOH)을 사용하여 양(+)극에서 발생되는 산소(O_2)가스를 음(−)극에서 소비시키는 형태의 축전지이다. 초창기의 휴대폰은 니켈 – 카드뮴 전지를 사용했었기 때문에 얼마의 기간이 지나면 아무리 충전을 해도 작동하는 시간이 짧아져 통화 도중에 끊어지는 일이 빈번하게 발생했으므로 여유분의 충전기를 갖고 다녀야 했었다. 니켈 – 카드뮴 전지는 충・방전 방식에서 완전방전과 완전충전이 중요하다. 왜냐하면 니켈 – 카드뮴 전지의 물질의 특성상 충・방전 유형을 기억하므로 <그림 1-3-8 메모리(Memory) 기억효과(현상)의 충전지>와 같이 처음 100% 충전상태에서 사용하여 60% 사용(방전)하고 40% 남아 있을 경우에 배터리를 충전하게 되면 남아 있었던 40%는 배터리 자체가 기억하지 못하고 사용하였던 60%가 자기용량인줄 기억하고 배터리에 충전을 하게 되므로 배터리 용량의 표시창에는 당연히 100%로 표시되기 때문에 우리들은 100% 충전해졌다고 알고 이용하지만 실제로는 60%의 충전상태이므로 자연히 작동시간이 짧아질 수밖에 없다. 따라서 충전과 방전 사이클을 제대로 지키지 않고 반복 충・방전 시에는 충전지가 수명감소가 되어 정상적으로 기억기능을 회복시킬 수 없게 된다. 이런 니켈 – 카드뮴 전지의 큰 단점으로 인한 사용의 불편과 더불어 니켈 – 수소 배터리의 출현으로 현재는 사용량이 급격히 줄어들었지만 아직까지 가정용품(전기면도기, 무선 진공청소기, 무선 전화기 등)에 많이 이용되고 있다.

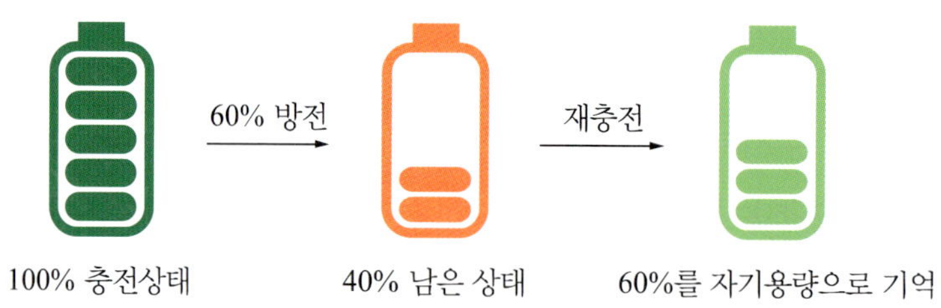

그림 1-3-8 메모리(Memory) 기억효과(현상)의 충전지

5) 니켈-수소 배터리(NiMH ; Nickel-Metal Hydride battery)

전극에 니켈(Ni)과 수소 흡장 합금(수소 저장 합금)을 사용한 2차 전지의 하나이면서 니켈-카드뮴 전지를 개량한 전지로서,

① 양극에 수소 흡장 합금(수소 저장 합금)을, 음극에 니켈(Ni)을, 전해질에는 이온 전도성이 아주 강한 수산화칼륨[KOH (aq)]을 사용한 전지

② 양극에 수산화니켈(Ni)을, 음극에는 수소(H_2) 또는 수소이온과 결합할 수 있는 (수소를 저장할 수 있는) 특수합금인 금속 수소화합물(Ni-MH) 또는 Fe-Ni계, LaNi5계, Mg_2Ni계 중 하나인 LaNi5를 사용하고, 전해질에는 이온 전도성이 아주 강한 수산화칼륨(KOH) (aq)을 사용한 전지

위의 ①, ②에서의 양극과 음극에 투입되는 물질은 다소 다르게 사용하지만 동일한 전지로서 니켈-카드뮴(Ni-Cd) 전지보다 2배 정도의 고용량화를 실현하고 있으며, 발생 전압은 1.2 V로 니켈-카드뮴(Ni-Cd) 전지와 같다. 충전기는 니켈-카드뮴(Ni-Cd) 전지와 니켈-수소(NiMH) 전지 모두에 대응할 수 있기도 하고 하이브리드 자동차의 배터리, 열에너지의 저장 및 수송(열펌프) 등에도 폭넓게 채용되고 있지만, 니켈(Ni) 및 수소(H_2)가스를 기반으로 충전 가능한 전기화학적 에너지원으로 사용하므로 ②번의 니켈-금속 수소화물(Ni-MH) 전지와 달리 ①번은 저온에서 수소(H_2)의 압력을 높이면 수소(H_2)가스를 흡수하고, 온도를 높이고 압력을 낮추면 수소(H_2)가스를 방출하는 성질 때문에 수소를 8.27 MPa (1200 psi)의 고압탱크에 저장하는 점이 특징이 있다.

위의 ①, ② 건전지형의 안전을 위한 구조는 전해액에는 촉매가 첨가되어 있으며, 전기분해에 의해 생긴 수소(H_2)가스를 산소(O_2)가스가 빠르게 반응시켜 물(H_2O)로 되돌리기 위한 연구도 하고 있다. 그러나 과충전 시에는 강한 발열부문과 전기분해에 의해 발생한 수소(H_2)가스를 흡수하지 못하고 압력이 높아짐에 따라 양극에 압력이 과도해질 경우를 대비하여 수소가스가 방출되는 장치(방폭변)가 있어야 한다. 또한 내압이 상승하면 가스와 함께 전해액이 방출되는 장치로 인하여 가스와 전해액이 함께 배출됨에 따라서 양극이나 전해액의 결정(Crystal)으로 인하여 부식이 축적이 될 수 있을 뿐만 아니라, 방폭밸브가 있어 일부 전해액을 상실하고, 또한 결정(Crystal)에 의하여 양극과 케이스를 단락시키는 원인으로 인한 충전 부족은 결국 수명이 짧게 되기

도 한다. 만약에 파열이나 전해액의 누출이 있을 시에는 전해액은 불연성의 수용성이므로 화재의 위험은 매우 작지만 알칼리성이면 피부 등에 닿으면 화상(화학 화상)을 일으키는 원인이 된다. 또한 이 경우 배터리 주변의 물질들을 변질시킬 가능성도 있다. 일반적인 건전지형인 것의 양극에 개인이 독자적으로 직접 납땜 등을 하면 방폭 밸브가 불량하게 되므로 납땜을 해서는 안 되며, 납땜 시 전지 본체의 과열과 파열을 방지하는 니켈금속편이 있지만 미리 스폿이 용접되어 있는 타입이 제조 및 판매되고 있으므로 그것을 사용해야 한다.

6) 리튬이온 배터리(Li–ion)

리튬이온을 사용하는 전지를 의미하는데, <그림 1-3-9 리튬이온 배터리의 4대 구성요소>와 같이 그 구성요소를 살펴보면 양극, 음극, 전해액, 분리막으로 구성(원형점선 표시)되어 있다. 양극은 배터리의 용량을 결정하고, 음극은 리튬이온을 저장하는 역할을 하며, 분리막은 양극과 음극이 만나서 단락되지 않도록 물리적으로 차단시켜주는 역할을 하고, 전해액은 리튬이온이 원활하게 이동할 수 있도록 해주는 역할을 한다.

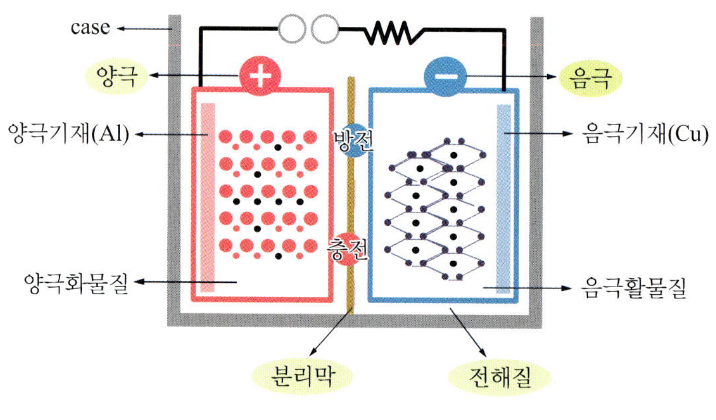

그림 1-3-9 리튬이온 배터리의 4대 구성요소

그리고 충전을 한다는 것은 전지 또는 축전지에 전기에너지를 화학에너지로서 변환 축적하는 것(전기에너지를 저장하는 일)이므로 양극에서 음극으로 리튬이온과 전자가 이동하여 음극에 리튬이온이 저장된다고 생각하면 된다. 반대로 방전(사용)은 음극에 있던 리튬이온과 전자가 양극으로 이동하게 되는 과정이다. 리튬이온 배터리는 사용물질의 종류와 용도에 따라 분류를 다르게 구분한다.

(1) EV (Electric Vehicle) 기준

① HEV (Hybrid Electric Vehicle) 차량을 위한 고출력(High Power)형
출력밀도 향상 필요 → 저항 감소 설계 → 로딩 ↓ 전극코팅면적 ↑(작업 난이도 어려운 편) → 기재(부자재) 증대 및 대규모 생산(규모의 경제성 낮은 편) → 원가상승 → 셀 업체들이 선호하지 않는 편이다.

② EV (Electric Vehicle) 차량을 위한 고에너지(High Energy)형
에너지 밀도 향상 필요 → 고밀도 전극 설계 → 로딩 ↑ 전극코팅면적 ↓(작업 난이도 쉬운 편) → 부자재 감소 및 대규모 생산(규모의 경제성 높은 편) → 원가하락 → 셀 업체들이 선호하는 편이다.

(2) 삼원계 계열 기준

일반적으로 전기자동차에서 많이 사용하고 있는 리튬이온 배터리의 양극재 종류의 하나이다.

① 삼원계의 NCM (Ni & Co & Mn : Nicke, Cobalt, Mangan)
니켈코발트망간 계열의 산화물로서, 특히 Ni이 들어간 양극재는 다른 양극재에 비해 에너지 밀도가 높아 다른 배터리와 동일한 크기로 제작했을 경우와 비교한다면 강력한 전기에너지를 순간적으로 낼 수 있어 대용량 배터리 제조에도 무리가 없으며, 수천 번 충·방전이 가능하다는 장점이 있다.

② 삼원계의 NCA (Ni & Co & Al : Nicke, Cobalt, Aluminum)
니켈코발트 알루미늄 계열의 산화물로서 이것 역시 NCM과 마찬가지로 Ni이 들어간 양극재이면서 Mn 대신 Al을 첨가하여 다른 양극재에 비해 에너지 밀도가 높아 강력한 전기에너지를 순간적으로 낼 수 있어 대용량 배터리를 제조하는데 적합하다는 장점과 함께 가능한 충·방전 회수가 수백 번 정도에 불과하

다는 단점이 있다. 또한 원료 합성과 수분 제어가 어렵기 때문에 많이 사용하지는 않지만 일반적으로 원통형 배터리에 사용하면서 테슬라 EV를 비롯한 주요 전기차 배터리에 사용하고 있다.

③ 삼원계의 NCMA (Ni & Co & Mn & Al : Nicke, Cobalt, Mangan, Aluminum)
NCM에 'Al'까지 추가된 양극재로서 아직 양산하여 적용하지 않으나 포스코케미칼과 LG에너지솔루션에서 개발하고 있는 NCMA배터리는 양산되면 테슬라 차량에 탑재할 계획이라고 하며, 기존 배터리보다 용량, 출력, 안정성은 높이고, 가격은 낮출 계획이라고 한다.

④ LCO ($LiCoO_2$; Lithium Cobalt Oxide)
리튬산화코발트 계열의 산화물이라고 하며, 아주 오래 전부터 리튬이온 배터리에 사용된 물질로서 이미 오래 전부터 연구되어 현재 배터리 시장의 대부분을 차지하고 있다. 삼원계를 포함한 이 물질은 층상 구조를 가지고 있으며, 전류를 통하면 충전과 방전과정에서 공칭전압 3.7 V에 정격 용량을 g당 약 150 mA 수준으로 물질의 밀도를 높일 수 있어 동일한 부피에 비하여 많은 전기에너지를 담을 수 있다는 장점이 있다고 한다.

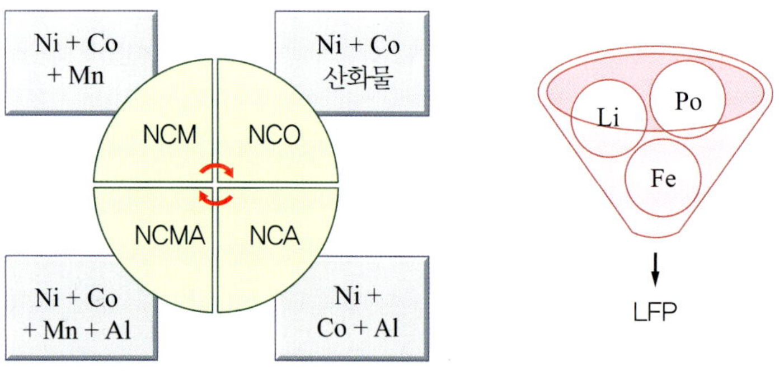

그림 1-3-10 삼원계 배터리(좌측)와 LFP 배터리(우측)의 물질

7) 리튬-인산철 배터리 [LFP ; $LiFePO_4$: lithium iron (Fe) Phosphate battery]

LFP ($LiFePO_4$)는 리튬인산철(Lithium iron Phosphate)의 영문명을 딴 것으로 철의 분자구조가 'Fe'라서 철을 뜻하는 영어를 'Iron' 대신 중간에 삽입하여 LFP라고 줄여 쓴 것이다. 또한, 리튬인산철은 감람석(마그네슘이나 철 따위의 규산염으로 된 광물의 하나)과 같은 결정구조와 동일하다. 감람석은 앞뒤 길이가 좌우 길이보다 짧은 사방정계의 결정을 갖고 있다. 즉, 직육면체 같은 성냥갑 모양을 하고 있으므로 흔히 올리빈 구조라고 한다. 층상 구조를 가진 LCO 배터리에 비해 안정성이 높다. 또한 리튬이온이 빠져나가도 결정구조가 열화되는 현상이 적어 수명이 긴 것이 특징이다. LFP 배터리의 장점은 우선 단가가 저렴하다고 볼 수 있고 열에 강하여 폭발에는 강하지만 에너지 밀도가 낮다는 점이며, 삼원계의 양극재를 사용하는 배터리에 비해서 같은 용량을 구현하려면 무게가 더 무거워진다는 단점이 있다.

따라서 LFP 배터리와 삼원계배터리의 차이는 기존 전해액이 들어가는 배터리와 전고체로 된 배터리와의 차이이며, 음극재, 분리막 등의 물질은 그대로 사용하지만 양극재가 차이가 있다고 할 수 있다.

8) 리튬이온 폴리머 배터리(Li-ion polymer battery)

'리튬이온 중합체 전지'라고도 하며, 음극과 양극의 활성 물질에는 전도성 고분자(Conductive Polymer) 등을 이용하고, 안정성이 높고 에너지 효율이 좋은 고체 또는 젤 상태의 고분자를 전해질로 사용한 리튬 이차 전지로서, 전지가 파손되어도 발화하거나 폭발할 위험이 거의 없고, 무게를 기존 전지의 31%까지 줄일 수 있으며, 특히 제조 공정이 간단하여 대량 생산이 가능하여 휴대 전화기, 노트북 컴퓨터, 캠코더 등 소형기기에 주로 사용되고 있다.

(2) 2차 전지의 특성과 주요 재료

표 1-3-3 2차 전지의 특성과 주요 재료

<table>
<tr><td>납 축전지</td><td colspan="4">• 최초의 2차 전지로서 대부분의 자동차의 기초전원으로 이용
• 저가로 제조 가능하고 넓은 온도조건에서 고출력발휘로 안정된 성능 을 발휘하나 비교적 무겁고, 낮은 에너지 저장밀도 특성의 전지.</td></tr>
<tr><td rowspan="2"></td><td>정극재표</td><td>부극재료</td><td>전해액</td><td>작동전압</td></tr>
<tr><td>PbO_2</td><td>Pb</td><td>H_2SO_4</td><td>1.9 V</td></tr>
<tr><td>니켈 카드뮴 전지</td><td colspan="4">• 철도차량용, 비행기 엔진 시동용 등을 비롯하여 고출력이 요구되는 산업 및 군사용으로 널리 사용되며, 밀폐형의 경우에는 전동공구 및 휴대용 전자기기의 전원으로 사용하였지만 메모리 효과와 인체, 환경의 유해한 카드뮴 사용으로 인해 점차 사용을 기피하고 있는 추세</td></tr>
<tr><td></td><td>NiOOH</td><td>Cd</td><td>KOH 수용액</td><td>1.2 V</td></tr>
<tr><td>니켈 수소 전지</td><td colspan="4">• 1992년에 대량 생산이 개시된 2차 전지로서 니켈카드뮴전지와 동작 전압이 같고 구조적으로도 비슷하지만 부극에 수소 흡장합금을 채용하고 있어서 높은 에너지 밀도로 현재까지 전기자동차 용으로 사용되고 있다.</td></tr>
<tr><td></td><td>NiOOH</td><td>MH</td><td>KOH 수용액</td><td>1.2 V</td></tr>
<tr><td>리튬이온 2차 전지</td><td colspan="4">• 리튬금속을 전극에 도입한 관계로 안전성 면에서는 불완전한 형태라서 보호회로를 채용 필요
• 높은 에너지 저장밀도와 소형, 박형화가 가능하며 소형 휴대용기기의 전원으로 채용이 본격화</td></tr>
<tr><td></td><td>Li 산화물
(코발트산망간산,
니켈산)</td><td>C</td><td>Li-salt 유기용액</td><td>3.6 V</td></tr>
<tr><td>리튬이온 폴리머 2차 전지</td><td colspan="4">• 리튬이온 2차 전지와 유사하나, 리튬이온 2차 전지의 전해액을 고분자 물질로 대체하여 안정성을 높인 것과 모양을 자유자재로 만들 수 있다는 점이 특징이다. 분리막은 고체 폴리머(건식, 습식)</td></tr>
</table>

<table>
<tr><td>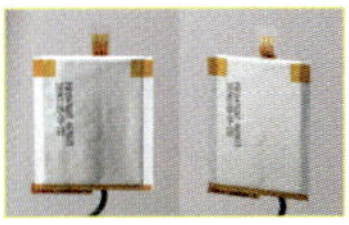</td><td>Li 산화물
(코발트산망간산,
니켈산)</td><td>고체 (인조/천연
흑연) = C</td><td>Li-salt 유기용액</td><td>3.6 V
(에너지 밀도
250 wh/kg)</td></tr>
<tr><td>전고체 2차 전지</td><td colspan="4">• 전지의 모든 구성요소가 고체이며, 리튬이온 전지의 액체 전해질과 분리막을 고체 전해질 층으로 대체한 전지로서 현재 상용화된 리튬이온 전지의 태생적 한계를 뛰어 넘은 완전한 안정성과 모양을 자유자재로 만들 수 있는 특성으로 높은 에너지 밀도로 빠른 충전속도, 높은 구동 전압을 발휘하는 전지로서 Flexible하므로 더 얇게 형상화</td></tr>
<tr><td></td><td>고체
(NCA, NCM,
LCD 등)</td><td>고체
(인조 / 천연 흑연,
리튬)</td><td>고체(황화물계,
산화물계, 폴리머계
등) / 폴리머,
옥사이드, 인산염,
황화물</td><td>(에너지 밀도
450 wh/kg)</td></tr>
</table>

[4] 전지의 규격

(1) 전지 규격의 개념

20년 전만 하더라도 배터리를 충전하여 다시 사용한다는 개념은 상당히 생소했었고, 가정에서 사용하는 가전기기는 물론 휴대용 전자기기에도 건전지를 사용하는 경우가 일반적이었다.

AA전지는 1.2 V 또는 1.5 V의 전압을 갖고 있지만 국가별로 건전지 규격을 표기하는 기준이 달라 규격이 여러 개로 표기되어 있으며, 우리나라의 경우는 1957년 발표된 국제 전기기술위원회(International Electronical Commission)의 표준 규격인 국제 기준단위를 따르고 있다. 일반적으로 국제 기준단위는 건전지 모양에 따라 원통형, 파우치형, 각형으로 분류한 후 여기에 각각 R, F, S의 알파벳 코드와 크기별 숫자를 붙이는 것이지만 우리에게 익숙한 표기법은 AA 또는 AAA이며, 이는 1919년 발표된 미국 국가표준협회(ANSI)의 표기법으로서 A, B, C 등의 알파벳을 붙여 분류한 것이 특징이다. 건전지 지름이 14.5 mm에 높이 50.5 mm 크기의 건전지는 국제 표준 규격상으로는 R6 또는 R06으로 표기되고, 미국 표준 규격상으로는 AA로 표기된다. 리모컨 등에 사용되는 소형 AAA건전지는 지름 10.5 mm, 높이 44.5 mm 크기로, 국제 표준 규격으로는 R03이다.

이렇듯 같은 건전지여도 국가별 표준이 다르면 표기법도 달라진다. 그리고 국제 규격으로 보았을 때 알파벳 L은 알카라인 건전지를 뜻하고, 알파벳 R은 대제적으로 원형 건전지를 의미하며, 만약 R만 있거나 L이 없는 경우 또는 R도 없고 L도 없는 경우는 대부분 '망간 건전지'라고 볼 수 있다. 망간건전지는 꾸준하게 쓰면서 전력 사용량이 낮은 시계, 리모컨 사용에 적합하고, 알카라인 건전지는 순간적인 전력을 사용해야 하는 일반 장난감, 헤드폰, 라디오, 카세트, CDP 등에 적합하다.

(2) 1차 전지의 규격별 종류

표 1-3-4 전지의 규격별 종류

Image								
크기 (직경×높이 mm)		17 × 34.5	10.5 × 44.5	14.5 × 50.5	26.2 × 50	34.2 × 61.5	26.5 × 17.5 × 48.5	67 × 67 × 115
표준 기준	미국	CR123A	AAA	AA	C	D	FC-1	4FM
	국제	-	R03	R06	R14	R20	6F22	4R25
	일본	-	UM4	UM3	UM2	UM1	006P	4R25
전압		3 V	1.5 V				9 V	6 V

※ 출처 : https://www.coupang.com

1) 6 V 건전지(국제규격 : 4R25)

미국기준으로 4FM으로 칭하며, 외경 67 mm로서 건전지 종류 중에 가장 크고 형태는 사각형이다. 특이한 것은 단자 부분이 스프링으로 되어 있다는 점이고, 스프링 노출부가 (+)극, 검은캡 부분이 (−)극이다. 충전용은 아니며 주로 커다란 사각 랜턴,

대형 라이터, 손전등(Fresh)에 들어가는 네모난 건전지인데, 요즘은 LED 랜턴 등이 발달해서 대형마트나 편의점 등에서는 찾아보기 힘들다.

2) 9 V 건전지(국제규격 : 6F22)

직사각형의 납작한 모양을 가진 건전지이며, 자주 쓰이는 편은 아니지만 여전히 계측기, 통신기기, 경보기, 장난감, 계산기, 무전기, 의료기기 등에 사용된다. 키패드 전원부 또는 무선 조종기에 들어가는 건전지에도 사용된다.

다른 건전지와는 달리 9 V의 높은 전압을 가지고 있고, 기기의 성능발휘 및 보호가 뛰어나 오랫동안 보전 가능한 실용적인 건전지이다.

3) C형 건전지(국제규격 : R14)

AA형처럼 생겼지만 AA형보다는 조금 더 굵은 원통형 건전지로서 일반적으로는 크게 사용하지 않는다. 방전 전압이 안정되어 기기보호에 적합하므로 벽걸이시계나 가스레인지 점화용 등에 사용되며, 환경보존을 위한 수은 0%, 카드뮴 0% 건전지(무수은, 무카드뮴 전지가 적용된다.

4) D형 건전지(국제규격 : R20)

C형 또는 AA형처럼 생긴 원통형 건전지이다. 높이 약 62 mm, 폭 약 33 mm로 범용 원통형 건전지 중 가장 크고 무게가 무거워서 휴대성은 떨어지지만, 크기가 가장 큰 만큼 용량도 가장 크므로 장기간 사용 가능하다. 전압의 안전성 또한 뛰어난 편이라서 주로 휴대용 선풍기나 탁상시계, 카세트, 랜턴과 같은 캠핑 소품 등의 전원 공급용으로 사용된다. 전압은 1.5 V이며, 망간과 알카라인 두 종류가 있지만 용량 면에서는 알카라인 배터리가 약 3배 더 높다고 할 수 있다.

5) AA형 건전지(국제규격 : R6)

일반적으로 많이 사용되는 일반 원통형 건전지로서 1차 건전지에는 전압표기만 되어 있을 뿐 일반적으로 용량표기를 하지 않는데, 그 이유는 용량으로 사용시간을 짐작할 수 없기 때문이다. 용량은 남아있으나 전압이 떨어져서 사용하지 못하는 경우도 있고, 사용되는 제품별로 차이가 커서 타사와의 제품용량이 100 mAh 차이밖에 나지 않을지라도 사용기간은 50%가 차이나는 경우가 있기 때문에 용량표기의 의미가 없어 제조사도 "오래가는 건전지" 등을 강조하며 자사 시리즈(Series) 제품끼리 성능을 비교하는 것이 대부분이다. 따라서 높은 전압을 요구하는 제품이 아니라면 차라리 저렴한 표준 타입을 구매하는 것도 경제적이라고 할 수 있다.

6) AAA형 건전지(국제규격 : R03)

탁상용 시계나 휴대폰 출시되기 전의 이동통신수단인 무선호출기(삐삐)에 들어가는 작은 원통형 건전지이다.

AA전지 또는 AAA전지의 전압이 국내외적으로 무조건 1.5 V전압을 갖는 것은 아니며, 제조사마다 혹은 나라마다 조금 다를 수 있다. <그림 1-3-11 제조사가 다른 AA전지의 전압>의 ①번은 국내 듀라셀 알카라인 AA전지 1.5 V이며, ②번은 일본 임펄스 AA전지 1.2 V 전압이라고 되어 있다. AA전지와 AAA전지의 시간당 흐르는 전류의 mAh가 다르며, 일반적으로 AA전지의 경우는 1900～2550 mAh 정도이고, AAA전지의 경우는 800～950 mAh 정도 되지만 이것 역시 국내외의 생산제조사마다 조금씩 다르다.

①

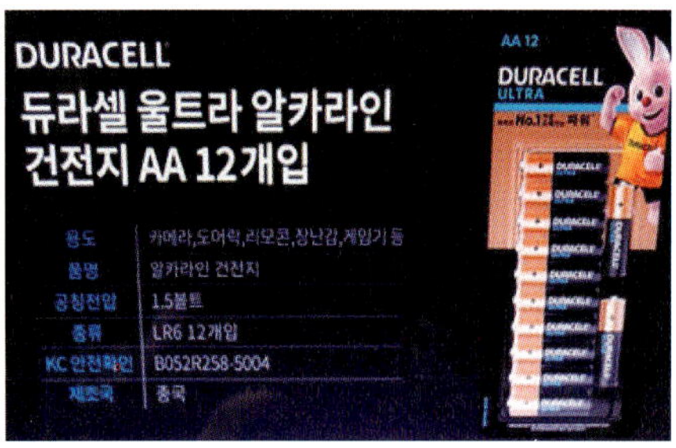

※ 출처 : https://www.coupang.com

②

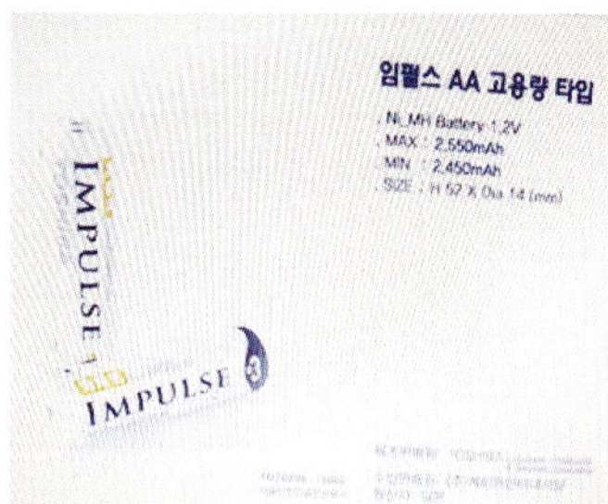

※ 출처 : https://www.coupang.com

그림 1-3-11 제조사가 다른 AA전지의 전압

건전지 중에는 재충전이 되는 것과 안 되는 전지들이 있으며, 재충전이 되는 전지는 별도의 충전기를 구비해야 한다. 재충전이 안 되는 1차 전지에 속하는 전지는 한 번 사용 후 바로 폐건전지함에 버려서 폐기처분해야 한다는 특징이 있다. 하지만 시간이 지날수록 다양한 전자기기의 개발과 생산으로 인해 많은 사용처 및 소비자를 확보함에 따라 충전과 재충전을 한다는 개념이 보편화 되었으며, 가장 보편적으로 이용되었던 전자기기가 바로 핸드폰(Hand phone)이 아닐까 생각된다. 처음 출시되었던 당시에는 핸드폰을 사면 핸드폰과 분리가 되는 배터리와 충전기가 함께 별도로 들어 있었다. 휴대용 MP3가 처음 유행하던 때만 해도 기기 안에 건전지를 넣어 작동시켰었는데 어느 순간부터 제품들은 내장 배터리를 탑재하기 시작했고, 별도의 전원 충전기를 이용하여 충전하는 기술개발의 변천과정이 있었다.

7) 버튼형(Button, Coin) Cell

일반적으로 직경이 작고 납작한 것을 '단추형(Button형)', 직경이 크고 얇은 것을 '동전형(Coin형)'이라고 구별하기도 하지만 대부분 1차 전지이다. 1차 전지도 건전지의 한 종류이기는 하지만 원통형의 크고 긴 일반적인 형태의 건전지와 구별하기 위해 건전지가 아닌 전지형(Cell형)이라고 부르며, 버튼형(단추형) 전지는 형상과 전압이 규격화되어 있는데 일반적으로 매우 작은 크기이다. 예전에는 수은을 함유해 보통 수은전지(Mercury)라고 불리던 건전지인데 요즘에는 환경문제로 수은전지는 사라졌고 무수은, 무카드늄 제품(알카라인, 리튬, 산화은 등)으로 바뀌었다. 가장 많이 쓰는 수은전지 형태는 <표 1-3-5 현재 사용되는 버튼형(Button, Coin) Cell>의 CR2016 / CR2025 / CR2032 / LR44 정도가 많이 사용된다.

다양한 곳(장치, 제품)에 사용되는 버튼형(Button, Coin) Cell은 1차 전지이므로 다 소모되면 장치나 제품의 작동이 제 역할을 하지 못하므로 교체를 해주어야 되는데, 구입하기 위해 전지(Cell)의 명칭이나 규격을 알아야 한다. 버튼형(Button, Coin) Cell은 다양한 사이즈가 있는데 일반적으로 코드명 'CR' 또는 'LR'로 시작하고 뒤에는 지름과 두께를 나타내는 특정 숫자로 표시되어 있다. LR44와 같이 예외도 있지만 대체로 코드명 'CR' Cell은 작지만 전력이 강한 리튬 망간계열의 전지이고, 'AG', 'LR' Cell은 고출력 기기에 적합한 알카라인 전지를 말한다.

표 1-3-5 현재 사용되는 버튼형(Button, Coin) Cell

	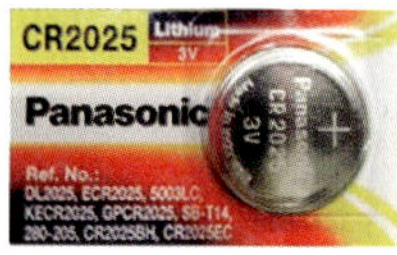		
CR2016	CR2025	CR2032	LR44
• 계산기, 체온계, 시계, 자동차 리모컨, 만보기, 완구, 전자수첩, 혈당체크계 등에 많이 사용	• 계산기, 체온계, 시계, 자동차 리모컨, 만보기, 완구, 전자수첩, 혈당체크계 등에 많이 사용	• 계산기, 시계, 체온계, LED 전등, 자동차 리모컨, 3D 안경전자수첩, 완구, 혈당체크계, 만보기 등 • 컴퓨터 메인보드, 소형 계측기기 등에 많이 사용	• 카메라, 라디오, 시계, 전자계산기, 카메라, 게임기, 완구, PDA, 전자책 등에 많이 사용

※ 출처 : https://shoppinghow.kakao.com

<그림 1-3-12 비튼형(Button, Coin) Cell의 규격표시>의 ①번 Cell에 있는 'CR2032' 글자에서 'C'는 리튬 이산화망간(Li MnO_2 ; litiume Manganese Dioxide)으로서 Li과 Mn에 두 원자의 산소(O)가 결합한 물질을 나타내고, 'R'은 Round Cell로서 둥근형 전지를 나타낸 것이다. 물질표시 다음에 적힌 숫자 '20'은 지름(Φ)이 20 mm이라는 뜻이고, 마지막 숫자 '32'는 Cell의 두께(t) 또는 높이가 3.2 mm이라는 뜻이다. CR2032와 CR2025의 경우에는 두께 차이만 있고, 두께에 따른 전지 용량 차이만 조금 있을 뿐이지 그 외의 차이는 없다.

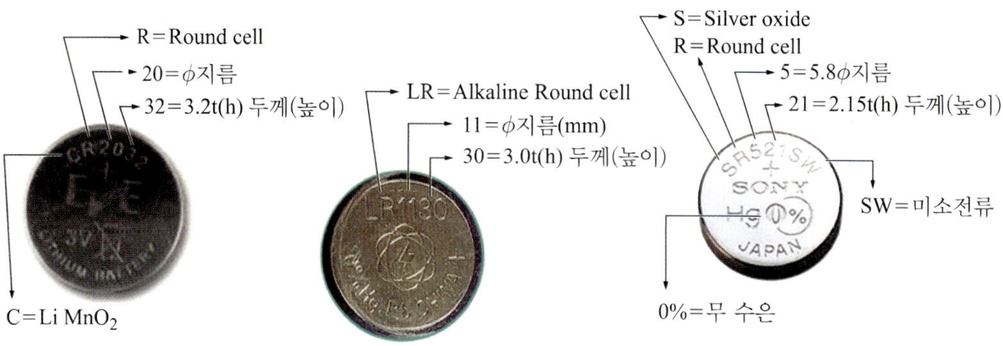

① ② ③

그림 1-3-12 버튼형(Button, Coin) Cell의 규격표시

예시
▶ CR2032 : 직경 20.0 mm / 두께 3.2 mm / 전압 3 V / 용량 225 mAh 내외
▶ CR2025 : 직경 20.0 mm / 두께 2.5 mm / 전압 3 V / 용량 160 mAh 내외

CR2 건전지는 무조건 똑같은 크기는 아니지만 대략 높이 2.7 cm, 폭 1.56 cm 정도로서 손가락 한 마디 크기의 리튬 1차 전지이다. 고출력에서 저출력 기기까지 강한 에너지를 발휘하는 것이 이 전지의 특성이기 때문에 폴라로이드 카메라나 휴대용 포토 프린터, 골프 거리측정기용 등의 전자제품에 주로 사용된다. 따라서 광범위하게 사용하는 AA형이나 AAA형 건전지보다는 오히려 사용수명이 길어서 환경오염의 우려도 적다.

<그림 1-3-12 버튼형(Button, Coin) Cell의 규격표시>의 ②번 Cell에 있는 'LR1130' 글자에서 'L'은 알카라인(Alkaline)으로서 염기가 지니는 기본적 성질인 산의 작용을 중화하고 산과 작용하여 염과 물만을 만드는 성질을 뜻하는 물질을 나타내고, 'R'은 Round Cell로서 둥근형 전지를 나타낸 것이다. 물질표시 다음에 적힌 숫자 '11'은 지름(Φ)이 11 mm이라는 뜻이고, 마지막 숫자 '30'은 Cell의 두께(t) 또는 높이가 3.0 mm라는 뜻이다. 알카라인 버튼셀은 기존의 수은전지를 대체하는 가장 흔하고 저렴한 전지라고 볼 수 있다.

<그림 1-3-12 버튼형(Button, Coin) Cell의 규격표시>의 ③번 Cell에 있는 'SR521SW' 글자에서 'S'는 산화 은(Ag_2O ; Silver Oxide)으로서 물과 아세톤에는 잘 녹지 않으나 암모니아수와 묽은 질산에는 녹는 무기 화합물질을 나타내며, 'R'은 Round Cell로서 둥근형 전지를 나타낸 것이다. 물질표시 다음에 적힌 숫자 '5'는 지름(Φ) 또는 직경(diameter)이 5.8 mm이라는 뜻이고, 마지막 숫자 '21'은 Cell의 두께(t) 또는 높이가 2.15 mm라는 뜻이다. 일반적으로 코드명이 SR, SE로 시작되면 산화은 전지라고 볼 수 있다. 대전류용 전지와 미소전류용 전지의 2종류로 생산되고 있고, 전지의 특정 숫자 끝에 표시되는 'SW'는 미소전류를 뜻하지만 그냥 'W'만 표시하는 경우도 있다. 예를 들어, SR1130W (대전류용 전지), SE1120SW (미소전류용 전지) 등과 같이 'W'는 대전류용 전지, 'SW'는 미소전류를 뜻한다. 그리고 전지의(3번째 줄)에 표시된 'Hg 0%'는 인체에 나쁜 영향을 끼치는 수은이 들어 있지 않은, 즉 무수은을 뜻한다.

편리한 버튼형 전지는 크기가 작고 가벼워 휴대용 제품에 많이 사용된다. 그러나

그 편리성만큼 인체에 위험한 중금속 관리도 중요하므로, 기존의 원통형 건전지에만 적용되었던 중금속 함유 안전기준이 2020년 11월 이후 손목시계 등에 활용되는 단추형 전지에도 포함(안전확인대상 생활용품 품목)되어, 제품 출고 전 시험검사 기관에서 인증을 받아 안전확인 신고 후 국가통합인증마크(KC)를 의무적으로 부착해야 한다('전기용품 및 생활용품 안전관리법', 2020년 11월 15일 시행). 작은 건전지 하나에도 용도별 다양한 표준이 숨어 있으며, 여러 나라가 다른 표준 규격을 사용하고 있어서 소비자가 불편을 느끼는 경우가 있는 만큼, 표준의 역할이 중요하다는 것을 알 수 있다.

해외여행 시나 국내에서 구입해야 할 버튼셀 전지가 당장 없을 때 구입해서 사용해도 무방한 호환 가능한 버튼셀 전지는 <표 1-3-6 버튼셀 호환표(Buttoncell battery conversion chart)>와 같다.

표 1-3-6 버튼셀 호환표(Buttoncell battery conversion chart)

HKG (홍콩)	IEC (국제 표준)	JPN (일본)	USA (미국)	ETC (영국을 포함한 기타)
AG0	LR63	SR63, SR521SW	379	618, JA, 280_59, GP379
AG1	LR60	SR60, LR321, LR320, SR621SW, SR321W	364	CX60, 164, 602, 7
AG2	LR59	LR726, SR426SW, SR726W	369, 397	CX59, 196, N, 607
AG3	LR41	SR41, LR736, SR736SW	384, 392	CX31, 192, 217
AG4	LR66	SR66, LR626, SR626SW, SR626W	376, 377	606177
AG5	LR48	SR48, LR754, SR754SW, SR754W	309, 393	CX48, 255, F
AG6	LR69	LR920, SR920SW, SR920	370, 371	CX69, 171, 605, 537
AG7	LR57	SR57, LR927, SR927SW	399, 395	CX927, 195, 523, S28

AG8	LR55	SR55, LR1120, SR1130SW, SR1130W	381, 391	CX55, 161, L
AG9	LR45	LR936, SR936SW, SR936W	394	625194524
AG10	LR54	SR54, LR1130, SR1130SW, SW1130W	389, 390	189, M, 626
AG11	LR58	SR58, LR721, SR721SW, SR720, SR721W	361, 362	19, 162, 426, 532, 601, GP62, RW310
AG12	LR43	SR43SW, SR43W, LR1142, SR1142	301	L1142, 189, 1176A, RW84, CX189, V12GA
AG13	LR44	SR44SW, LR1154, SR1154SW, SR1154W	303, 357, EXP76	G13, GP_A76, 1128MP, 1166A, D76A, KA, S76, PX675A, RW82, CA18, CA19
		SR714SW	341	V341, 627, RW322
		SR616SW, SR65, SR616	321	SB-AF/DF, 280-73, DA, V321, D321, GP321, 611
		SR512SW	335	SB-AB, 280-68, V335, 622
		SR516SW, SR62, SR516	317	SB-AH, 280-58, CA, V317, D317, GP317, 616
		SR527SW, SR64, SR527	319	SB-AE/DE, 280-60, V319, 615, GP319, S526E
		SR716SW, SR67, SR716	315	SB-AT, 280-56, HA, V315, GP315, 614
		SR916SW, SR68, SR916	373	SB-AJ/DJ, 280-45, WA, V373, GP373, 617
		SR416SW	337	V337, GP337, SB-A5, 280-75
		SR421SW	348	SB-A6, 280-77, GP348

- 동일 가로줄에 있는 전지는 서로 호환이 가능
- HKG : 홍콩표준규격 AG로 시작되는 전지(알카라인 건전지, LR로 시작)
- IEC 국제규격
- JAPAN 일본 : B의 SR로 시작되는 전지－손목시계용 산화은 건전지 규격
- USA 미국 : 에버레디, 에너자이저 같은 규격

※ 출처 : https://blog.naver.com/chuchill/220754105746

1-4 차세대 전지 현황 및 전망

[1] 차세대 전지의 종류

(1) 차세대전지의 종류와 구성

현재 배터리 시장을 장악하고 있는 리튬이온 배터리는 가벼운 리튬금속을 이용하기 때문에 같은 질량 대비 에너지를 많이 담을 수 있어 에너지 밀도가 높고, 기전력이 다른 배터리에 비해 3.6 V로 높은 값을 가지는 장점이 있다. 그러나 리튬이온배터리에 들어가는 리튬이 한정적이고 최근 사용량이 급격히 늘어남으로 인해 2021년 한 해만 해도 65% 이상의 가격 상승률을 보이는 등 해외 자원시장에서의 가격폭등 및 규제 등의 문제점도 있다. 따라서 향후 전기차의 대중화를 위해서라도 배터리 가격의 경쟁력을 위한 새로운 대안이 필수적이라 할 수 있을 것이다. 그리고 현재 리튬이온 배터리의 열폭발 화재 사건과 같은 다양한 문제점들이 드러나고 있는 상황을 비롯해 장기적으로 볼 때, 이를 보완할 차세대 배터리들의 필요성이 대두되고 있는 상황이다.

1) 리튬-이온-폴리머 배터리(LIP ; Lithium-Ion-Polymer Battery)

앞의 단원의 2차 전지(Secondary cell) 종류에서도 언급하였지만 왜 차세대 배터리에서도 언급하는 이유는 추가 설명이 필요하기 때문이다.

리튬-이온-폴리머 배터리(Lithium Ion Polymer Battery)는 리튬이온배터리(Lithium Ion Battery)와 같은 원리이다. <그림 1-4-1 Lithium-Ion-Polymer Battery의 구성>에서 보는 것과 같이 방전될 때 (−)극에서는 리튬(Li)이 전자(e^-)를 내놓고 리튬이온으로 되는 산화반응이 일어나고, (+)극에서는 이동해온 리튬이온이 전자(e^-)를 얻는 환원 반응이 일어난다. 리튬이온은 방전될 때에는 (+)극 쪽으로 이동하고, 충전될 때에는 (−)극 쪽으로 이동한다.

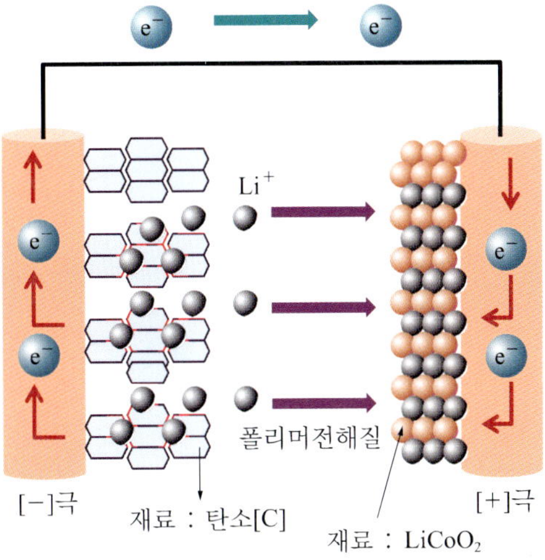

그림 1-4-1 Lithium-Ion-Polymer Battery의 구성

폴리머 배터리(Polymer Battery)는 '리튬이온 중합체 전지'라고도 하며, 양·음극 사이의 물질들은 충·방전을 통하여 순조롭게 이동할 수 있도록 하는 매개체 역할의 물질이 있다. 이 물질은 기존에는 폭발 위험성이 있었던 액체성 유기용매를 전해질로 사용했으나 현재는 상온에서 폴리머(Polymer), 젤(Gel) 등의 고분자(Conductive Polymer) 등을 이용하는데, 고전압 배터리가 사용되는 기기(전기 자동차 등)에 리튬이온 배터리의 성능을 그대로 유지하면서 배터리가 파손되어도 발화하거나 폭발할 위험이 거의 없고, 에너지 효율이 좋으며, 화학적으로 가장 안전한 배터리로서 배터리 자체 무게를 기존 리튬이온 배터리의 31%까지 줄일 수 있다. 특히 제조공정이 간단하여 대량 생산이 가능하므로 휴대 전화기, 노트북 컴퓨터, 캠코더, 드론 등 소형기기에 주로 사용된다. 개발 여하에 따라 대형 기기에도 쓰일 것으로 전망되지만 전해질로 사용하는 폴리머(Polymer), 젤(Gel)은 기존 액체성 유기용매를 전해질로 사용했을 때보다는 이온전도도(Ion Conductivity)가 현저히 낮기 때문에 배터리 충·방전할 경우에는 문제가 발생한다. <그림 1-4-2 낮은 전도도로 인한 배터리의 전류 흐름분포>와 같이 처음에는 정상적 흐름을 보이다가 시간이 흐를수록 Voltage Profile이 원형의 점선표시처럼 튀기 시작하여 비정상적인 충·방전으로 인하여 정상적인 배터리의 역할을 할 수 없게 한다. 따라서 이러한 문제점을 해결하기 위하여 기존의 액체타입과 폴리머(Polymer)의 중간 정도의 Hybrid인 GPE (Gel Polymer Electrolyte) 전해질을 사용함으로써 낮은 이온전도도를 어느 정도 높일 수 있다. 이와 같이 배터리 제조사에서도 안정성 있는 배터리 공급을 위하여 지속적으로 기술을 개발하고 있다.

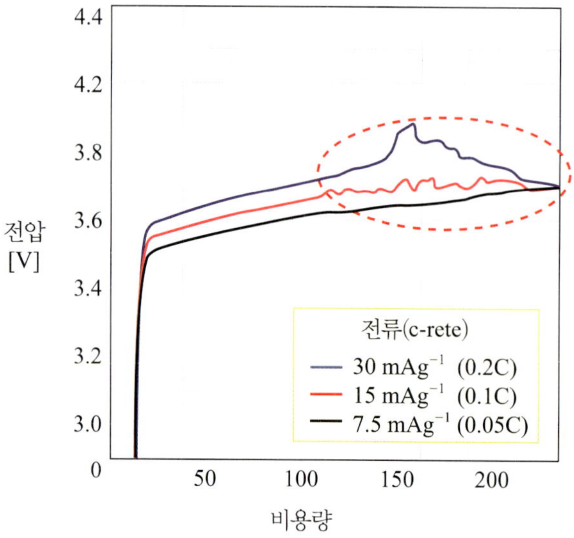

그림 1-4-2 낮은 전도도로 인한 배터리의 전류 흐름분포

2) 리튬-인산철 배터리(LIP ; Lithium-Iron-Phosphate Battery)

리튬이온 배터리는 배터리 용량을 좌우하는 핵심 소재인 양극재 소재에 따라 크게 삼원계 배터리와 LFP (Lithium, Ferrum, Phosphoric acid) 배터리로 나뉜다. 우리나라의 대표적 배터리 3사에서는 보통 삼원계 배터리를 생산하지만, 중국 배터리사가 만들어 중국 전기차 시장 등에 공급하는 배터리는 주로 리튬-인산철($LiFePo_4$) 배터리 또는 리튬철인산염(LFP : Lithium, Ferrum, Phosphoric acid Battery) 배터리이다. 그 동안 국내의 배터리 3사는 삼원계 배터리가 에너지 밀도가 높다는 장점 때문에 삼원계 배터리를 고수하고 있었지만, 현재는 화재안정성 때문에 LG에너지솔루션, 삼성 SDI, SK온, LG엔솔(주) 등 국내 전기차 배터리 업체에서는 기존의 삼원계 배터리 대신하여 리튬-인산철(LFP) 배터리를 생산하려는 경영 전략을 세우고 있다. 그 이유는 글로벌 1위 전기차 업체인 미국 테슬라에 이어 독일 완성차 업체 메르세데스-벤츠까지 기존의 삼원계 배터리 대신 리튬인산철(LFP) 배터리를 채택하겠다고 선언했기 때문이다. 이미 세계시장에 나와 있는 중국 배터리의 리튬인산철(LFP) 배터리를 우리나라에서 동일하게 만들어서는 세계시장을 점유하기는 어려운 실정이므로 리튬인산철(LFP) 배터리가 지닌 단점들을 보완할 수 있는 기술개발 여하에 따라 차세대 전지로서 세계시장에서 높은 비중을 차지할 수 있을 것이다.

<표 1-4-1 삼원계 배터리와 LFP 배터리의 특징 비교>에서 에너지 밀도가 '높음'의 의미는 1회 충전으로 얼마만큼의 거리를 주행할 수 있느냐 이며, '낮음'의 의미는 주행거리는 짧지만 화재로부터 안전하다는 의미이기도 하다.

표 1-4-1 삼원계 배터리와 LFP 배터리의 특징 비교

구분	삼원계 배터리	LFP 배터리
소재	니켈, 코발트, 망간/니켈, 코발트 산화물/니켈, 코발트, 망간, 알루미늄/니켈, 코발트, 알루미늄	리튬, 인산, 철
가격	24 $/kg	12 $/kg
에너지 밀도	높음	낮음
주행거리	장거리(400 ~ 600 km)에 유리	단거리(120 ~ 240 km)에 유리
안정성	높음	매우 높음
부식 / 중량	낮음 / 가벼움	높음 / 무거움
장점	• 배터리 용량이 크다. • 수명이 길다. • 배터리 출력이 높다.	• 수명이 길다. • 가격이 저렴하다.

3) 나트륨이온 배터리(Sodium Ion Battery)

차세대 배터리를 위한 물질로 나트륨(Sodium)이 적합한 이유는 매장량이 지구상에서 여섯 번째로 많은 원소로서 바닷물 속이나 지각 위에도 상당히 많고 흔하게 접할 수 있으므로 자원이 풍부한 만큼 가격이 저렴한 물질이기 때문이다. 2차 전지의 가격을 산정할 때 $/kWh (시간당 1 kW의 전지를 저장할 때 소요되는 가격의 기준)로 하는데, 특정량의 전기가 발생 또는 저장할 때 소요되는 비용이 얼마인가를 따지게 되므로 해외 시장의 높은 장벽인 가격 경쟁에 있어 경제성을 보유한 물질이라고 볼 수 있다. 나트륨(Sodium)의 주성분인 염화나트륨(NaCl ; Sodium Chloride)은 리튬과 같은 1족 알칼리금속 원소로서 반응성이 좋고 배터리 작동원리가 동일하여 현재의 리튬 배터리 생산공정을 공유할 수 있다는 장점도 있다. 그러나 원자번호 3번인 리튬 대비 원자번호 11번인 나트륨은 상대적으로 무겁기 때문에 에너지 밀도가 낮고, 염화나트륨(NaCl) 자체는 전기전도성이 없기 때문에 향상시켜줄 수 있는 물실의 소재 파악이 필요하며, 현재 리튬 배터리에서 사용하고 있는 음극재료 흑연과 실리콘을 안정적으로 포함(Intercalation)시키기 어렵다는 문제점이 있다. 따라서 리튬과 다른 물질의 재료들은 크기가 다른 이온 사이즈로 인해 음극·양극재, 전해질, 분리막에 대한 새로운 설계가 필요하기 때문에 전극소재로는 주목받지 못하여 2차 전지 사용 초창기부터는 적용할 수 없었다.

그러나 층 구조를 가진 층상물질에 분자를 가역적으로 포함시키거나 삽입시키는 것으로 흑연 구조 안에 리튬이온을 포함시키듯, 나트륨이온을 삽입하기에 상대적으로 큰 사이즈가 문제가 될 수 있었던 부분을 인터칼레이션(Intercalation) 과정을 거쳐 나트륨이온이 이동하기 적합한 구조의 양극제작에 성공하였다. 그 과정은 다음과 같다.

① 전기전도성이 없는 염화나트륨(NaCl)에 향상시켜줄 수 있는 카본(Carbon)소재를 섞는다.

② 캐스팅(Casting)을 하기 위하여 접착성이 있는 바인더(Binder)를 추가로 사용한다.

③ NMP용매(양극재 Binder 용매)를 혼합한다.

그림 1-4-3 Sodium Atomic Information

④ 추가로 점도(Viscosity)를 맞춘다.

⑤ 슬러리(Slurry) 형태로 만든다.

⑥ 슬러리(Slurry)를 캐스팅(Casting)하여 전극형태로 만들어 특정온도에서 건조시킨다.

⑦ 전극으로 뚫어서 배터리를 조립할 때 사용한다.

경제성을 보유한 물질인 나트륨이온 배터리(Sodium Ion Battery)의 상용화 전략에 나선 중국의 CATL (최대 전기차 배터리 社)에서 발표한 내용에 따르면, 나트륨이온 배터리가 에너지 밀도는 부족하지만 리튬-인산철(LFP) 배터리와 함께 조립하는 방식으로 해결이 가능하다고 했으며, 또한 배터리 용량의 80%를 충전하는데 15분 정도 걸리는 점과 영하 20℃에서 90% 이상 유지되는 에너지 밀도의 장점이 있다고 한다.

4) 리튬-공기 배터리(Lithium-Air Battery)

리튬-공기 전지(Lithium-Air Battery)는 리튬(Li)과 산소(O)의 화학반응을 이용하여 충·방전 과정에서 산화물의 결합과 분해의 화학반응을 이용한 전지로서, 산소를 미리 주입하여 사용하는 다른 전지들과는 달리 리튬-공기 전지는 공기 중에 있는 산소를 바로 활용하여 부피에서의 장점을 가지고 있다. 그렇기 때문에 리튬이온 전지에 비해 5~10배 정도(1,000~10,000 mAh/g)의 전기용량과 5배 이상의 에너지 밀도(900 Wh/kg)를 가지고 있으므로 에너지 효율을 획기적으로 높인 배터리라고 말할 수 있으며, 기존의 발전 방식을 바꾼 전지로 전지 역사에 있어서 비약적인 발전에 기여할 배터리로 주목받고 있다. 또한 충·방전 과정에서 산화물의 결합과 분해를 통해 에너지를 생성하는 신기술을 사용해 기존의 리튬이온 배터리보다 에너지 출력(kWh)은 2배 정도 높으나 시간당 에너지 생성 비용은 5배 정도 저렴한 것으로 알려져 있다.

리튬-공기 배터리는 <그림 1-4-4 Lithium-Air Battery의 구성>과 같이 산소의 환원과 발생(Oxygen Evolution) 반응이 반복되면서 에너지를 생산한다. 산소(O)를 음극으로 사용하면서 생기는 장점을 꼽는다면 산소의 왕래만 원활하게 이루어진다면 음극의 최대 전기용량까지 끌어올릴 수 있다는 것이다. 또한 기존 금속전지의 경우에는 에너지 밀도만을 고려하여 이를 높이게 되면 폭발의 가능성이 있기 때문에 한계가 있지만, 리튬-공기 배터리는 폭발의 가능성 없어 에너지 밀도를 높일 수 있다는 장점이 있다. 에너지 밀도의 측면에서 장점을 가지고 있는 이 전지는 현재 더 가볍고 효율 높은 제품을 추구하는 현재 시장의 수요와 맞아 떨어져 소비자들에게 비약적으로 편한 제품을 제공하는 데에 기여할 수 있다.

하지만 아직까지 상용화되기에는 보완해야 할 단점이 있다. 다른 전지와는 달리 산소 진극이 운동하기 때문에 충선과 방선이 될 때 2 V 정도의 전압 차이가 나면서 에너지 효율을 감소시킨다. 또한 전해질이 불안정하여 분해 반응이 일어나고, 충전과 방전 시 반응 반복에 제한이 생긴다. 이러한 문제를 해결하기 위해서 고체나 액체 촉매를 사용하거나, 음극으로 순수한 금속 리튬을 사용하거나, 또는 양극으로도 산소가 침투할 수 있는 다공성의 구조체를 사용하거나, 코팅으로 탄소 표면을 보호하는 등 여러 측면에서의 연구가 현재 진행 중에 있다.

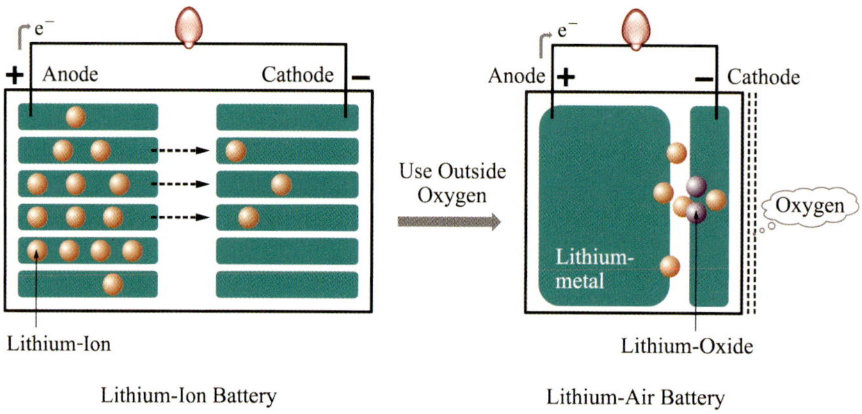

그림 1-4-4 Lithium-Air Battery의 구성

5) 그래핀 배터리(Graphene Battery)

6개의 탄소원자들이 벌집 모양의 육각형 그물처럼 배열된 평면들이 여러 겹(층)으로 쌓여 있는 구조 중에서 한 겹의 뜻하는 그래핀(Graphene)은 흑연(Graphite)과 탄소 이중결합을 가진 분자를 뜻하는 접미사 'ene'을 결합(Graphite + ene)하여 만든 신조어이다. <그림 1-4-5 육각형 그물의 탄소(C)의 배열층(좌측) / 1겹의 Graphene (우측)>에서 보듯이 흑연의 한 층은 0.67 nm 정도의 두께를 가지고, 그 중의 한 겹 0.2 nm의

두께를 가지는 그래핀(Graphene)은 물리적, 화학적으로 안정성이 매우 높으며, 흑연이나 다이아몬드와 탄소 동소체로서 구성 원소는 같지만 서로 다른 결정구조로 이루어져 있기 때문에 완전히 다른 성질을 보인다.

꿈의 배터리라고도 하는 그래핀 배터리(Graphene Battery)의 그래핀(Graphene)은 구리(Cu)보다 100배 이상 전기가 잘 통하고, 반도체로 주로 쓰이는 실리콘(Si)보다 100배 이상 전자의 이동성이 빠르며, 강도는 강철보다 200배 이상 강하고, 최고의 열전도성을 자랑하는 다이아몬드보다 2배 이상 열전도성이 높다. 또한 빛을 대부분 통과시키기 때문에 투명하며, 신축성도 매우 뛰어나다. 따라서 높은 전기적 특성을 활용하는 초고속 반도체, 투명 전극을 활용한 휘어지는 디스플레이, 디스플레이만으로 작동하는 컴퓨터, 높은 전도도를 이용한 고효율 태양전지 등에 활용되는데, 특히 부드럽게 구부릴 수 있는 디스플레이, 손목에 차는 컴퓨터, 전자 종이를 만들 수 있어서 미래의 신소재로 주목받고 있다.

전자제품을 사용하는 사람이라면 누구나 원하는, 바꾸거나 자주 충전하지 않아도 오래가는 배터리의 요구(Needs, Wants)를 바로 그래핀(Graphene)이 충족시킬 것이며, 자동차나 스마트폰에 사용되는 2차 전지의 수명을 두 배 이상 오래 갈 수 있도록 해준다고 한다. 배터리가 오래 가려면, 전기를 만들어내는 전지 안에서 두 극의 전자(e^-) 전달이 잘 되어야 하는데, 그래핀은 그 전자 전달을 좀 더 쉽게 만들어주기 때문에 수명이 길다.

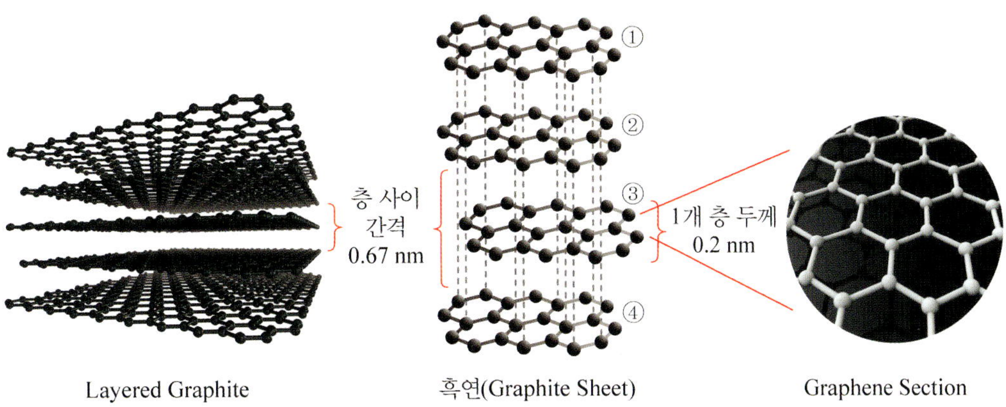

그림 1-4-5 육각형 그물의 Graphite의 배열층(좌측) / 1겹의 Graphene (우측)

이렇게 장점도 매우 많고 활용도도 매우 넓은 그래핀(Graphene)이지만 배터리 제조사에서 선뜻 활용화 하지 못하는 이유는 넓은 면적의 그래핀 한 장을 대량 생산하기 어렵다는 점이 가장 크다. 그래핀은 4개의 탄소(C)가 공유결합이라는 강한 결합을 하기 때문에 단단한 경도(굳기의 정도)를 가지지만, 그래핀이 층층이 쌓인 구조의 흑연은 탄소가 주변 3개의 원자와 결합하고 남은 1개의 전자는 다른 그래핀 층의 남은 전자와 결합하기 때문에 층과 층 사이의 결합력은 그래핀의 탄소(C)가 하는 공유결합에 비하면 매우 약하다. 따라서 흑연에 물리적 방법으로 조금만 압력을 가해도 층과 층 사이의 분리가 쉽게 일어난다. 문제는 <그림 1-4-5 육각형 그물의 Graphite의 배열층(좌측) / 1겹의 Graphene (우측)>에서와 같이 여러 겹을 이루는 배열층의 흑연에서 떨어져 나온 1겹의 그래핀(Graphene) 두께가 0.2 nm로 너무 작고, 층과 층 사이(①번 아랫면 + ②번의 두께 + ③의 윗면)의 간격이 0.67 nm 정도라서 육안으로의 작업이 불가능해 현미경으로 관찰할 수밖에 없는 구조라는 것이다. 이 때문에 세밀한 수작업으로 인한 시간, 노동력 등의 단점이 제기되면서 기업의 경제성이 떨어져 대량생산이 어려워졌다.

6) 전고체 배터리(All-Solid State Battery)

전지의 양극과 음극 사이에 있는 전해질을 기존 액체에서 고체로 대체한 차세대 배터리로서, 리튬이온 배터리에 필요한 분리막을 없애고 비워진 공간에 에너지 밀도가 더 높은 물질의 전해액을 집어넣을 수 있다. 액체로 만들어진 기존 배터리는 양극과 음극이 만날 경우 화재가 발생할 위험이 있지만 전고체 전지는 리튬이온이 이동하는 전해질이 고체로 만들어졌기 때문에 항상 고정되어 있어 외부케이스에 구멍이 뚫려도 폭발이나 화재 가능성이 낮아 정상적으로 작동한다. 또한 액체전해질보다 내열성과 내구성이 뛰어나며, 크기도 줄일 수 있다. 따라서 전고체 전지는 안전성뿐만 아니라 용량과 두께 측면에서 플렉서블(Flexible : 휘어지는) 배터리를 구현할 최적의 조건을 갖춘 것으로 평가 받는다.

<그림 1-4-6 ① 기존의 리튬이온 배터리 / ② 전고체 배터리 / ③ 전고체 배터리의 구성재료>에서와 같이 전고체 배터리는 ①의 리튬이온 배터리에 있었던 양극과 음극 사이에 있는 분리막(Seperator)만 없어진 것이 아니라 전고체 배터리 ②에서 보는 바와 같이 전체적으로 쫙 깔려있다. 전극에서 리튬(Li^+)이 움직이기 위해서는 리튬(Li^+)

이 있는 전체(양・음극) 부분에도 전해질이 균일하게 스며들게 하여 리튬(Li^+)의 이동을 원활하게 해야 초박막으로 만들 수 있다. 또한 전고체 배터리의 구성재료 ③과 같이 양・음극을 여러 겹 쌓아도 고전압・고밀도 배터리 구현이 가능하기 때문에 전고체 배터리는 기존의 리튬이온 배터리에 비교하여 대용량을 구현하고 안전성을 높인 것이 특징이다.

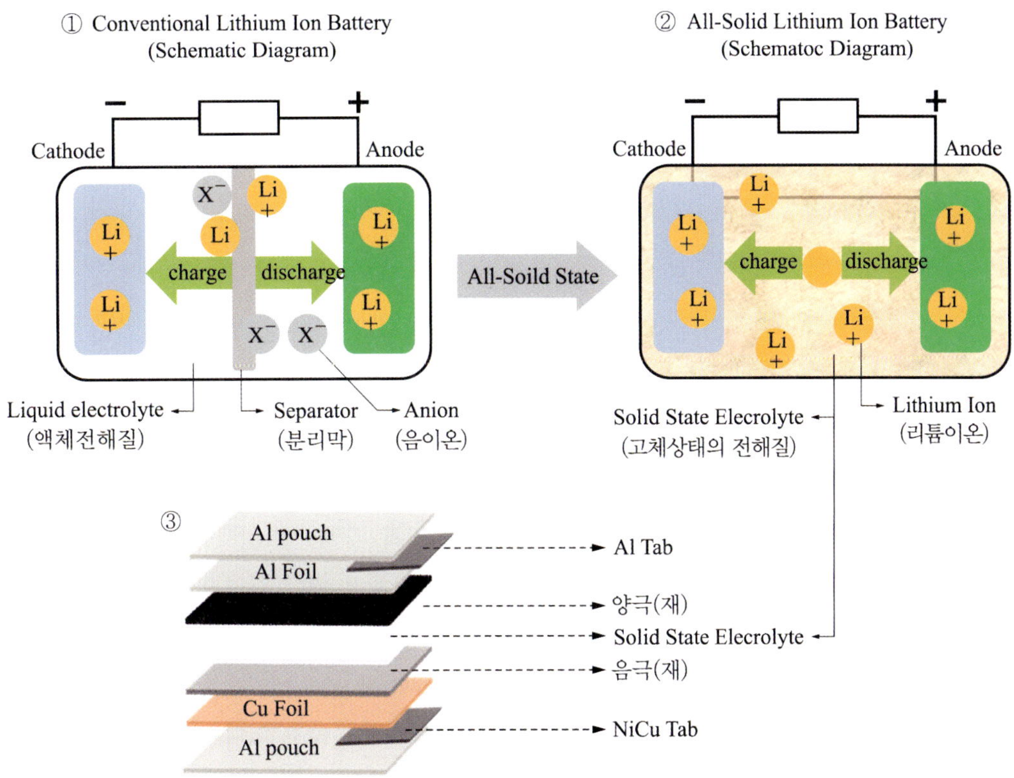

그림 1-4-6 ① 기존의 리튬이온 배터리 / ② 전고체 배터리 / ③ 전고체 배터리의 구성재료

전고체 배터리(All-Solid State Battery)의 상용화 구현을 위한 배터리사의 기술개발 로드 맵(Load Map) 네 가지 최대 화제는 <그림 1-4-7 전고체 배터리의 Development Load map>과 같다.

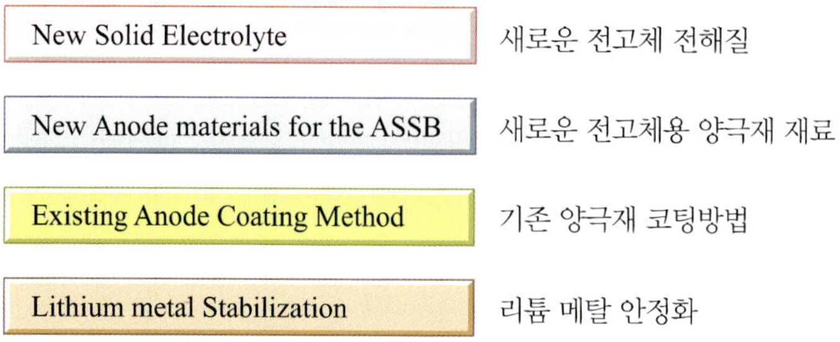

그림 1-4-7 전고체 배터리의 Development Load map

7) 슈퍼 커패시터 배터리(Super Capacitor Battery)

슈퍼 커패시터란 Super와 Capacitor의 합성어로서, 전기에너지를 저장하는 커패시터의 역할을 하면서 물리적 전하 분리 현상을 이용한 대용량 에너지 저장장치를 말한다. 슈퍼 커패시터는 커패시터의 성능 중 특히 전기 용량의 성능을 중점적으로 강화한 것으로서, 축전 용량이 대단히 큰 것은 초고용량 커패시터 또는 울트라(超) 커패시터(Ultra Capacitor)로 알려져 있다. 전자 회로에 사용되는 커패시터(콘덴서)는 전기적으로 충전지와 같은 기능을 갖고, '전력을 모아서 필요에 따라 방출한다'는 것이 기본 목적이며, 전자 회로를 안정되게 동작시키기 위해서는 반드시 필요한 부품 중 하나이다. 따라서 슈퍼 커패시터는 일반적인 전지처럼 에너지 저장기술 중의 하나이며, 2차 전지가 화학적 저장방식인데 비해 슈퍼 커패시터는 전자기적 저장방식이다. 슈퍼 커패시터는 <그림 1-4-8 에너지 저장기술에 따른 분류>와 같이 신재생에너지 산업의 성장으로 인해 중요한 에너지 저장기술로 관심을 받고 있다.

슈퍼 커패시터와 2차 전지의 차이는 <그림 1-4-9 전지별 전력 밀도와 에너지 밀도>에서 보는 바와 같다. 2차 전지는 에너지 밀도가 높기 때문에 많은 에너지를 저장할 수 있지만, 슈퍼 커패시터는 전력 밀도가 높기 때문에 높은 전력을 출력할 수 있다. 일반적인 커패시터(Capacitor)보다 출력은 낮지만 에너지는 밀도는 높아 에너지를 더 많이 저장할 수 있다.

슈퍼 커패시터가 필요한 이유는 2차 전지와 연료전지(Fuel Cell)의 단점을 커버하기 위해서이다. 2차 전지는 고출력 시에는 배터리 수명에 영향을 미친다. 연료전지는 외부 환경이나 자연조건에 따라 출력이 달라지므로 그 영향에 의해 에너지 밀도가 일정하지 않아 고출력이 요구되는 기기에는 사용할 수 없으며, 고가의 비용이 요구되는 촉매제 사용이 필요하고, 에너지를 저장할 수 없다. 이들에 비하여 슈퍼 커패시터는 급속 충·방전 및 높은 충·방전 효율 및 반영구적인 사이클 수명 특성을 가지고 있으므로 연료전지로 생산된 전력과 부하전력 사이의 차이를 슈퍼 커패시터가 흡수 또는 방출함으로서 전력을 일정하게 유지시킬 수 있다.

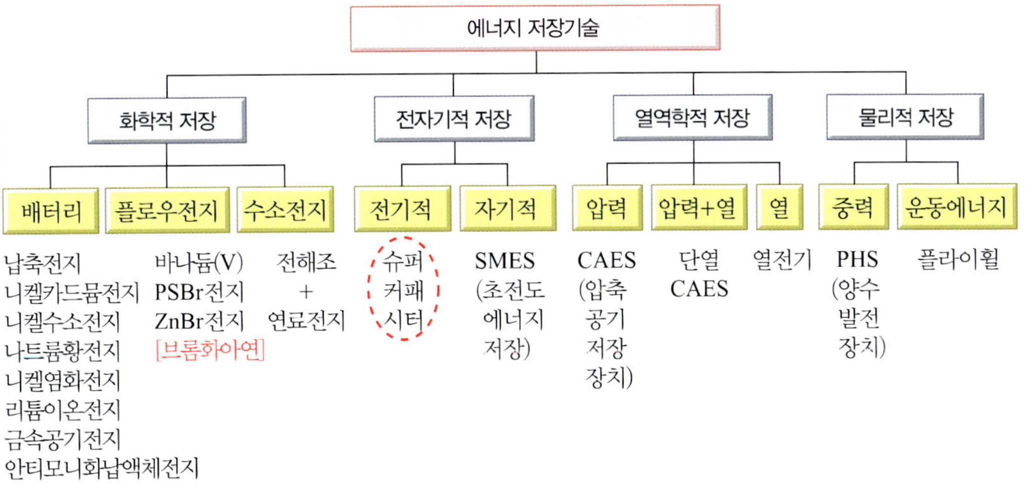

그림 1-4-8 에너지 저장기술에 따른 분류

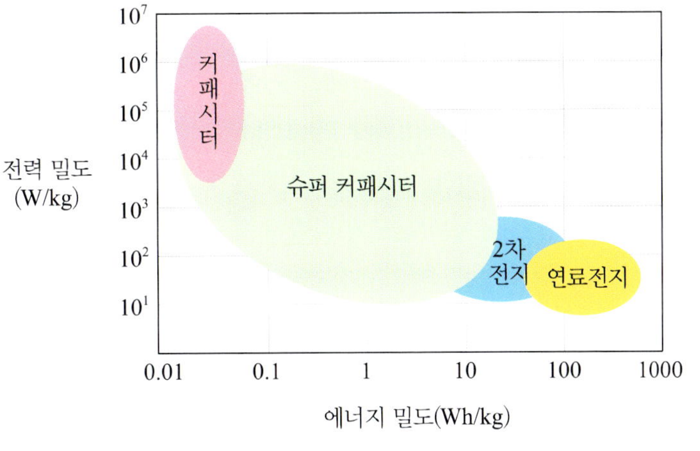

그림 1-4-9 전지별 전력 밀도와 에너지 밀도

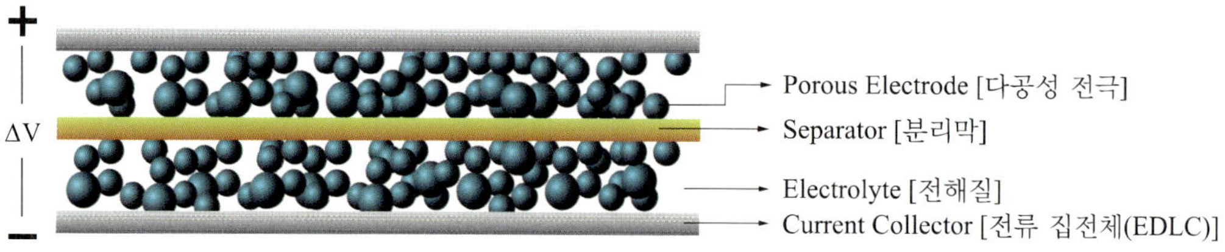

그림 1-4-10 슈퍼 커패시터 전지의 구성

슈퍼 커패시터는 <그림 1-4-10 슈퍼 커패시터 전지의 구성>에서와 같이 집전체, 전극(다공성), 전해질, 분리막으로 구성되어 있다. 외부 양쪽에 있는 집전체(Current Collector)는 (+, −)의 금속 전극이 잘 통할 수 있도록 순수한 20~30 μm 얇은 알루미늄(Al) 박지(薄紙 ; 얇은 종이)로 되어 있는데, 카본으로 만든 전극에서 모인 전류를 집전하여 리드 탭을 통해 단자로 모으는 역할을 한다. 분리막(Separator)은 양극과 음극 전극이 서로 직접 닿아 단락되지 않도록 분리하며, 활성화된 탄소의 재료는 야자수를 태워 만든 카본 가루로서 구멍이 많아 표면적을 극대화한 전극(Porous Carbon Electrode)을 사용하고 있다.

슈퍼 커패시터의 원리는 <그림 1-4-11 슈퍼 커패시터의 원리>에서와 같이 리튬이온의 화학적 반응을 통해 방전 · 충전하는 2차 전지와는 달리, 탄소 소재의 활성탄에 붙는 전자의 물리적 흡 · 탈착을 이용해 방전 · 충전하는 시스템으로서 하이브리드 자동차에 설치하여 시동을 걸거나 급가속 등 순간적으로 고출력을 필요로 할 때 슈퍼 커패시터가 작동하게 되는 원리이다. 그리고 전지의 바깥 양쪽에 있는 EDLC는 전하(전류)의 정전기 현상(Electro Static)을 이용한 전하(전류)의 집전체인 전기 이중층(EDLC ; Electric Double-Layer Capacitor)으로서, 표면 내부에 형성되는 이온층의 전기(Porous Electrode)를 저장한다. 전해액에 임의로 흩어져 있는 이온들이 충전할 때 서로 다른 극성을 띠는 전극에 나란히 배열되는데, 이것은 완전한 전기(물리)적 작용으로서 화학적 현상에 의해 충전되는 배터리에 비해 높은 출력을 낼 수 있다. 또한 2차 전지에 비해 에너지 밀도는 적지만 리튬 전지의 5배에 달하는 순간적인 고출력을 낼 수 있으므로 슈퍼 커패시터(Super capacitor)는 기존의 전해질 커패시터와 충전식 배터리(2차 전지, 연료전지 등)의 중간 영역에 있다고 할 수 있다.

슈퍼 커패시터는 고성능 전기저장 장치 또는 대용량 축전지 등으로도 불리며, 전기자동차의 배터리를 보완 또는 배터리를 대체하여 사용할 수 있는 장치나 2차 전지와

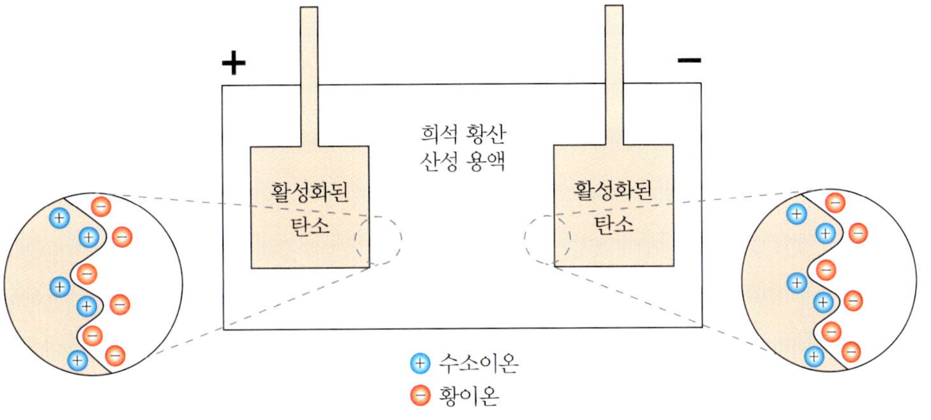

그림 1-4-11 슈퍼 커패시터의 원리

는 달리 중금속을 사용하지 않는 특성을 지니고 있다.

많은 특성을 지닌 슈퍼 커패시터는 기술적 구조에 따라 3가지로 나눌 수 있다.

① 전기 이중층 커패시터(EDLC ; Electrical Double Layer Capacitor)
정전기적인 이온의 흡·탈착만을 사용하기 때문에 2차 전지보다 높은 출력과 안정성이 높아서 보조전원으로 많이 사용된다.

② 유사 커패시터(Pseudocapacitor)
전기화학적 반응으로 전하 이동을 유도하기도 하고, 2차 전지와 유사하기에 '유사 커패시터'라고 부른다.

표 1-4-2 슈퍼 커패시터의 종류 및 특성

분류특성	전기 이중층 커패시터		유사 커패시터		하이브리드 커패시터	
전극재료	활성탄 탄소에어로겔		금속산화물	전도성 고분자	탄소재 금속산화물 전도성 고분자	
전해질	수계	비수계	수계	수계/비수계	수계	비수계
작동전압(V)	> 1	> 3.3	> 1	> 2.7	> 1	> 4.2
메커니즘	전기 이중층		전기 이중층 + 산화환원		전기 이중층 + 산화환원	
비고	양극과 음극에 동일전극		복합재 형태로도 사용		전극 하이브리드가 일반적 (탄소전극+금속산화물 전극)	

※ 출처 : 한국에너지기술연구원, 한국기업데이터(주) 재가공

표 1-4-3 슈퍼 커패시터 용량에 따른 용도별 분류

용도	소형(1 F 이하)	중형(1~100 F)	대형(100 F 이상)
메모리 백업	전자기기 클록/ 메모리	산업용 기기 메모리	-
전원 전력 백업	-	상시 기동대기 전자기기 (가전기기, 통신기기)	UPS, 수변전설비
태양광 발전 시스템	솔라워치	자발광식 도로등	주택태양광 발전 시스템 전력저장
모터, 액추에이터	HDD 암 구동 어뮤즈먼트 기기	-	전기자동차, 전동차량, 철도 포인트 절제
2차 전지 수명 향상	PDA, 셀룰러 단말	PDA, 셀룰러 단말	차세대 저공해 자동차 (HEV, PEV, FCEV)
전압변동 흡수	PDA, 셀룰러 단말	PDA, 셀룰러 단말 각종 자동차 전장품	차세대 저공해 자동차 (HEV, PEV, FCEV)

※ 출처 : 한국에너지기술연구원, 한국기업데이터(주) 재가공

③ 하이브리드 커패시터(Hybrid Capacitor)

양극과 음극을 다른 전극재료(비대칭 전극을 사용)를 사용함으로서 적당히 혼합하여 용량을 높인 커패시터로 차세대 커패시터이다.

슈퍼 커패시터는 저장용량에 따라서 소형, 중형, 대형으로 나눈다. 소형은 메모리 백업, 중형은 소형 전자기기의 전원, 대형은 자동차용 보조전원이나 대규모 UPS로 주로 사용된다.

8) 연료전지 [Fuel Cell (Battery)]

연료전지는 다양한 연료를 이용하여 연소에너지(연소와 유사한 화학반응)를 전기에너지로 바꾸는 전지이다. 외부에서 수소와 산소를 계속 공급해서 전기에너지를 내는 연료전지는 공급된 수소에 불을 붙여 연소시키는 것이 아니라, 수용액에서 전자를 교환하는 산화·환원 반응을 진행하여 그 과정에서 수소와 산소가 물로 바뀌는 에너지가 전기에너지로 전환되는 것이다.

수소는 지구상에서 단독으로는 존재하지 않기 때문에 <그림 1-4-12 연료전지의 원

리>에서와 같이 천연가스(LNG), 나프타(Naphtha), 메탄올(Methanol) 등 탄화수소계 연료(촉매의 존재 하에서)를 넣어주면 개질장치에 의해 수소(H_2)가 만들어지고, 음극에서는 수소(H_2)가 수소이온(H_2^+)으로 변환되는 산화과정을 거치게 되며, 수소이온(H_2^+)은 전해질을 지나 음극에서 양극으로 이동한다. 그러나 전자(e^+)는 음극에서 양극으로 이동하려고 해도 가운데 있는 전해질을 통과해 지나갈 수 없기 때문에 외부의 도선을 통해 음극에서 양극으로 가고, 이 과정에서 전자(e^+)는 전구에 불이 켜지거나 기기가 작동되는 전기적인 일(부하)을 한다. 양극에 도달한 수소이온(H^+)과 전자($e+$)는 외부에서 들어오는 산소(O_2)와 함께 반응하여 물(H_2O)을 생성한다. 이때 산소($1/2O_2$)가 물(H_2O)로 변환되는 환원과정이 만들어진다. 이 과정에서 고온의 물(H_2O)에서 열이 발생하기 때문에 이 열을 열병합에 이용할 수도 있다. 이러한 고온의 열을 이용하기 위한 과정에서 산화과정과 환원과정이 일어나며, 이런 과정이 잘 일어날 수 있도록 도와주는 촉매 원자가 필수적으로 사용되는데, 원자번호 78번인 '백금(플래티늄 ; Pt)'이다. 그런데 백금이 고가이다 보니, 연료전지에서 차지하는 비용이 상당히 높아 손쉽게 생산하지 못하므로 많은 기업과 과학자들이 고효율 저비용의 비백금계 연료전지 촉매 개발을 연구하고 있는 현황이다.

연료전지의 종류는 전해질의 종류에 따라 크게 4가지가 있는데, 자동차용으로 PEMFC, 발전용으로 고체산화물형(SOFC)이 중심이 된다고 보면 된다. 발전용 연료전지는 기술적으로 인산염형(PAFC) → 용융탄산염형(MCFC) → 고체산화물형(SOFC)의 형태로 발전해왔다. 연료전지의 주용도에 따른 사용연료와 전해질 종류가 각각 다르다는 것을 <표 1-4-5 연료전지의 분류와 특징>을 보면서 참고하면 될 것이다.

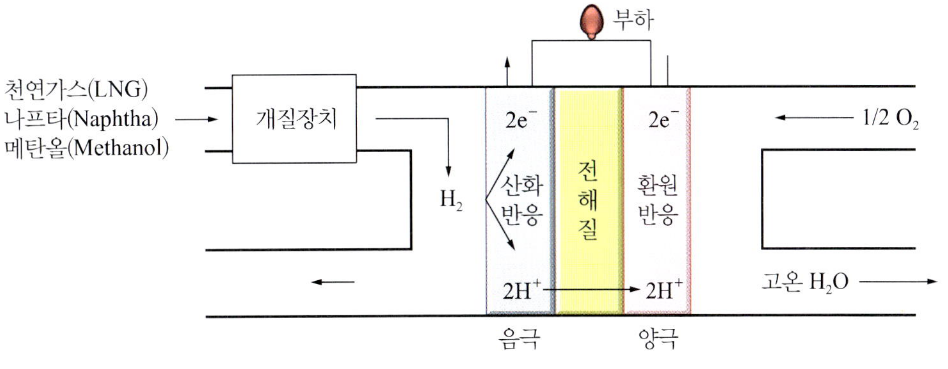

그림 1-4-12 연료전지의 원리

표 1-4-4 연료전지의 장점과 단점

장 점	단 점
1. 최종 생성물이 물(H_2O)이므로 친환경적이다. 2. 수용가 근처에 설치가 가능하다(분산전원). 3. 에너지 변환 효율은 높다(발전 40~60%, 종합 80%). 4. 다양한 연료사용이 가능하다. 5. 단위 출력당 용적이 작아 소형화가 가능하다. 6. 설비의 모듈화가 가능해서 증설이 용이하다. 7. 연료가 공급되는 과정에서는 전기생산과 사용을 계속적으로 할 수 있다(재충전하는 전지가 아니므로).	1. 고가의 촉매제 사용으로 인해 비용이 고가이다. 2. 수소의 운송과 저장의 기술력이 아직은 부족하다. 3. 수소를 얻는 과정에서 온실가스가 배출된다. 4. 부식으로 인해 수명이 짧다(MCFC).

표 1-4-5 연료전지의 분류와 특징

	PEMFC (고분자전해질형)	DMFC (직접메탄올)	PAFC (인산형)	MCFC (용융 탄산염형)	SOFC (고체산화물형)
전해질	고분자막 (고체)	이온교환막 (고체)	인산염 (액체)	용융 탄산염 (액체)	세라믹 (고체)
연료	수소	메탄올 메탄	천연가스 LPG 나프타 메탄올	천연가스 LPG, 나프타 메탄올, 경질유 석탄가스	천연가스 LPG, 나프타 메탄올, 경질유 석탄가스
촉매	백금	백금	백금	Perovskites	니켈
작동온도	50~100℃	50~100℃	150~250℃	550~700℃	600~1000℃
효율	40~50%	40~50%	40~50%	45~55%	50~60%
특징	고에너지 밀도 외부 개질기 필요	저온작동 고출력 밀도	1세대 연료전지 기술적으로 검증 외부 개질기 필요	고효율 내부 개질형	고효율 내부 개질용
주용도	자동차용 소형발전용	소형이동용	분산발전용 대형발전용	분산발전용 대형발전용	대형발전용 이동체전원용
현황	가장 활발하게 연구되는 분야로 실용화 및 상용화도 타 연료전지보다 빠르게 진행	고분자전해질형 연료전지와 함께 가장 활발하게 연구되는 분야	현재 가장 앞선 기술로 미국, 일본에서 실용화 단계	미국, 일본에서 기술개발을 완료하고 성능평가 진행 중(250 kW 상용화, 2 MW 실증) 단계	한국이 다른 형 연료전지에 비해 기술력이 가장 낮으나, 최근 빠르게 연구 개발 진행

[2] 2차 전지산업의 현황 및 전망

(1) 2차 전지의 생산 및 시장현황

세계의 전기차 시장은 연간 약 25%의 성장률을 보이며 커지고 있는 현황이며, 몇 년 후에는 반도체보다 더 큰 시장규모가 전망되는 만큼 배터리 기술 확보 경쟁이 치열하다. 배터리는 전기차를 구성하는 핵심부품 중 하나로 그 비중이 40% 이상으로서, 내연기관의 자동차 가격과 동일하게 낮출 수 있는 중요한 부품으로 화두된다. 때문에 세계 1위 테슬라를 비롯한 한국, 중국, 일본 등 글로벌 기업들은 배터리 개발을 위한 막대한 투자와 치열한 경쟁으로 앞 다투는 가운데 있다. 2차 전지는 더 빠른 충전과 한 번 충전으로 오래 가고 더 가벼운 쪽으로 발전해 가고 있지만, 온도에 민감하고 화재가 날 가능성이 있다는 단점이 있다. 그래서 세계 각국의 자동차 및 배터리 개발기업들은 이러한 배터리의 단점을 보완하여 시장을 선점하기 위해 더 오래 가고 더 안전한 배터리 개발에 혈안인 것이다. 현재까지 글로벌 최고의 화두로 알려진 전고체 배터리(All-Solid State Battery)는 폭발위험을 줄이고, 배터리의 전체적인 부피를 줄여 자동차 무게와 디자인의 다양성을 확장할 수 있다고 한다. 최근 삼성종합기술원은 1회 충전으로 800 km를 주행하고, 1,000회까지 충전이 가능한 '전고체 배터리(All-Solid State Battery)'를 공개하였다. 또한 LG화학은 5배 이상 오래 사용할 수 있는 장(Long) 수명 배터리와 주행거리, 안정성을 강화한 '리튬 황 배터리(Lithium Sulfur Battery)를 개발 중에 있다고 한다. 현대자동차는 국내 글로벌 배터리사인 삼성, LG, SK사와 함께 자동차 및 배터리 시장과 모빌리티(Mobility ; 이동성, 기동성) 시장에 대한 협력을 다졌는데, 세계 최고의 반도체・디스플레이・배터리 업체인 삼성과 수소차를 비롯해 미래 자동차 시장에 '올인'하는 현대차그룹이 손잡으면 '테슬라 독주 체제'의 가장 강력한 선두주자가 될 것이라는 분석도 나오고 있다. 현재 세계 배터리 시장은 최근까지 선두였던 중국의 CATL (Contemporary Amperex Technology co. Limited), 다음으로 한국의 LG Energy Solution이 2차 전지 배터리 제조업체 시장 점유율 2위를 차지했으며, <표 1-4-6 전 세계 배터리 시장 점유율>에서 각국을 대표하는 배터리 기업을 확인할 수 있다. 이들 기업은 전 세계 배터리 제조 시장의 70%를 차지한다. 2022년 현재 배터리 시장은 연간 270억 달러의 규모로 성장했으며, 여기서 멈추지 않고 더 성장하여 2027년 약 1,270억 달러 규모의 시장이 만들어질 것으로 전문가들은 내다보고 있다.

표 1-4-6 전 세계 배터리 시장 점유율

순위	회사	시장점유율 (2021년)	주력분야	국가	
#1	CATL	32.5%	리튬이온 배터리	중국	
#2	LG Energy Solution	21.5%	리튬이온 배터리 파우치형	한국	
#3	Panasonic	14.7%	리튬이온 배터리	일본	
#4	BYD	6.9%	리튬인산철 배터리 각형	중국	
#5	Samsung SDI	5.4%	리튬이온 배터리 각형	한국	
#6	SK Innovation	5.1%	리튬이온 배터리 파우치형	한국	

(2) 차세대 전지의 시장현황 및 전망

1) 나트륨이온 배터리(Sodium Ion Battery)

세계 최대 전기자동차 배터리 업체인 중국 CATL이 나트륨이온 배터리 양산에 나섰다. 미국 월스트리트 저널(WSJ)과 중국 현지 매체 등에 따르면 지난 2021년 CATL은 나트륨이온 배터리를 공개했으며, 쩡위친 CATL 회장은 "나트륨이온 배터리는 저온에서의 성능, 급속 충전 및 환경 적응 등에 뛰어난 장점이 있으며 리튬이온 배터리와 상호 보완적인 역할을 할 것"이라고 밝혔다. 나트륨이온 배터리는 영하 20도에서 90% 이상의 사용 가능량을 유지하며 15분 만에 80% 충전이 가능하다. 나트륨은 리튬 · 니켈 · 코발트 등 다른 배터리 원료에 비해 가격도 저렴하다.

CATL은 오는 2023년까지 나트륨이온 배터리의 산업 공급 체인을 구축하겠다는 청사진도 내놓았고, 이르면 2022년 나트륨이온 배터리가 장착된 전기차가 중국에서 첫 선을 보일 것으로 관측된다. 이번 나트륨이온 배터리 개발로 중국 배터리 제조사의 저가 배터리 시장 공략이 더욱 속도를 낼 것으로 전망된다.

하지만 WSJ (미국 월스트리트 저널)은 나트륨 기반 배터리 상용화는 여전히 어려운 과제라고 지적했다. 중국 광다증권 역시 최근 보고서에서 "나트륨 배터리 양산화가 원활하게 진행되지 않으면 제조원가가 지나치게 높아 경쟁 우위를 잃을 수 있다"고 분석했다.

또한 중국의 CATL은 2021년 7월 나트륨이온 배터리를 출시했다. 중국 배터리 업계 전문가는 나트륨이온 배터리의 에너지 밀도가 삼원계 배터리보다 낮아서 고급 모델에 채택될 수는 없지만, 저가 모델에 사용되는 등 리튬이온 배터리의 보조 역할을 할 수 있을 것으로 분석했다. 현재 중국 전기차 시장에서는 니켈, 코발트, 망간(NCM)을 중심으로 하는 삼원계 배터리와 리튬인산철, 이른바 LFP 배터리가 양대 산맥을 이루고 있다. 삼원계 배터리는 에너지 밀도가 높아서 가장 많이 사용되고 있지만, 코발트 가격이 비싸서 비용 부담이 크다. 반면, 리튬인산철 배터리는 에너지 밀도는 떨어지지만, 가격이 싸기 때문에 채택하는 업체가 늘고 있다. 중국 최대 전기차업제인 BYD의 블레이드 배터리에 사용되는 것도 리튬인산철 배터리이다. BYD의 블레이드 배터리는 배터리를 얇고 길게 만들어 배터리팩에 삽입하는 방법으로 기존의 LFP 배터리보다 배터리팩 공간 활용도를 약 50% 증가시켰다.

나트륨이온 배터리의 장점 역시 가격 경쟁력이다. 나트륨은 지표에 풍부하게 존재하고 있으며, 안전성이 높고 생산 공정도 리튬 전지와 유사하다. 하지만, 현재 kg당 200 Wh에 달하는 인산철 배터리의 에너지 밀도에 비해 나트륨이온 배터리는 kg당 100～150 Wh에 불과해 에너지 밀도가 낮아서 현 수준에서는 전기차가 요구하는 수준을 만족시키기 어렵다. 즉, 에너지 밀도가 낮아서 전기차 주행에 필요한 용량이 부족하기 때문에 당장 리튬배터리를 대체할 수는 없다.

당장 사용할 수 없음에도 불구하고 중국 CATL이 나트륨이온 배터리를 출시하려는 이유는 급등하는 리튬 가격 때문이다. 중국 탄산리튬 현물 가격은 2021년 초 t당 5만 위안(약 850만원)에서 같은 해 5월 말 t당 8만 7,000위안(약 1,480만원)으로 70% 넘게 급등했다. 배터리 업계 전문가는 리튬이온 배터리의 시장 지배적 지위는 당분간 흔들리지 않겠지만, 새로운 대체재를 찾기 위한 배터리 업체들의 시도는 앞으로도 계속될 것이라고 밝혔다.

2) 리튬 – 에어 배터리(Lithium–Air Battery)

리튬 – 에어 배터리는 다른 2차 전지와는 달리 전기화학적 전력을 생산하기 위해 대기 중의 산소(O_2)와 극판에 있는 리튬(Li)을 반응시켜 전력을 생산한다. 리튬 – 에어 배터리도 리튬이온 배터리와 같이 음극과 양극이 존재하는데, <그림 1-4-13 Lithium-Air Battery의 원리>에서와 같이 음극은 고정되어 있는 리튬메탈(Li Metal)과 이동 가능한 리튬(Li)으로 이루어져 있고, 양극은 스펀지(Sponge)와 같은 재질의 다공성 구조체에서 이동하는 리튬(Li)과 결합하기 위해 대기하고 있는 산소(O_2)로 이루어져 있다.

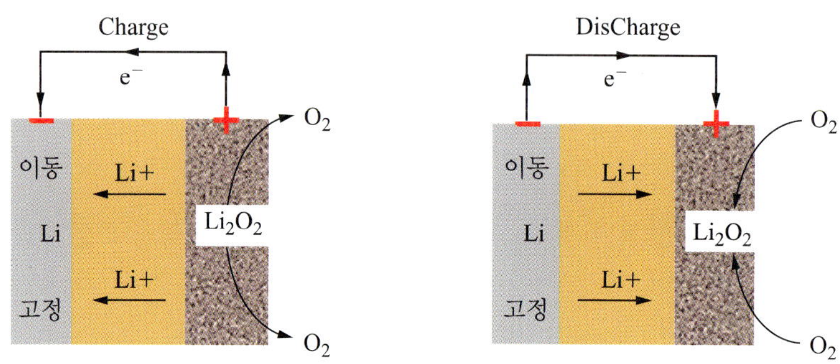

그림 1-4-13 Lithium-Air Battery의 원리

음극 쪽의 이동 가능한 리튬(Li)이 양극으로 이동하면서 대기하고 있던 산소(O_2)와 결합하여 과산화리튬(Li_2O_2)을 생성하고 그림의 우측과 같이 방전을 하게 된다.

반대로 양극의 산소(O_2)가 빠져나오면서 이동 가능한 리튬(Li)은 음극 쪽에 고정되어 있는 리튬메탈(Li Metal)로 이동하고 그림의 좌측과 같이 충전이 일어나게 된다. 양극 쪽의 스펀지(Sponge)와 같은 다공성 재질의 구조체에서는 금속과 공기가 반응하는 층이기 때문에 이 부분이 가장 핵심 기술이며, 양극 쪽을 다공성 탄소 소재로 만들어서 산소와의 반응성을 높이고 있는 것이다. 즉, 리튬 – 에어 배터리(Lithium-Air Battery)는 반응성을 높이기 위해 사용되는 촉매 기술이 가장 중요하고, 이 촉매를 어떤 소재로 만드느냐가 핵심적인 것이다.

리튬 – 에어 배터리(Lithium-Air Battery)의 에너지 용량은 다른 요소에 의한 영향도 있지만, 음극 쪽의 물질종류에 의해 결정되기도 하고 양극 쪽의 높은 반응성을 위

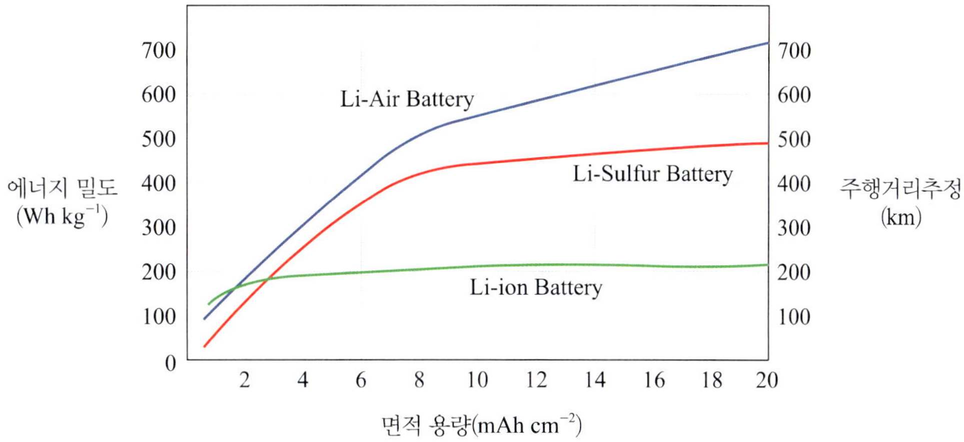

그림 1-4-14 차세대 Battery의 에너지 밀도에 따른 주행거리

한 촉매제에 의해 결정되기도 한다. <그림 1-4-14 차세대 Battery의 에너지 밀도에 따른 주행거리>에서와 같이 단위 면적당에서 보면, 기존의 리튬-이온 배터리(Li-ion battery)의 처음 시작되는 에너지 밀도와 주행거리는 리튬-황 배터리(Li-Sulfur battery)와 리튬-에어배터리(Lithium- Air Battery)와 거의 비슷한 수치를 갖지만 면적 용량이 커질수록 에너지 밀도와 주행거리는 현저히 다른 양상(Condition)을 보이며, 리튬-에어 배터리가 월등히 많은 주행거리를 확보할 수 있음을 알 수 있다.

현재 가장 연구가 활발히 이루어지고 있는 음극 물질은 리튬메탈(Li Metal)이다. 음극 소재 중 하나인 리튬 메탈은 3,842 mAh/g의 높은 이론적 에너지 밀도와 함께 매우 낮은 산화환원 전위[어떤 계의 전자(e^-)교환에 동반하여 발생하는 전위]를 갖는 반면, 음극 재료인 흑연은 372 mAh/g의 이론적 에너지 밀도와 리튬금속 음극에 비해 높은 산화환원 전위를 갖고 있다. 이론적으로 리튬이온 배터리에 비해 높은 에너지 밀도를 구현할 수 있는 이유는 음극 물질의 차이에 있다고 볼 수 있다.

리튬-에어 배터리가 에너지 효율이 떨어지는 이유는 기존 리튬이온 배터리는 양극(+) 쪽에서 리튬을 제공하지만 리튬-에어 배터리는 양극(+) 쪽에서 반응만 이뤄지기 때문이다. 음극(-)에서 넘어온 리튬이 양극(+)에서 산소(O_2)와 반응하며 과산화리튬(Li_2O_2) 산화물을 생성하는데, 이 과산화리튬이 전기가 통하지 않는 부도체(절연체) 물질이기 때문에 에너지 이동을 방해하여 충전 사이클 측면에서도 문제를 일으키는 것이다. 리튬이온 배터리에서도 음극층에 생긴 SEI 층이 많은 충·방전 후에는 제 기능을 하지 못하게 되면서 리튬 이동을 제한하게 하여 충·방전을 방해하는 현상이 일어난다.

리튬-에어 배터리에서 양극에서 생성된 과산화리튬이 반응을 하지 않고 그대로 안에 쌓이는 현상이 반복되면서 충·방전을 거듭함에 따라 리튬의 이동경로를 막으면서 충·방전을 방해하게 하여 과전압이 발생해 전지 수명이 급격하게 짧아지는 문제가 생기는 단점도 있지만, 공기 중의 산소(O_2)를 양극(+)의 전극재로 사용하기 때문에 금속만을 사용하는 리튬이온 전지보다 전지의 무게를 경감시켜 초경량 전지를 만들 수 있으며, 산소의 산화·환원 반응을 반복하는 것만으로도 에너지를 저장할 수 있으므로 기존 리튬이온 전지보다 10배 이상 많은 에너지를 저장할 수 있다. 따라서 리튬-에어 배터리는 시장성이 매우 뛰어나다.

전고체 배터리 대중화의 가장 큰 걸림돌은 높은 가격이다. 현재 전고체 배터리 셀 기준 가격은 2027년 180달러/kWh로 예상되며, 현재 86달러/kWh가 예상되는 리튬이온 배터리 대비 높은 가격으로 인해 상용화 이후에도 더딘 시장 진입이 이뤄질 전망이다. 이에 반해 공기 중에 널리 퍼져있는 산소의 사용으로 낮은 가격이 예상되는 리튬-에어 배터리는 기술적 장벽만 해결된다면 우월한 경제성으로 빠른 시장 진입이 기대된다.

3) 리튬-황 배터리(Lithium-Sulfur Battery)

리튬-황 배터리(Lithium-Sulfur Battery)는 불이 안 붙고 오래 가서 안전한 전지로서 수명이 다 된 리튬이온 전지를 재사용하도록 만들었던 ESS (에너지 저장장치)의 화재발생으로 인한 대체 장치로 새로운 배터리 개발을 하여 화재 속에서도 안전하며, 용량이 커서 오랫동안 사용할 수 있는 기술개발을 울산과학기술원(UNIST)에서 하였는데, 상용화 된 리튬이온 전지보다도 용량이 크고, 성능과 안전성을 개선하였으며, 프린팅(Printing)공정으로 쉽게 제조할 수 있다고 한다.

리튬-황 배터리(Lithium- Sulfur Battery)의 핵심기술은,

① 프린팅(Printing)공정이 있다. → 글자나 그림을 사물에 인쇄하듯이 전지를 만들어낸다. 전지 자체를 가지고 프린팅(Printing)공정에 바로 들어갈 수 있으므로 별도의 프린팅(Printing)공정이 필요하지 않다.

② 이중층 고분자 전해질 보유 → 리튬－황 배터리의 고질적인 문제인 전지의 수명 감소를 해결하였다.

리튬－황 배터리(Lithium-Sulfur Battery)를 양극소재로 황(S ; Sulfur), 음극소재로 리튬(Li ; Lithium)금속을 사용해서 만들 경우 가장 큰 장점은 리튬이온 전지에 비하여 에너지 밀도가 5배 이상 높아져 장거리의 주행거리를 만족할 수 있다는 점이다. 하지만 제일 큰 단점은 충・방전 과정에서 생성되는 황화합물(Polysulfide)이 전지의 성능저하를 가져온다는 점으로 본격적으로 상용화되지 못했던 이유이기도 했었다. 우리나라에서는 기존의 리튬이온 배터리의 경우 양극재로 니켈, 코발트, 망간(NCM)을 사용하였고, 용량확대를 위해서 니켈 비중을 올린 하이니켈 리튬이온 배터리 방향으로 개발이 진행 중이기는 하지만, 반응성이 좋은 니켈 비중이 올라감에 따라서 안정화를 위한 코발트나 알루미늄 비중도 증가하다 보니 배터리의 제조원가 경쟁력이 안 좋아진다는 단점이 있다. 결국 가격 경쟁력을 확보하면서 에너지 밀도 또한 높일 수 있는 방안이 필요한 것이다.

이런 니즈(Needs)에 리튬황 배터리는 좋은 대안이 되고 있다. 16번 원소의 황(S ; Sulfur)은 주위에서 쉽게 확보가 가능한 저렴한 소재이기 때문에 가격 경쟁면에서 장점을 가지고 있으며, 현재 사용 중인 리튬이온 배터리보다 가벼우면서도 에너지 밀도 또한 높아서 고용량의 배터리를 구성할 수 있다. 또한 전고체 전지와 마찬가지로 음극소재로 리튬금속을 사용하기 때문에 이론적인 에너지 밀도가 리튬이온 전지의 4배 이상(2,500 Wh/kg)이나 된다는 것과, 리튬이온 배터리의 음극재 흑연의 용량(시간당 전류)은 372 mhA/g 수준이지만 리튬금속의 경우 10배가 넘는 3,841 mhA/g에 이른다는 특장점이 있다. 무게를 크게 줄일 수 있어 무인기, 드론을 비롯한 에어모빌리티 탑재에 안성맞춤으로 황(S ; Sulfur)의 낮은 전기전도도, 짧은 수명 등 단점만 극복할 수 있다면 배터리 업계의 게임체인저가 될 것이라는 기대를 받고 있기 때문에 LG에너지솔루션(이하 LG엔솔)이 차세대 배터리 출시와 관련하여 구체적인 로드맵을 공개하는 등 개발에 속도를 내고 있다. 국내 리튬황 배터리 개발 선두주자는 LG엔솔로서, 최승돈 LG엔솔 자동차전지개발센터장은 '배터리데이 2021'에 참석하여 2025년까지 리튬황 배터리 상용화 계획을 밝혔다. 또한 LG엔솔은 2020년 8월 리튬황 배터리 시제품을 탑재한 무인기를 영하 70도의 지구 성층권으로 띄워 올렸는데, 국내 최초로 고도 22 km를 13시간 동안 비행하면서 리튬황 배터리의 안전성과 성능을 확인하는 성과를 올렸다.

전기차용 리튬이온 배터리의 구성요소 중의 리튬이온이 양극과 음극 사이를 오가며 충전과 방전이 반복되면서 이온의 이동 통로 역할을 하는 것이 유기계 액체 전해질이다. 이 액체 전해질은 극과 극의 연결에는 용이하지만 액체 전해질은 가연성(flammable)이 있어 고온・고압 환경에 장시간 노출되면 폭발이나 화재 위험이 있으며, 상대적으로 부피가 크고 무겁다는 점도 단점으로 지적된다. 양극 활물질에 주로 쓰이는 니켈(N), 코발트(C), 망간(M), 알루미늄(A) 등이 비교적 고가라는 점에서 제조원가 부담도 적지 않다. 따라서 최신 리튬－황 배터리 개발현황을 보면 결국 양극과 음극의 소재를 무엇으로 하느냐가 리튬－황 배터리를 실현하는 기술임에는 틀림없다. 최근 실리카 베이스(Silica Base)의 양극재를 적용함으로써 리튬－황 배터리의 수명을 늘리는 기술이 한국에서 발표되면서 최근 실리콘 소재로 구현하는 배터리 기술이 많이 적용되고 있다. 리튬－황 배터리는 전고체 배터리 기술과 결합이 되어야지 진정한 차세대배터리 기술이 될 것이므로 리튬－황 배터리 기능을 개선시키는 텔루륨(Tellurium) 같은 각종 첨가제들도 연구되고 있다.

4) 그래핀 배터리(Graphene Battery)

① 그래핀 배터리의 기술개발 현황

그래핀은 전자의 이동이 자유로워 전자이동속도 구리(Cu) 대비 100배의 충전지 소재로 주목받고 있지만, 불안전성과 바른 방전 등 해결해야 할 과제 또한 많다. 삼성전자 종합기술원 연구팀은 기존 리튬이온 전지보다 충전용량은 45%, 충전속도는 5배 이상 향상시킨 배터리 소재 '그래핀 볼'의 개발에 성공했다고 밝혔다. 기존 배터리의 경우 고속충전 기술을 사용하더라도 완전충전에 1시간 가까이 걸렸으나 신기술을 사용한 그래핀 볼 소재 배터리는 12분이면 완충이 가능하며, 또 그래핀 볼 소재는 전기차용 배터리가 요구하는 온도 기준인 60℃까지 안정성을 유지할 수 있어 다양한 분야에 적극 활용될 수 있다고 한다. 삼성전자 종합기술원은 그래핀을 배터리에 적용하는 방법을 연구하던 중 저렴한 실리카(SiO_2)를 이용해 그래핀을 마치 팝콘 같은 3차원 입체 형태의 그래핀 볼로 대량 합성하는 메커니즘을 규명했다. 이 '그래핀 볼'을 리튬이온 전지의 양극 보호막과 음극 소재로 활용한 결과, 충전

용량은 늘어나고 충전시간은 단축되었으며 안전성까지 모두 만족시켰지만 꿈의 소재라고 불리는 '그래핀'도 모든 면에서 장점만 있는 것은 아니었다. 상용화되기까지는 해결해야 될 과제들 중에 생산의 한계를 첫 번째로 꼽을 수 있다. 지금까지 수많은 선진국들이 그래핀 개발에 뛰어들었지만 대량생산이 쉽지 않아 가격이 매우 비싸 상용화가 매우 어려운 상황 가운데, 한국 역시 그래핀 연구개발을 시작해왔고 2020년부터 2021년까지 큰 두각을 나타내며 전 세계 기술을 뛰어넘는 그래핀 생산기술을 선보여 한국 화학연구원에서 개발한 신소재 그래핀 제조기술은 접힘, 겹침 등의 결함이 없는 완벽한 단결정 그래핀을 대면적으로 제작하는데 세계 최초로 성공했다고 밝혔다. 그래핀이 종이보다 100만 배 가까이 얇다 보니 사실상 그래핀을 완벽하게 활용하려면 무결점 그래핀을 만들어야 상용화가 가능한 것인데, 문제는 소량으로는 가능하지만 완벽한 퀄리티(Quality)의 그래핀을 대량으로 생산하기는 기술적 한계가 있었던 것이었다. 이는 전 세계가 겪고 있는 가장 커다란 어려움이었고 좀처럼 해결되지 않아 그래핀 상용화가 늦어지고 있는 이유였는데 2021년 8월 마침내 한국은 세계 최초로 이 기술적 한계를 넘어 대량생산의 가능성을 열어 결점이 없는 큰 면적의 무결점 그래핀 생산에 성공했다고 한다. 기술을 이전받은 국내 엘브스지 켐택의 대표는 "값싼 고품질 그래핀을 대량으로 시장에 공급해 10년간 열리지 않았던 그래핀 상용화의 문을 조만간 열 수 있을 것"이라고 밝혔다. 이는 대한민국의 국가경쟁력이 다시 한 번 한 단계 상승하는 또 다른 기회가 될 것이다.

② 그래핀 배터리의 다양한 소재 활용도 시장 전망

최근 삼성SDI는 그래핀 소재 적용을 위한 연구를 진행하며 SiO_2를 이용해 그래핀 볼을 합성하는 기술을 공동 개발하여 충전용량을 45% 늘렸다고 한다. 음극의 특성을 나타내는 것은 활물질로 활물질에 따라 배터리의 수명, 충전시간, 전압이 달라지며, 음극 활물질로 많이 사용되고 있는 물질은 흑연이고 이를 보완하기 위해 실리콘을 섞어 음극재를 개발하기 위해 많은 노력이 진행 중이다.

배터리의 충・방전시 리튬이온이 음극재에 삽입/탈리되는 과정이 반복되면서 흑연은 수축과 팽창을 반복하게 된다. 이는 흑연 구조에 미세한 변화를 발생시키고 배터리의 수명을 단축시킨다는 단점이 있었다. 그래서 이를 방지하기 위해 팽창 방지를 위한 코팅 기술이 계속 발전 중이다. 또한, 이러한 팽창 때문에 약간의 여유 공간을 두고 배터리를 개발해야 하는 특성상 에너지 밀도를 높이기 위해서 실리콘이라는 소재를 찾게 된다.

소재	활용 분야
초경량 고강도 복합재	자동차 외장재, 항공우주부품
방열재료	LED조명, BLU, 자동차 EOU, PC 가전기기
차세대 반도체	초고속 트랜지스터, RPD, Sensor
배리어 코딩 소재	Display, 태양전지용 내슘(Nasium), 내산화학, 포장, 진공단열재
에너지용 전극	태양전지, 2차 전지, 연료전지, 슈퍼캡(Super cap)
인쇄전자 소재	전도성 잉크, EM 차폐도료, 그라비아, 인쇄전극
투명전극	Flexible, 투명 Display, Touch panel

그림 1-4-15 그래핀 배터리의 다양한 소재 활용도 시장 전망

5) 전고체 배터리(All-Solid State Battery)

① 전고체 배터리 상용화에 따른 국내 · 외 시장 현황

미국의 퀀텀 스케이프(Q.S ; Quantum Scape)제조사는 전기차 상용화를 궁극적인 목표로 하는 전고체 리튬금속 배터리를 개발하여 전고체 배터리 시장의 선두주자가 되려고 노력하지만, 현재로서는 충분하지 않다.

② 전고체 배터리가 전기차로서의 문제점

(가) 내연 엔진에 연료를 주입하는 시간보다 자동차를 충전하는데 많은 시간을 할애해야 한다.

(나) 배터리는 자체가 상당한 무게를 지니고 있다.

(다) 심각한 자동차 충돌 발생 시, 폭발의 위험도 존재한다.

(라) 시간이 지남에 따라 자연스럽게 배터리 성능이 저하되므로 주행속도와 주변기기의 작동 저하로 이어져 차체 손상 및 폭발사고로 이어진다.
(마) 내연 엔진 자동차에 비해 배터리라는 연료는 교체하는 비용이 상당히 높고, 자연환경에 따라 손상되기 쉬우므로 유지관리에도 신경을 써야 한다.
(바) 친환경적이라고 권장은 하고 있지만 기존 내연 엔진 자동차에 비해 구입비용이 상당히 높다(구입비용의 일부를 보조금형태로 지자체에서 보조).

퀀텀 스케이프(Quantum Scape)가 전고체 배터리 기술로 이 모든 문제점을 해결할 수 있다면 전고체 배터리와 전기차 산업을 변화시킬 수 있는 가능성에 대한 흥미로운 분석은 언급할 가치가 있다. 퀀텀 스케이프는 조만간 대량생산이 가능할 것으로 보고, 기술의 미래에 모든 것을 걸었다고 한다. 따라서 전고체 배터리의 상용화는 2022년부터 시작될 것으로 전망되고 있다.
글로벌 마켓 리서치 기관(시장조사 업체)인 아이디테크엑스(IDTechEx)에 따르면 2022년에 중국이 최초로 전고체 배터리를 탑재한 차량을 상용화할 것으로 예상하고 있으며, 2031년에는 전고체 시장이 80억 달러, 한화 약 9조 920억에 달할 것으로 예상하고 있다. IDTechEx 측은 전고체 배터리 시장은 전기차 수요확대로 급성장이 예상되며 2022~2023년 중국 본토와 대만의 폭스콘(Foxconn ; 홍하이 정밀공업)에서, 2025년에는 일본 등에서 상용화가 이루어질 것으로 예상하고 있다.

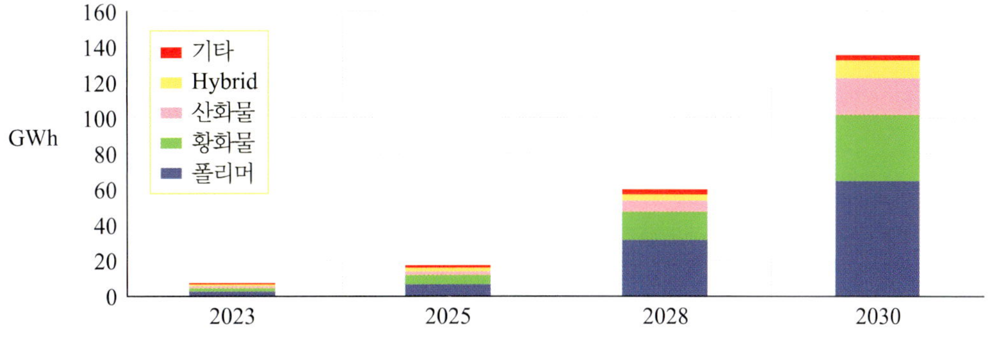

그림 1-4-16 전고체 배터리 시장 전망(자료 : SNE Research, 키움증권)

전고체 배터리는 리튬이온 배터리보다 크기가 작고 에너지 밀도가 높으며, 더 안전하고, 더 많이 충전하거나 더 효과적으로 충전할 수 있다. 하지만 결점이 하나도 없는 것은 아니다.

③ 전고체 배터리의 주요 단점

(가) 대형 전고체 배터리 제조는 매우 어렵다.

(나) 이상적인 이온 전도성을 가진 고체 전해질의 완벽한 재료는 아직 발견되지 않았다.

(다) 리튬이온 배터리에 비해 전고체 배터리의 생산비용이 높다.

전고체 상용화에 가장 적극적인 국가는 중국이다. 올해 초 IM 모터스가 CATL이 개발한 전고체 배터리를 IM EV에 적용한 바 있으며, 중국의 니오는 내년에 ET7모델에 전고체 배터리를 탑재할 것으로 알려져 있다. 그리고 일본은 전 세계 전고체 배터리 특허의 15.4%를 보유하고 있는 도요타를 앞세워 전고체 배터리 시장에 진입하려고 하고 있다. 지난 도쿄올림픽에서도 전고체 배터리를 탑재한 토미카 토요타의 자율주행버스 e-팔레트(미래형 모빌리티 콘셉트카(Mobility Concept Car)를 선보이려고 하였으나 내구성 문제로 양산 일정이 2025년으로 미루어 졌다. 또한 유럽에서는 다임러(Daimler ; 독일의 자동차 제조 그룹)사가 전기버스 e시타로 G (e Citaro G)를 출시하였지만 이 역시 내구성의 문제로 운행이 정지되었다고 알려져 있다.

현재 우리나라는 삼성SDI에서 오는 2025년 전고체 배터리 시제품을 공개한 뒤 2027년 양산에 나선다는 목표를 제시한 바 있다. 또한 LG에너지솔루션 역시 2027년 양산을 목표로 하고 있다. 삼성SDI는 삼성전자 종합기술원(SAIT)과 일본연구소(SRJ) 등과 협업해 2008년부터 전고체 배터리를 개발해오고 있으며, 삼성전자 종합기술원은 1회 충전으로 주행거리 800 km, 1,000회 이상 충・방전이 가능한 전고체 배터리 연구결과를 세계적인 학술지인 네이처 에너지에 게재하기도 하였다. 삼성SDI는 2025년까지 전고체 배터리에 대한 프로토타입셀(Prototype Cell)과 라지셀(광범위한 전지) 개발을 완료한 뒤 2027년부터 본격적으로 양산에 돌입한다는 계획이다.

삼성SDI는 일본 도요타에 이어 국제 특허건수가 2번째로 많다. 국가별로는 도요타, 파나소닉이 있는 일본이 68%로 제일 많으며, 그 뒤로 솔리드 파워, 폴리플러스 등이 속한 미국이 16%, 그리고 한국이 12%의 점유율로 3위를 차지했다.

6) 슈퍼 커패시터 배터리(Super Capacitor Battery)

현재 가장 많이 사용되고 있는 전극 소재는 활성탄이며, 활성탄의 비표면적은 약 3,000 m^2/g 수준이지만 전도성을 유지 또는 향상하면서 비표면적도 높이기 위해 탄소 기반 소재인 탄소나노튜브나 그래핀이 새롭게 적용되고 있다. 국내에서는 기초과학연구원 나노구조물리연구단 이영희 교수 연구팀이 그래핀 층 사이에 탄소나노튜브를 수직으로 세우는 배열을 통해 기공을 형성하여 흡착 비표면적을 넓히는 연구를 수행한 바 있으며, 중국에서는 그래핀을 3차원으로 형성해 비표면적을 넓히는 연구가 활발하게 이루어지고 있다.

이제 전기차 시장의 배터리에 이어 기존의 리튬이온 배터리와 슈퍼 커패시터를 결합한 하이브리드 형태로 각각의 장점들을 적용하여 활용한다면 엄청난 규모의 에너지 저장기술까지의 완성을 기대해 볼 수 있을 것이다.

CHAPTER 02

기초일반화학

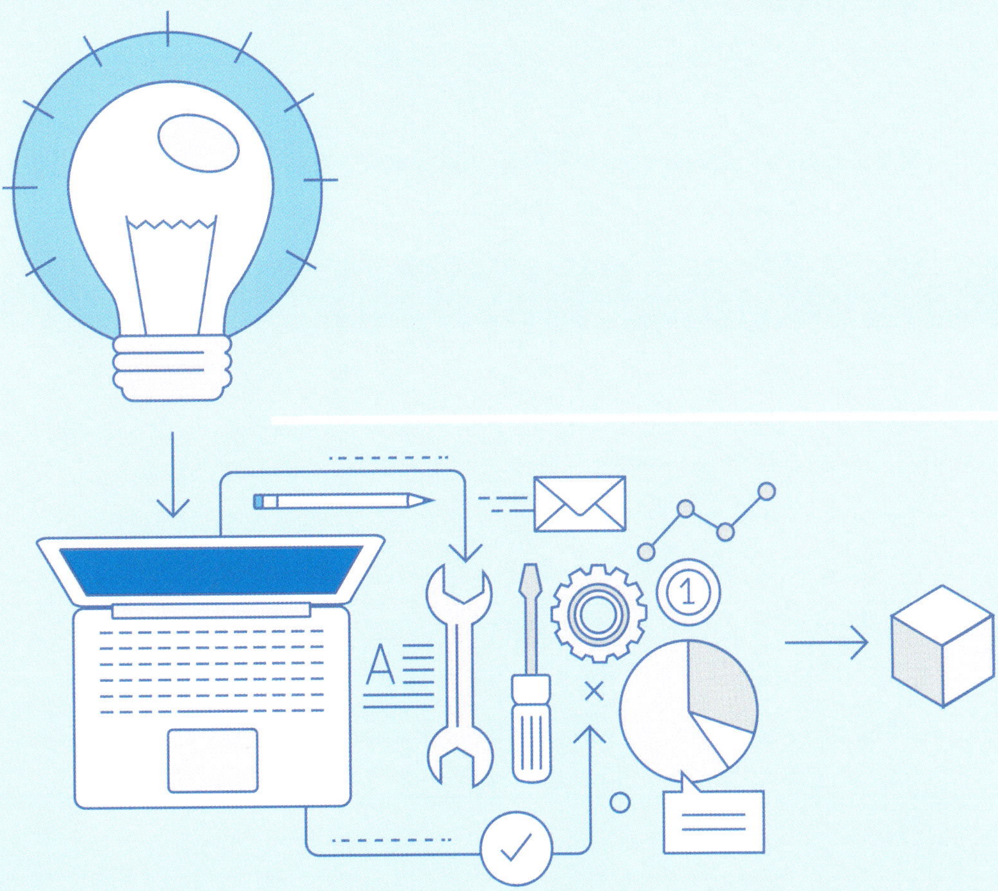

2-1 물질관의 변천과 구성

[1] 물질관의 변천과정

(1) 물질관의 개요

고대 그리스의 철학자들은 만물의 근원에 대한 다양한 형태로 주장을 하였다.

① **탈레스**(Thales ; **기원전** 624~546**년경**)

그리스 최초의 철학자이자 수학자로서 물의 상태변화에 따라 모든 물질의 변화가 생성된다고 하여 만물의 근원은 물이라는 1원소설을 주장하였다.

② **엠페도클레스**(Empedocles ; **기원전** 493~433**년경**)

그리스의 철학자이자 정치가로서 물, 공기, 불, 흙이 합쳐지고 흩어지는 과정을 통해 어떤 물질과 생명이 탄생한다는 4원소설을 주장하였다.

③ **데모크리토스**(Democritus, **기원전** 460~371**년경**)

그리스의 유물론 철학자로서 물질에 대한 두 가지 생각으로 물질은 더 이상 쪼갤 수 없는 입자로 이루어져 있으며, 입자 사이에 빈 공간(진공)이 존재한다는 원자설(입자설)을 주장하였지만, 아리스토텔레스의 4원소설에 가려져 있다가 근대에 와서 모든 물질은 더 이상 분해되지 않는 원소로 이루어졌다는 보일의 주장과 함께 비로소 현대적인 원소 개념이 제시되어 다시 빛을 볼 수 있었다.

④ **아리스토텔레스**(Aristoteles ; **기원전** 384~322**년경**)

물, 불, 공기, 흙의 따뜻함과 치기움, 건조함과 습함의 4가지 기본 성질의 조합에 의해 물질은 서로 변환될 수 있다고 주장한 4원소설은 실제 일어나는 현상을 직관적으로 표현한 학문적 방법론으로서 매우 오랜 기간 동안 서양의 물질관을 지배하였다.

⑤ 앙투안 라부아지(Antoine-Laurent de Lavoisie ; 1743~1794)

프랑스의 화학자로서 연소실험을 통해 그 동안 물질관을 지배해왔던 아리스토텔레스의 4원소설의 오류를 밝혀내었다.

⑥ 존 돌턴(John Dalton, 1766~1844)

영국의 화학자이자 물리학자로서 모든 물질은 더 이상 쪼갤 수 없는 기본 입자로 구성되어 있다는 원자(Atom)론을 주장하면서 점차 현대적 물질관이 확립되기 시작하였다.

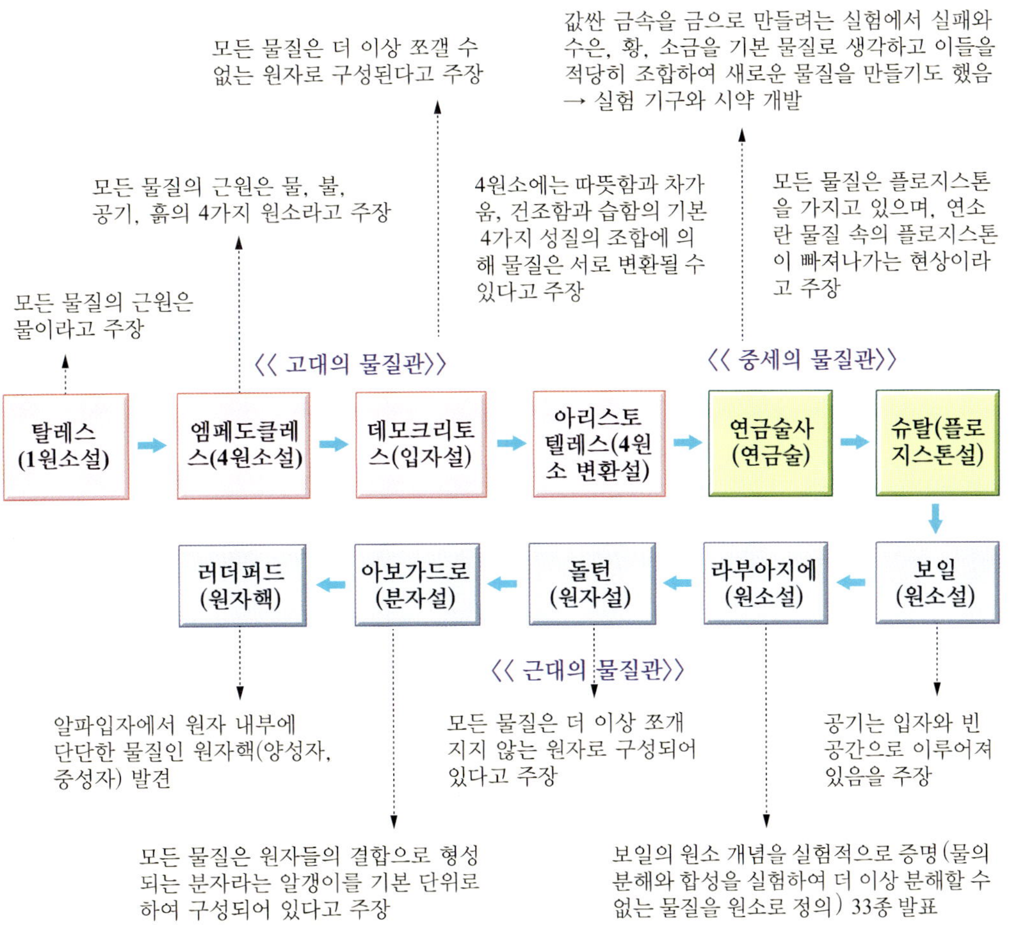

그림 2-1-1 물질관의 변천과정

⑦ **러더퍼드(Ernest Rutherford, 1871~1937)**

뉴질랜드의 물리학자로서 얇은 금박지에 높은 에너지의 알파입자를 충돌시켜 튀어나오는 소수의 알파입자에서 원자 내부에 무언가 단단한 물질을 발견함으로서 오늘날 원자핵(양성자, 중성자)의 사용 계기가 되었다.

[2] 물질의 구성

(1) 물질(Material)의 개요

물질이란 물체를 이루고 있는 재료 또는 본바탕을 말한다. 우리 주변에서 일정한 형태나 크기를 가지고 있는 물체인 연필, 지우개, 공책, 책상, 가방, 창문, 현관문 등을 예로 들면, 이런 물체를 이루고 있는 재료 또는 본바탕은 흑연, 고무, 종이, 나무, 가죽, 유리, 철 등의 물질인데, 우리들은 이러한 물질을 그대로 이용하기도 하고 여러 가지 다른 물질과 함께 섞거나 환경적 변화 또는 전기적 장치에 의해 성질이 전혀 다른 새로운 물질로 만들어 광범위(생활환경, 산업현장, 우주실험 등)하게 사용하기도 한다. 2차 전지에서는 전지 내용물의 물질이 핵심이므로 그 물질의 성분은 무엇이며, 어떤 성질을 가지고 있고, 어떻게 구별하며, 그리고 환경에 따라 어떻게 변화되는지 등을 아는 것은 매우 중요한 일이다.

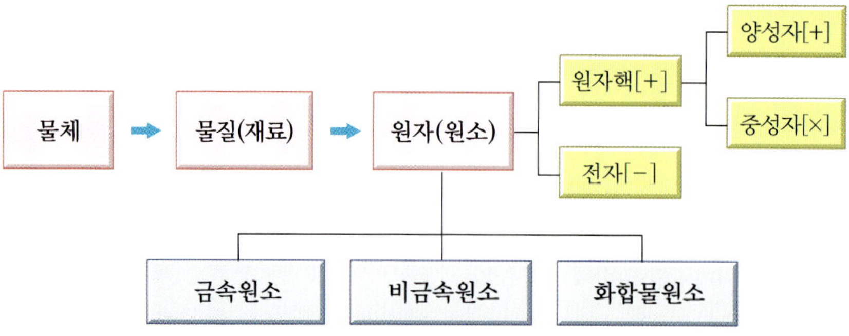

그림 2-1-2 물질을 이루고 있는 기본 구성

(2) 물질(Material)의 구성

1) 물질의 기본 구성

형태가 있는 어떤 물체를 이루는 가장 기본적인 바탕이 되는 재료라는 물질이 있다. 그 물질은 자연적으로 생성되기도 하지만 인위적인 시스템(합성)에 의해 생성되기도 하는데, 그 재료라는 물질을 다시 미세하게 분해해보면 아주 작은 입자인 원자(원소)로 이루어져 있다. <그림 2-1-3 원자의 모형>을 보면, 구(Sphere) 모양의 가운데 있는 점 모양의 원자핵(+)은 양성자(+)와 중성자로 구성되어 있으며 원자핵 주변을 전자(−)가 궤도를 따라 돌고 있다. 원자핵(+)의 구성체는 내부 구조가 없는, 즉 더 작은 그 무엇으로 분리될 수 없는 쿼크(Quark)로 되어 있다고 보는데, 쿼크(Quark)는 현재까지 발견된 가장 작은 입자로서 물질을 구성하는 최소 단위 알갱이를 말한다.

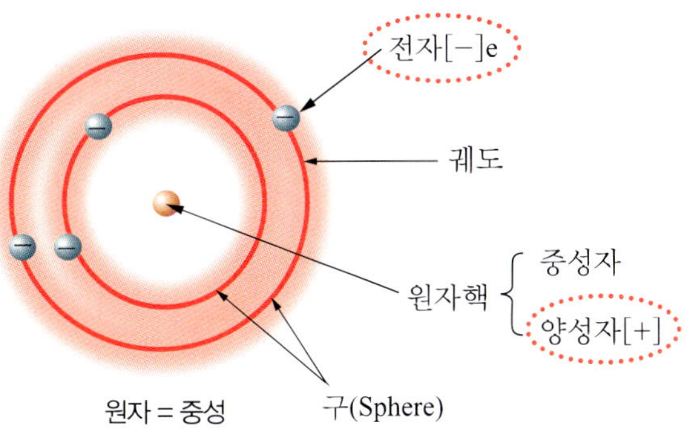

그림 2-1-3 원자의 모형

2) 물질 구성의 용어 이해

① 물체 : 일정한 형태나 크기를 가지고 공간을 차지하면서 존재하고 있는 것을 말한다(예 : 연필, 책상, 가방, 도자기, 냉장고, 열쇠, 타이어, 사람 등).

② 물질 : 물체를 이루는 재료 또는 본바탕을 말하는데, 이 물질을 그대로 이용하기도 하고 갖가지 다른 물질과 함께 섞어서(혼합하여) 성질이 전혀 다른 새로운 물체로 만들어 사용하기도 한다(예 : 흑연, 나무, 가죽, 찰흙, 철, 유리, 종이, 고무, 합성수지 등).

③ 원자 : 물질을 구성하는 기본 입자로서 화학적 방법으로 더 이상 쪼갤 수 없는 입자를 말한다. 즉, 그 물질이 갖고 있는 고유한 성질을 잃고 더 이상 쪼갤 수 없는 알갱이로 되어 있으며, 구체적이어서 셀 수가 있다.

④ 원소 : 물질을 이루는 가장 기본이 되는 성분으로서 어떤 방법으로도 분해되지 않는 가장 작은 단위의 성분을 말한다. 즉, 더 이상 분해할 수 없는 물질인 원자의 종류로서 추상적이어서 셀 수가 없다.

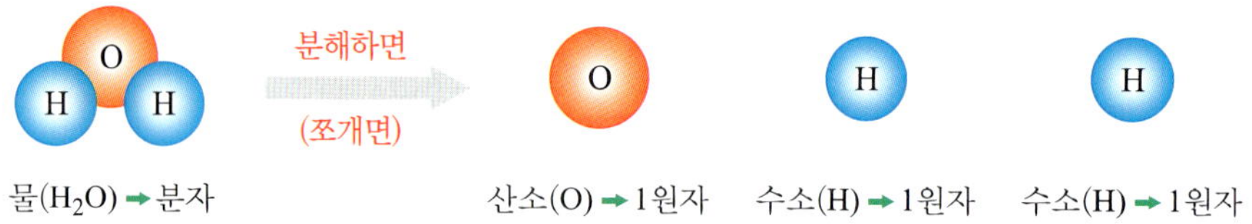

그림 2-1-4 물질을 구성하고 있는 원자 성분

예 1

장미꽃 3송이와 나팔꽃 5송이와 단풍 2잎으로 구분해 보려고 한다면?

- 원자의 개념 : (장미꽃) 3송이는 원자 3개, (나팔꽃) 5송이는 원자 5개, (단풍) 2잎은 원자 2개로서 각각의 송이와 잎은 몇 개인지를 알 수 있으므로 '원자'라 말할 수 있다. ⇒ 개수(정량적)
- 원소의 개념 : (3송이)인 것은 장미 원소, (5송이)인 것은 나팔꽃 원소, (2잎)인 것은 단풍 원소로서 3종류의 꽃이름은 '원소'라 말할 수 있다. ⇒ 종류(정성적)

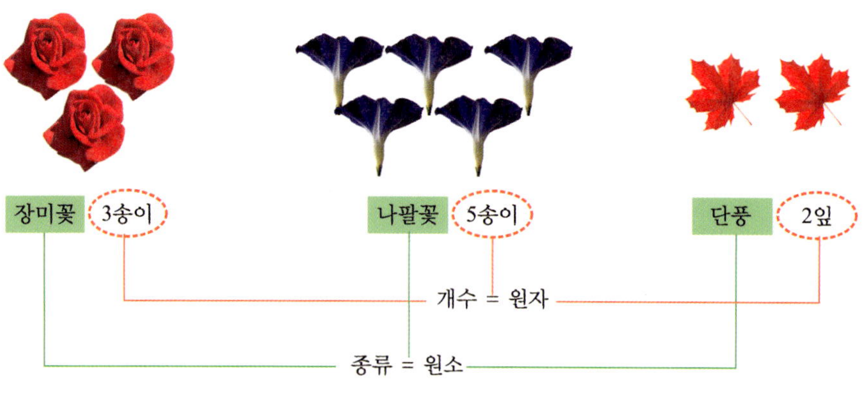

그림 2-1-5 원자와 원소의 개념 1

예 2

수소(Hydrogen)와 헬륨(Helium)으로 원자와 원소를 말하여 본다면?

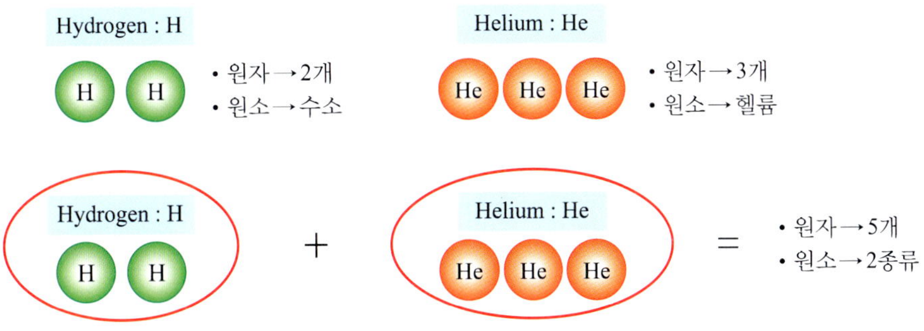

그림 2-1-6 원자와 원소의 개념 2

(3) 물질(Material)의 분류

물질(Material)은 우리가 볼 수 있는 것(구분 가능)과 볼 수 없는 것(구분 불가능)을 총칭하는 말로서 이 지구상에 존재하는 모든 것들은 다양한 물질로 이루어져 있기 때문에 물질에 대한 분류도 매우 광범위하다. 그러므로 과학을 기반으로 하고 있는 화학에서의 물질도 여러 분야로 나눌 수 있지만 일반적인 분류체계로 하여 물질성분 또는 물질특성에 따라 다음과 같이 나눌 수 있다.

1) 물질성분에 따른 분류

① 순물질(Pure Substance)

다른 물질이 섞이지 않고 한 가지 성질의 물질로 이루어진 것을 말하며, <그림 2-1-7 물질(material)의 일반적인 분류체계>와 같이 한 가지 원소로만 이루어진 홑원소 물질과 두 가지 이상의 원소가 결합하여 새로운 성질이 되는 화합물로 나눌 수 있다.

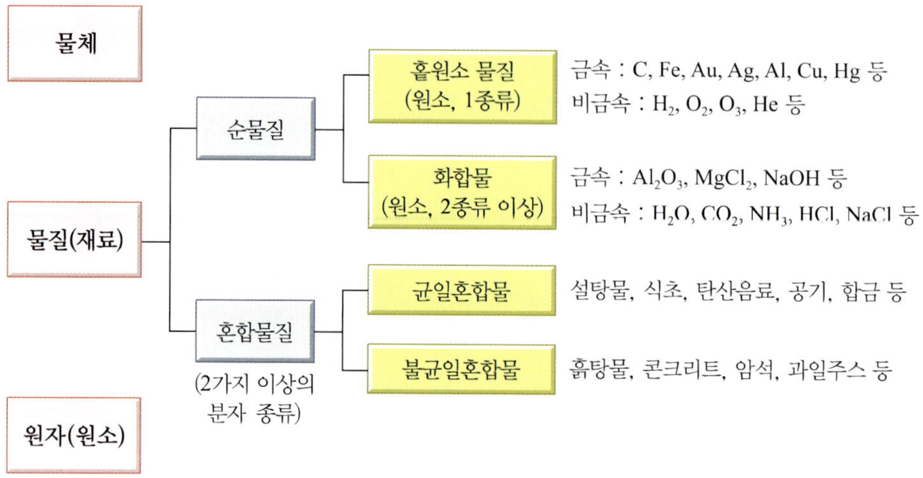

그림 2-1-7 물질(Material)의 일반적인 분류체계

(가) 홑원소 물질은 원소 자체가 하나의 원소 조성을 갖는 한 종류의 물질로 이루어진 것을 말한다. 다이아몬드(C), 구리(Cu), 헬륨(He) 등과 같은 원소는 대부분 원자의 개수가 1개이지만 H_2, O_2, N_2 등 2개 이상의 원자를 가지고 있는 것들은 화합물에 속하는 것 같지만 종류가 같은 원소들로 원자가 2~3개 되어 있기 때문에 결합하여도 전혀 다른 새로운 물질이 나오지 않으므로 홑원소에 속한다. 예를 들어, Cu + Cu → Cu_2 ×(없음) 구리가 2개 있다고 해서 Cu_2로 활동하지 않는다.

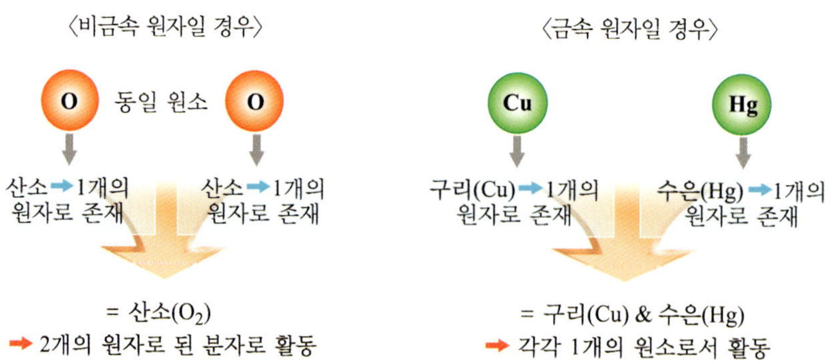

그림 2-1-8 홑원소에 속하는 같은 비금속과 금속 원자

(나) 화합물(Compound)은 혼합물과 달리 여러 물질들이 단순하게 섞여 있는 것을 말한다. 물(H_2O), 소금(NaCl), 암모니아(NH_3) 등과 같이 원소 자체가 화학적으로 거의 일정한 원소 조성을 가져 물리적인 방법에 의하여 더 이상 분리될 수 없는 둘 이상 종류의 물질로서, 화학적 결합을 통해 하나의 새로운 물질을 만들어낸 것이기 때문에 순물질에 속하는 것이다. 예를 들어, <그림 2-1-9 화학적 결합에 의한 새로운 물질>과 같이 산소 1개와 수소 2개가 화학적 결합을 통해 하나의 새로운 물질인 물(H_2O)이 만들어진 것이다.

그림 2-1-9 화학적 결합에 의한 새로운 물질

② 혼합물질(Mixture)

물질의 종류와 성질이 다른 2개 이상이 섞여 있는 것을 말하며, 혼합물질은 균일혼합물과 불균일혼합물로 분류된다.

(가) 균일혼합물(Homogenous Mixture)은 두 종류 이상의 물질성분이 화학적이 아닌 물리적으로만 섞여 본래의 성질을 그대로 유지한 채 고르게 섞여 있는 것으로서 어느 부분이든 밀도, 색깔, 농도 등의 성질이 같다는 특징이 있다.

※ 예 : 숨을 쉬는데 필요한 공기(Air)는 어느 지역에 가던 산소(O_2) 약 20.897% + 질소(N_2) 약 77.978% + 헬륨(He) 0.5% + 이산화탄소(CO_2) 0.03% 등으로 이루어져 있으므로 혼합물이지만 균일하다.

(나) 불균일혼합물(Heterogenous Mixture)은 두 종류 이상의 물질성분이 고르지 않게 섞여 있지 않기 때문에 특정 부분에 따라 물질의 구성비, 밀도, 성질 등이 달라질 수 있으며, 또한 시간이 지나면 침전물이 생기기도 한다.

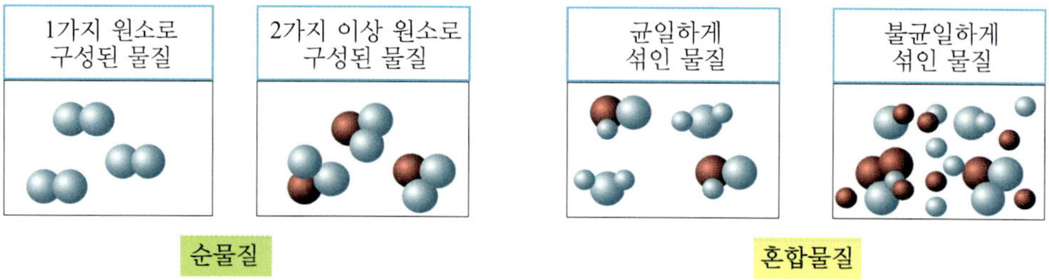

그림 2-1-10 물질성분에 따른 분류

2) 물질특성(상태변화)에 따른 분류

물질의 상태변화는 물질 자체는 변하지 않고 단지 상태만 변하는 현상으로서, 모든 물질은 <그림 2-1-11 물질의 상태변화>와 같이 고체, 액체, 기체상태로 존재하며, 존재하는 물질이 형태만 변하고 고정적인 경우도 있지만 고체, 액체, 기체로 상태가 변하는 대부분은 그 물질의 주변 환경, 에너지의 입출열, 진동 등으로 입자의 운동상태가 변하기 때문이다. 그러나 <그림 2-1-12 물질의 상태변화에 따른 특성변화>와 같이 상태변화가 있을 경우에 변하는 것도 있지만 변하지 않는 고유의 특성도 있다.

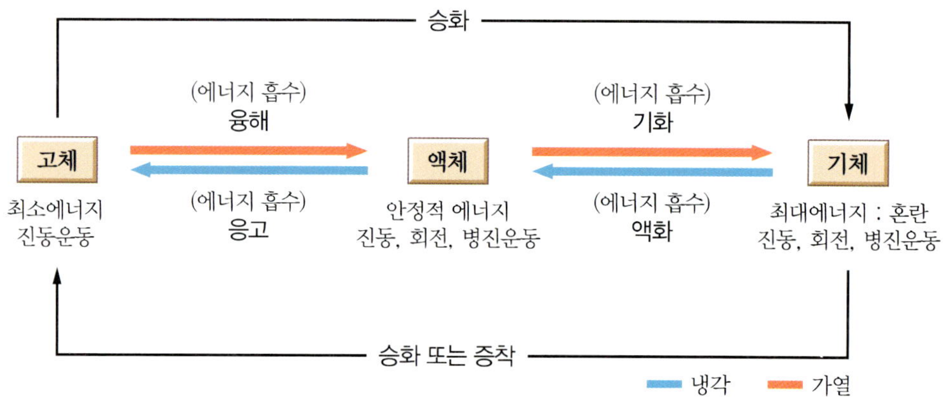

그림 2-1-11 물질의 상태변화

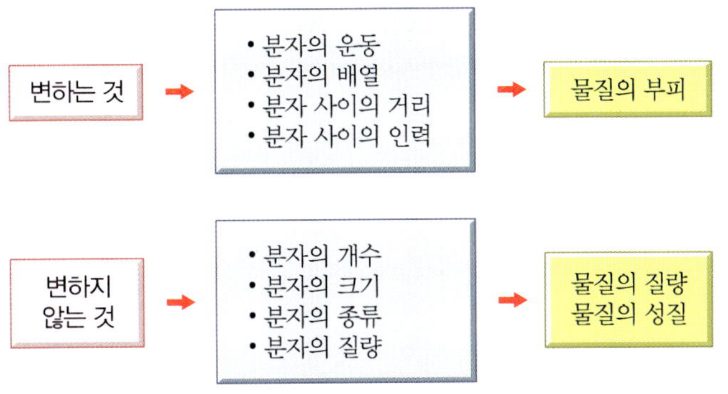

그림 2-1-12 물질의 상태변화에 따른 특성변화

① 융해(Melting, Dissolution : 용융)

고체가 가열되어 액체로 변하는 현상을 말한다. 모든 물질은 특정한 온도에 다다르면 변화가 발생하게 되는데, 결정구조를 가지고 있는 고체는 일정 온도에 도달하면 녹기 시작하고, 고체가 전부 녹을 때까지 온도는 더 이상 올라가지 않는다. 고체에서 유동성을 가지는 액체로 변하기 시작하는 온도를 해당 물질의 융해점 또는 녹는점이라고 한다. 또한, 단위질량의 고체를 액체로 변하게 하는데 필요한 열에너지를 '융해열'이라 한다.

※ 융해의 예 : 물질의 상태가 고체에서 액체로 변하는 현상으로서 용광로에서 철이 녹아 쇳물이 된다', '아이스크림이 녹아 흘러내린다', '고드름이 녹는다', '양초가 녹아 촛농이 생긴다', '갓 구운 따뜻한 빵 위에 버터를 올려 두면 버터가 녹는다' 등의 예를 실생활에서 볼 수 있다.

② 기화(Vaporization, Evaporation : 증발)

액체가 가열되어 기체로 변하는 현상을 말한다. 물질은 액체상태였을 때보다 기체상태가 되었을 때 입자의 운동이 더 자유로워 활발하게 운동하므로 에너지가 가장 크며, 대표적인 예로서 빨랫줄에 널어둔 빨래가 뽀송뽀송하게 되는 현상이 있는데 이는 액체상태의 물이 열에너지를 흡수하여 기체가 됨으로서 빨래가 마르는 것이다. 또한 실내외에서 그릇에 담아둔 물의 양이 시간이 갈수록 줄어드는 것 역시 액체인 물이 기체인 수증기로 변하여 공기 중으로 퍼져 나가기 때문이다.

우리가 사용하는 액화천연가스(LNG)는 기체상태로는 대량 운반을 할 수 없기 때문에 −162℃의 초저온 상태의 액체상태로 만들어 해외 가스전에서 선박으로 수입 운반한다. 그런데 액화천연가스(LNG)를 싣고 오는 동안 해상의 날씨 변화로 인하여 화물창 내·외부의 온도차가 발생하고, 해상온도가 올라가면서 액체(액화된 천연가스)가 기화된다. 이때의 높은 압력과 낮은 온도에서 오는 변형(일반 금속의 깨지는 성질 증가)을 방지하고, −162℃의 극저온 상태를 유지시켜 기화되는 것을 막기 위하여 액화천연가스(LNG)를 실은 선박의 내부를 0.5~1.2 mm 정도의 아주 얇은 막으로 접착한다. LNG와 직접 맞닿는 부분인 만큼 LNG를 저장하는 화물창 안의 벽을 넓게 접착하여 1차 방벽으로 만든 멤브레인 형식(Membrane Type) 또는 모스형식(Moss Type)의 특수한 화물창에 실어 운반하는 것이다.

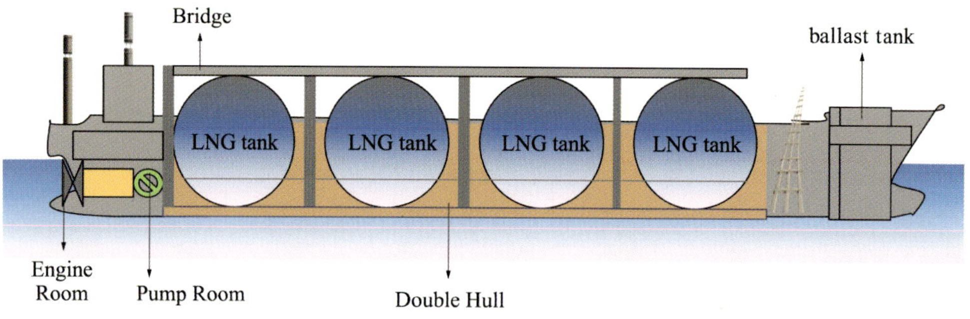

그림 2-1-13 모스형(구 ; 球形)의 LNG 선박구조

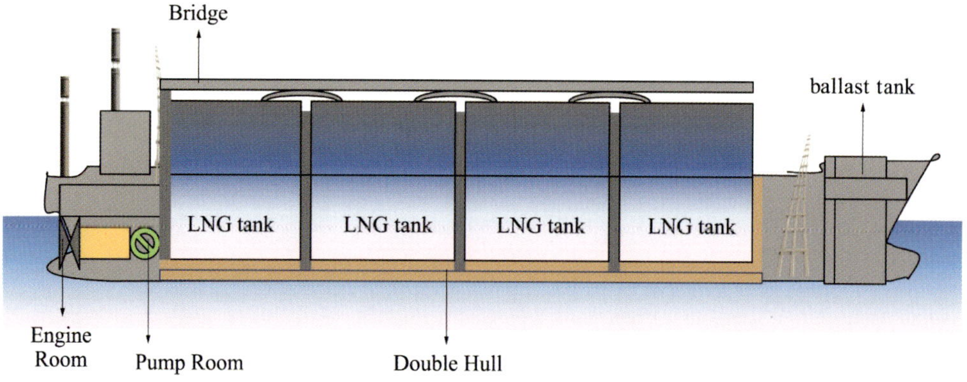

그림 2-1-14 멤브레인형의 LNG 선박구조

③ 액화(Liquefaction)

기체가 가열되어 액체로 변하는 현상 또는 기체가 냉각이나 압축을 통해 액체로 변하는 현상을 말한다. 물질은 기체상태가 되었을 때 입자의 운동이 가장 자유롭게 활발한 운동을 하므로 에너지 또한 가장 크며, 여기서 에너지를 방출하여 기체는 액체로 상태변화하고, 액체에서 에너지를 더 방출하면 고체로 변한다. 기체가 액화(액체)될 수 있는 조건은 <그림 2-1-15 액화되는 2가지 방식>과 같이 온도를 낮추거나 압력을 높이는 것인데, 이렇게 하면 기체 분자간의 거리가 좁아져서 기체 분자들이 자유분방하게 움직일 수 있는 공간이 적어지므로 운동에너지가 줄어들어 액화가 일어나게 된다. 이때 액화되면서 외부로 방출되는 열을 액화열이라 한다.

기체는 일정 온도보다 높아지면 아무리 압력을 높여도 액화가 일어나지 않는 지점이 있는데, 이는 기체마다 가압 액화시킬 수 있는 최고 온도가 정해져 있다는 것을 의미한다. 가압하여 액화가 일어날 수 있는 최고의 한계온도를 '임계온도(Critical Temperature)'라고 하고, 임계온도에서의 압력을 '임계압력'이라고 한다. 예를 들어, 암모니아(NH_3) 프레온(C_3H_8) 등의 기체는 임계온도가 상온보다 높아 압축하기만 해도 액화가 일어나며, 수소의 임계온도는 －240℃로서 상온에서는 수소 기체를 아무리 압축해도 액화(액체)가 되지 않는다.

※ 액화의 예 : '얼음물이 담긴 표면에 물방울이 맺힌다', '이른 새벽 풀잎에 이슬이 맺힌다', '뜨거운 음식을 먹을 때나 겨울철 실내로 들어올 때 안경에 뿌옇게 김이 서린다' 등의 예를 실생활에서 볼 수 있다.

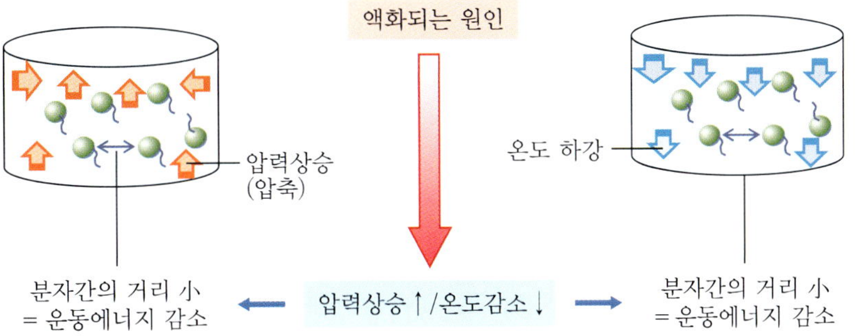

그림 2-1-15 액화되는 2가지 방식

④ 응고

액체의 물질이 온도가 떨어지면서 고체로 상태가 되는 현상을 말한다. 액체 물질을 냉각시키면 액체가 고체로 응고하는 동안에 열에너지를 방출하기 때문에 온도가 일정하게 유지되는데, 이때 <그림 2-1-16 물질의 상태 변화에 따른 분자의 배열>과 같이 액체상태에서 불규칙적으로 흐트러져 움직이던 분자가 좌측의 고체와 같이 규칙적으로 배열된다.

※ 응고의 예 : '냄비에 끓인 고깃국이 불을 끄고 시간이 지나면 기름이 굳는다', '촛불의 촛농이 굳는다', '병원에서 환자의 흐르는 피를 지혈하기 위해 응고시킨다', '겨울철 처마 밑에 고드름이 생긴다' 등의 예를 실생활에서 볼 수 있다.

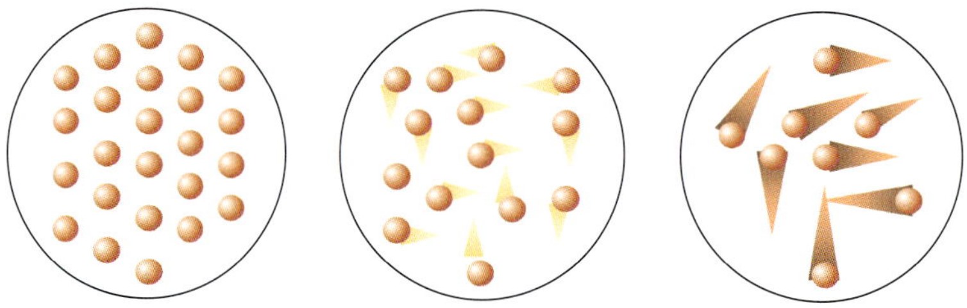

그림 2-1-16 물질의 상태 변화에 따른 분자의 배열

⑤ 승화(Sublimation)

고체에 열을 가했을 때 액체상태를 거치지 않고 곧바로 기체로 변하는 현상을 말한다. 승화의 대표적인 예로는 고체 드라이아이스(CO_2)가 크기가 점점 작아지면서 나중에는 사라지는 것을 들 수 있는데, 이는 고체 드라이아이스가 액체상태를 거치지 않고 곧바로 기체 이산화탄소(CO_2)로 변하기 때문이다. 드라이아이스 온도는 −78.5℃의 상당히 차가운 물질로서 극도로 낮은 온도에서 오는 심각한 동상 위험성은 있지만, 차가운 음식물을 이동할 때 보냉재로 이용하거나 연기(Smog) 또는 안개 같은 느낌의 특징을 활용하여 영화촬영에서나 결혼식장에서도 효과를 한층 더 나타내기 위해서 이용하기도 한다. 그리고 백색의 나프탈렌($C_{10}H_8$)도 고체상태에서 옷장에 걸어두거나 넣어두면 대기 중으로 없어지는 승화현상의 물질로서 일반적으로 재래식 화장실에서 파리 등 유해한 벌레를 쫓는 방충제 또는 살충제의 성분으로 쓰이고 있으며, 일반 물에서는 녹지 않고 에탄올(Ethanol)에는 녹는다. 에탄올(Ethanol)은 <그림 2-1-17 에탄올(Ethanol) 화학식표현에 따른 구조식>과 같이 3가지의 화학식 표현을 갖는데 "C_2H_5OH → C_2H_6O → CH_3CH_2OH" 모두 같은 에탄올(Ethanol) 화학식이며, 다만 좌측 화학식보다는 우측 화학식이 더 세밀한 표현의 화학식이라고 할 수 있다.

그리고 비금속의 원자번호 53인 화학 원소 아이오딘(Iodine : I)은 표준온도·압력에서는 금속광택이 있는 흑색에 가까운 결정성 검보라색 고체이지만, 승화하면서 보라색 기체가 된다. 아이오딘의 주요 생산지는 현재 칠레와 일본으로서 아이오딘과 그 화합물은 인체를 구성하는 미량의 영양소로 사용되는데, 원자번호가 크고 유기 화합물과 쉽게 결합하는 특징이 있어 비독성 조영제로 선호된다. 또한 아이오딘의 방사성 동위 원소는 필수 무기질 중 가장 무거운 원소로서, 인체에 대한 섭취 특이성이 있기 때문에 갑상선암 치료에도 사용된다. 지적장애의 초래를 예방할 수 있는 아이오딘(Iodine)은 비금속이며, 흑색에 가까운 결정성 고체로서 의약품, 유기화합물 합성, 염료 제조, 분석화학, 사진에도 쓰이고, 아세트산이나 고분자 중합체를 생산하는데 촉매로 쓰이기도 한다.

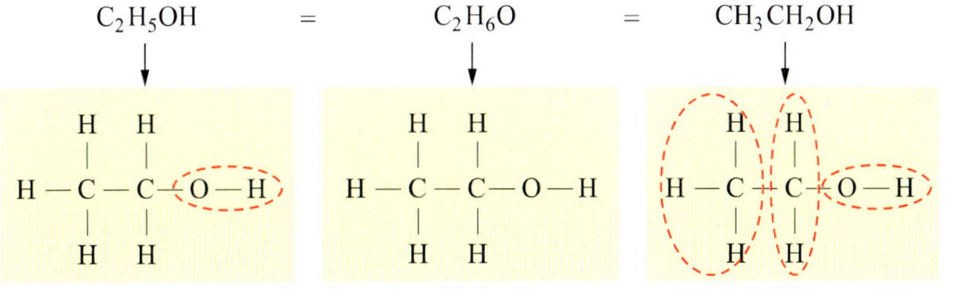

그림 2-1-17 에탄올(Ethanol) 화학식표현에 따른 구조식

⑥ 증착

기체가 액체상태 변화 없이 곧바로 고체로 변하는 현상을 말한다. 증착의 예로서 늦가을에 기온이 내려가면 나뭇잎에 하얀 서리가 생기는 것을 들 수 있는데, 서리는 공기 중의 수증기가 차가운 나뭇잎에 닿아 곧바로 얼음으로 변한 것이다. 실생활에서는 그리고 냉동실 내벽에 부착된 성애 등을 볼 수 있다. <그림 2-1-11 물질의 상태변화>에서 보면 고체에서 기체로 변화하는 과정의 상태 변화를 '승화'라고 하지만 기체에서 고체로 변하는 상태 변화 역시 '승화'라고 표현하기도 한다. 그러나 이때는 '증착'이라고 해야 정확한 표현이다.

3) 물질의 상태변화에 따른 에너지(Energy)

에너지의 입열과 출열이 수반되는 물리적 상태변화는 <그림 2-1-18 물질의 상태변화에 따른 에너지>와 같이 온도에 따라, 즉 에너지 출・입의 존재에 의하여 입자의 운동상태가 변하기 때문에 대부분의 물질은 고체, 액체, 기체로 상태변화가 일어난다. 물질의 상태변화 중 융해, 기화, 승화는 입자가 외부에서 열에너지를 얻으므로 외부의 온도가 떨어지고, 응고, 액화, 증착은 입자가 열에너지를 외부로 방출하므로 외부의 온도가 올라간다. 즉, 입자가 에너지를 잃는다는 것은 그 에너지를 외부로 방출한다는 것을 의미하며, 이때 에너지는 열에너지의 형태를 띠게 되는 것이다.

① 열에너지를 공급할 때 물질의 상태변화

<그림 2-1-18 물질의 상태변화에 따른 에너지> 좌측과 같이 열에너지를 공급할 때, 임의의 온도 －10℃ 얼음인 고체를 가열하면(열에너지를 흡수하면) 0℃까지 온도변화는 있지만 고체인 상태는 변화하지 않으므로(즉, 아주 단단한 얼음 －10℃에서 0℃의 얇은 (살)얼음으로 변하는 과정) ①번의 '현열(가열)'에 속한다. 그리고 숨은열을 머금고 있는 0℃에서의 짧은 시간 동안 (융해가 끝날 때까지) 온도변화는 없지만 상태는 0℃ 얼음인 고체에서 0℃ 물인 액체로 변화되었으므로(즉, 0℃의 얇은 (살)얼음에서 0℃의 물로 변하는 과정) 임계점(점으로 표시)에 도달한 ④번의 '잠열'에 속한다. 표준상태에서 얼음 1 kg을 녹이기 위해서는 79.7 kcal의 열량, 즉 숨은열이 필요한데 이 열을 「융해열, 융해잠열」이라고 한다. 이후 상태변화가 끝나고 다시 가열하면 (열에너지를 흡수하면) 물질의 온도는 100℃에 도달하기 전까지 계속 올라가므로 온도변화는 있지만, 99℃까지 물인 액체는 상태는 변화하지 않으므

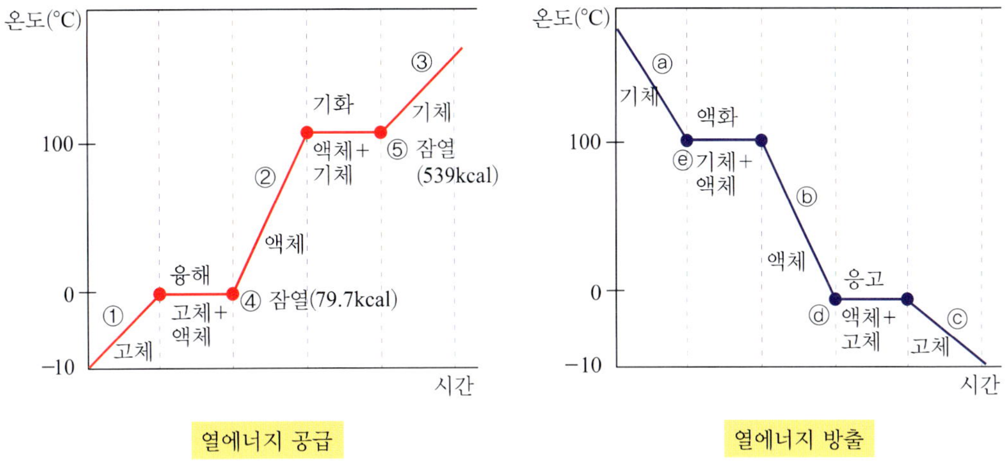

그림 2-1-18 물질의 상태변화에 따른 에너지

로 ②번의 '현열(가열)'에 속한다. 그러다가 물의 온도가 100℃에 도달하면 기화(발생)하는 증기는 수분을 포함한 습포화증기로서 숨은열을 머금고 있는 100℃에서의 짧은 시간 동안(기화가 끝날 때까지) 온도변화는 없지만 상태는 100℃ 물인 액체에서 100℃ 포화 증기인 기체로 상태가 변화되었으므로 임계점(점으로 표시)에 도달한 ⑤번의 '잠열'에 속한다. 대기압 하에서 물을 기화시키기 위해 필요한 539 kcal의 열량을 「기화열, 기화잠열」이라고 한다. 이후 상태변화가 끝나고, 다시 가열하면(열에너지를 흡수하면) 물질의 온도는 100℃ 포화 증기인 기체에서 계속 올라가서 100℃ 이상까지 상승하여 과열증기로 변한다. 이 과정 속에서 온도변화는 있지만 상태는 증기인 기체의 상태는 변화되지 않으므로 ③번의 현열(가열)에 속한다. 따라서 좌측의 <그림 2-1-18 물질의 상태변화에 따른 에너지>에서 ①, ②, ③은 현열에 해당되며, ④, ⑤는 잠열에 해당된다.

② 열에너지를 방출할 때 물질의 상태변화

<그림 2-1-18 물질의 상태변화에 따른 에너지> 우측은 (가) 열에너지를 공급할 때와는 반대의 경우이다. 100℃ 이상의 높은 온도로 상승한 증기로 생성된 기체의 입자들로부터 열에너지를 빼앗으면(입자가 열에너지를 방출하면), 물질의 온도가 100℃까지 내려가는 온도변화는 있지만 증기로 생성된

기체의 상태는 변화가 없으므로(즉, 100℃ 이상의 과포화 증기에서 100℃의 습포화 증기로 변하는 과정) ⓐ의 '현열(감열)'에 속한다. 실생활의 대표적인 예로는 병원 증기(Steam)난방기를 들 수 있는데, 수증기인 기체가 액체로 되면서 에너지를 방출함으로써 결과적으로 주위가 따뜻해지는 원리를 이용한 것이다. 즉, 물질 밖의 외부는 입자가 내뿜는 열에너지를 갖게 되므로 결론적으로 물질 외부의 온도가 상승하게 되는 것이다. 증기로부터 생성된 기체는 100℃의 임계점(점으로 표시)에 다다르면 100℃에서의 짧은 시간 동안(액화가 끝날 때까지) 온도변화는 없지만 100℃ 증기인 기체에서 100℃ 물인 액체의 상태로 액화되기 위한 상태변화가 있으므로(즉, 100℃의 수증기에서 100℃의 물로 변하는 과정) ⓔ '잠열'에 속한다. 이후에 100℃ 물인 액체의 입자들로부터 더 열에너지를 빼앗으면(열에너지를 더 방출하면) 물질의 온도는 0℃ 가까이 내려가게 되고, 온도변화는 있지만 물질의 상태는 액체상태로 그대로 변화가 없으므로 ⓑ의 '현열(감열)'에 속한다. 그리고는 액체인 물의 온도는 0℃에서의 짧은 시간 동안(응고가 되기까지) 온도변화는 없지만 상태는 0℃ 물인 액체에서 0℃ 얼음인 고체로 상태변화 되었으므로 임계점(점으로 표시)에 도달한 ⓓ의 '잠열'에 속한다. 이후 상태변화가 끝나고, 다시 열을 빼앗으면(열에너지를 방출하면) 물질의 온도는 0℃에서 －10℃ 이하까지 하강하고, 온도변화는 있지만 얼음인 고체의 상태는 변화되지 않았으므로 ⓒ의 '현열(감열)'에 속한다. 따라서 우측의 <그림 2-1-18 물질의 상태변화에 따른 에너지>에서 ⓐ, ⓑ, ⓒ는 현열에 해당되며 ⓓ, ⓔ는 잠열에 해당된다.

(4) 물질(Material)의 특성

물질의 특성이란 어떤 물질과 다른 물질이 구별되는 고유한 성질을 말한다. 일반적으로 물질의 겉보기 성질(특성)은 사람의 감각기관(오감)을 통하여 구분이 가능하기 때문에 각 물질을 구별하는 지표가 될 수 있으며, 또한 간단한 도구를 이용할 수도 있고, 물리·화학적으로도 구분하여 녹는점, 어는 점, 끓는점, 밀도, 용해도 등을 알 수 있다.

1) 겉보기 성질(특성)

① 사람의 감각기관 이용

귀(청각), 눈(시각), 코(취각), 혀(미각), 피부(촉각) 등을 통하여 구별할 수 있는 끓는점, 녹는점, 어는점, 색깔, 맛, 냄새, 촉감, 굳기, 결정 모양, 광택 등 물질의 성질을 구별할 수 있다.

② 도구 이용

㉠ 소음, 진동, 길이, 두께, 무게, 온도, 냄새, 당도 등은 측정하는 기구를 통하여 알 수 있다.

㉡ 불꽃, 가스, 압력, 온도, 물체, 차단, 시간, 신호 등은 감지하는 Sensor를 통하여 알 수 있다.

③ 빛, 열, 환경, 중력, 균배양, 혼합, 분해, 화학반응 등은 물리・화학적으로 구분하여 물질의 성질(특성)을 알 수 있다.

2) 녹는점 또는 어는점의 특성

'녹는점'이란 고체가 액체로 융해되는 점을 말하고, '어는점'이란 액체가 고체로 응고되는 시점의 온도를 말하는데, 특별한 경우를 제외하고는 일반적으로 녹는점과 어는점의 값은 같다.

녹는점과 어는점에서 온도가 일정한 이유는, 흡수한 열에너지가 온도를 올리는데(가열하는데) 쓰이는 것이 아니라 분자들의 배열이 다른 고체, 액체, 기체의 상태변화에 쓰이기(방출하기) 때문이다.

<그림 2-1-19 물질마다 다른 녹는점과 어는점>에서 보는 것과 같이 얼음과 나프탈렌($C_{10}H_8$)처럼 물질이 다르면 녹는점 또는 어는점도 다르다는 것을 알 수 있다. 얼음은 0℃에서, 나프탈렌($C_{10}H_8$)은 80℃에서 고체에서 액체로 녹거나 액체에서 고체로 어는 성질을 가져 각각의 물질들의 특성이 되며, 이는 물질을 이루는 입자 사이의 인력이 각기 다르기 때문이다. 입자 사이의 인력은 고체화가 될수록 강하며, 기체화가 될수록 입자 사이의 인력은 거의 없다고 할 수 있다.

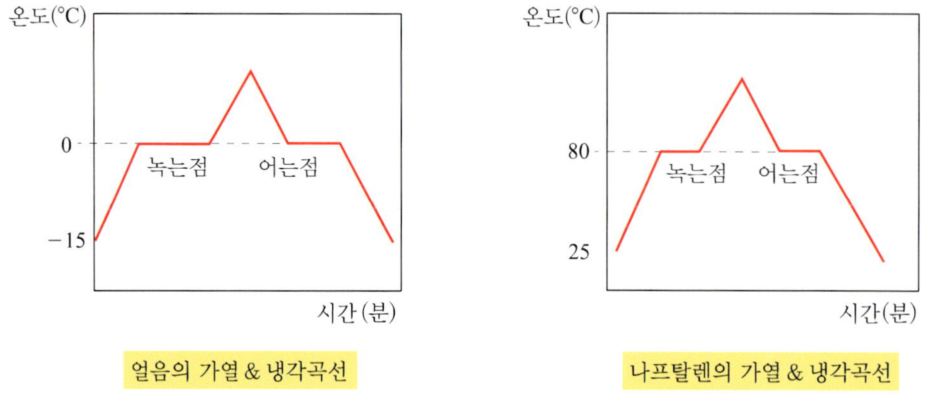

그림 2-1-19 물질마다 다른 녹는점과 어는점

<그림 2-1-20 물질마다 끓는점이 다른 경우> 좌측과 같이 물(H_2O)과 에탄올($C_6H_{12}O_6$) 각각의 물질들을 가열했을 때 끓는점과 소요되는 시간이 각각 다르다는 것을 알 수 있다. 또한 우측 그림과 같이 동일한 물질이라도 그 양에 따라 끓는점의 소요시간이 다르다는 특성도 알 수 있다.

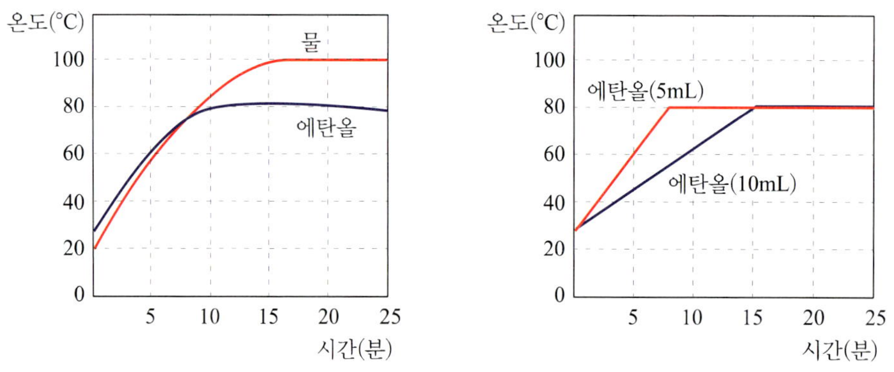

그림 2-1-20 물질마다 끓는점이 다른 경우

3) 끓는점의 특성

'끓는점'이란 물질의 상태가 액체에서 끓기 시작하는 온도, 즉 기체로 기화하려는 순간의 온도를 말한다.

어떤 물질에서의 끓는점, 녹는점, 어는점은 항상 같다. 물이 1 g이 있어도, 100 g이 있어도 물은 100℃에서 끓는다. 다만, 끓는점에 도달하는 '시간'의 차이로 단위 시간당 가해주는 열량이 같다면 당연히 물 1 g이 먼저 100℃에 도달하게 될 것이다. 즉, 물질의 양은 끓는점에 도달하는 시간에는 영향을 주지만 끓는점의 수치에는 영향을 미치지 않는다. 그렇지만 순물질인 물(H_2O)에 순물질인 소금(NaCl)을 넣으면 그 순간부터 물(H_2O)과 소금(NaCl)은 각기 갖고 있던 순수함을 잃고 혼합물, 그 중에서도 균일 혼합물로서의 특성을 갖게 되어 더 이상 끓는점은 무조건 100℃가 될 수 없다. 즉, 물(H_2O)과 소금물은 같은 물 종류의 물질임에도 불구하고 <그림 2-1-21 물과 소금물의 끓는점의 가열곡선>과 같이 끓는점 곡선에서는 끓는점에 도달하는 '시간'의 차이와 '끓는 온도' 차이가 나게 되는 것이다. 물(H_2O)은 100℃에서 끓어서 끓는 동안 물의 전체가 기화되지만, 소금물은 100℃보다 높은 온도에서 끓기 시작하여 소금물이 끓는 동안 용해도가 낮은 물(H_2O)만 기화하고 용해도가 높은 소금물의 나머지는 기화되지 않는다. 따라서 물(H_2O)과 달리 소금물은 시간이 지날수록 농도가 진해지기 때문에 끓을 때에도 온도가 계속 높아지는 특성을 갖고 있다.

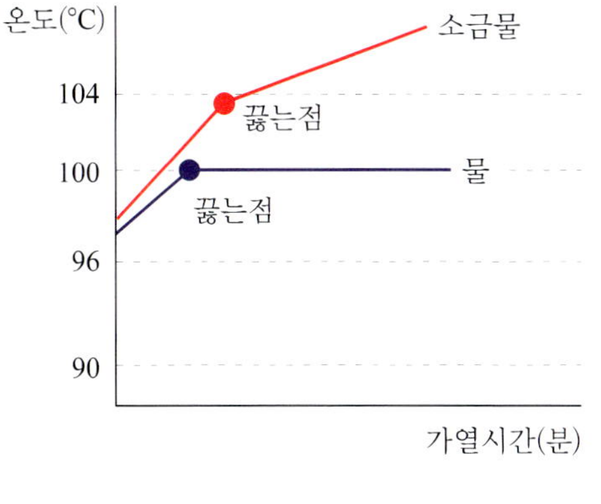

그림 2-1-21 물과 소금물의 끓는점의 가열곡선

표 2-1-1 1기압 하에서 물질의 녹는점(℃)과 끓는점(℃)

물질명	녹는점	끓는점	물질명	녹는점	끓는점
니켈(Ni)	321.07	767	코발트(Co)	1495	2,927
물(H_2O)	0	100	질소(N_2)	−210.0	−195.8
염화나트륨(NaCl)	802.0	1465	철(Fe)	1538.0	2861
암모니아(NH_3)	−77.7	−33.4	리튬(Li)	180.54	1347
탄소(C)	3550	4827	수소(H_2)	83.6	19.5

※ 기재된 수치는 상이할 수 있음.

4) 밀도(Density)의 특성

'밀도'의 사전적 정의는 일정한 면적이나 공간 속에 포함된 물질이나 대상의 빽빽한 정도를 말하며, 물질의 질량을 부피로 나눈 값, 즉 단위 부피당 물질이 가진 질량을 말한다. 모든 물질의 밀도는 다르기 때문에 이를 '물질의 특성'으로 활용할 수 있는데, 예를 들어 액체상의 물질을 이용하여 여러 가지 물질을 한 곳에 섞으면, 밀도가 높은 물질은 아래로 가라앉고, 밀도가 낮은 물질은 위로 뜬다.

$$\text{밀도}(d) = \frac{\text{질량}(m)}{\text{부피}(V)}$$

질량은 '질량 불변의 법칙'에 의해 변하지 않는 값이지만, 부피는 온도 조건에 의해서 변하게 된다.

샤를의 법칙(Charle's law = 게이뤼삭의 법칙)의 예

① 찌그러진 탁구공에 뜨거운 물을 부어주거나 담가 놓으면 다시 부풀어 올라 원상복구된다.
② 풍선모양의 열기구는 내부(공기주머니)의 공기를 데워(가열하면) 공기가 팽창함에 의해 하늘로 올라가는 상승력을 얻어 떠오른다.

압력(P)이 일정하다는 가정 하에서 <그림 2-1-22 Charle's law의 예>의 좌측 원통형에 있는 기체가 ①번의 마개에 의해 기체가 움직일 수 있는 범위가 작아진 상태(기

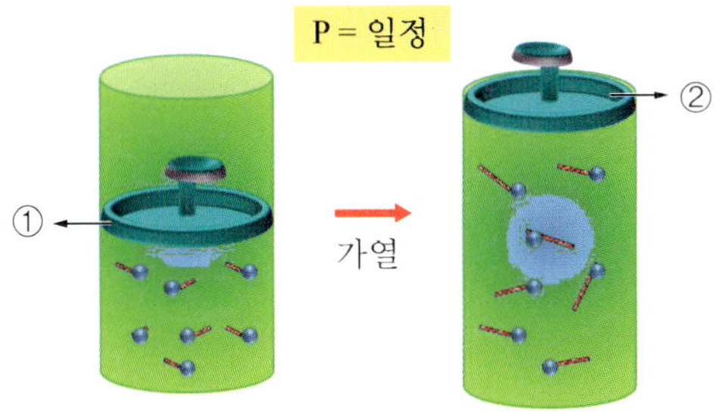

가열함으로써 온도가 올라가면 내부의 기체는 팽창

그림 2-1-22 Charle's law의 예

체가 차지하고 있는 공간의 크기가 작음에서 오는 기체 분자들의 움츠린 상태)에서 외부에서 가열을 하면(온도를 높여주면) 움츠려 있던 기체 분자들의 활발한 운동(에너지가 증가하므로)으로 우측 원통형처럼 ②번의 마개가 위로 올라가 기체는 움직일 수 있는 범위가 더 커진 상태(기체가 차지하고 있는 공간의 크기가 큼에서 오는 기체 분자들의 더 활발한 상태)가 되므로 부피가 증가한다. 따라서 물질의 부피 변화 대부분은 고체 < 액체 < 기체 순으로 부피가 증가하고, 예외적으로 물(H_2O)은 액체 < 고체 < 기체 순으로 부피가 증가한다.

그렇지만 부피와 압력이 반비례 관계에 있다는 법칙인 '보일의 법칙(Boyle's law)'에서는 온도(T)가 일정하다는 가정 하에서 압력을 높여주면 부피는 감소하게 된다. 고체와 액체의 경우 압력에 의한 부피 변화가 거의 없으나, 기체의 경우 압력에 의한 부피 변화는 크다. 즉, 기체의 밀도는 압력의 영향을 받으며, 압력이 커질수록 부피가 감소하여 밀도는 증가하게 된다. '보일의 법칙(Boyle's law)'이 적용된 예는 현재 활동하고 있는 대기상태에서의 모든 물체(사람, 모든 물건)가 받는 대기의 압력은 보통 760 mmHg이다. 이 대기압력 상태에서 입으로 고무풍선에 공기를 잔뜩 불어 <그림 2-1-23 Boyle's law의 예>의 좌측과 같이 빵빵하게 되었다. 즉, 대기온도 'T'가 일정할 때 대기압력(외부의 누르는 힘)과 공기의 체적(내부에서 공기의 기체들이 활발하게 움직이는 힘)이 평형 '0'인 상태에서는 터지지 않는다. 그러다가 잡고 있던 풍선을 놓치면 공기가 들어있어 가벼운 풍선은 저 멀리 하늘로 날아가고, 풍선이 하늘로 높이 올라갈수록 <그림 2-1-23 Boyle's law의 예>의 우측처럼 대기압력이 점점 작아지면서 체적은 점점 커지게 되어 결국 터지게 된다.

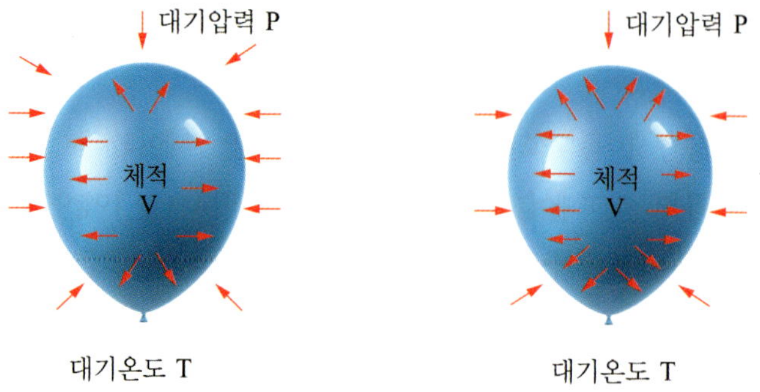

그림 2-1-23 Boyle's law의 예

5) 용해도(Solubility)의 특성

'용해도'의 사전적 정의는 일정 온도에서 일정한 양의 용매에 녹을 수 있는 용질의 양을 나타내는 값으로서 일반적으로 기준 용매(녹이는 물질) 100 g에 최대로 녹을 수 있는 용질(녹는 물질)의 그램 수로 정의한다. 어떤 물질을 다른 물질에 녹이려는 상황이라고 가정하면 <그림 2-1-24 용해도의 의미> 좌측과 같이 녹여지는 물질을 '용질(Solute)'이라고 하며, 녹이는 역할을 하는 물질을 '용매(Solvent)'라고 한다. 설탕물의 경우 설탕이 용질, 물이 용매가 되고 이러한 과정을 '용해(Solvation)'라고 한다.

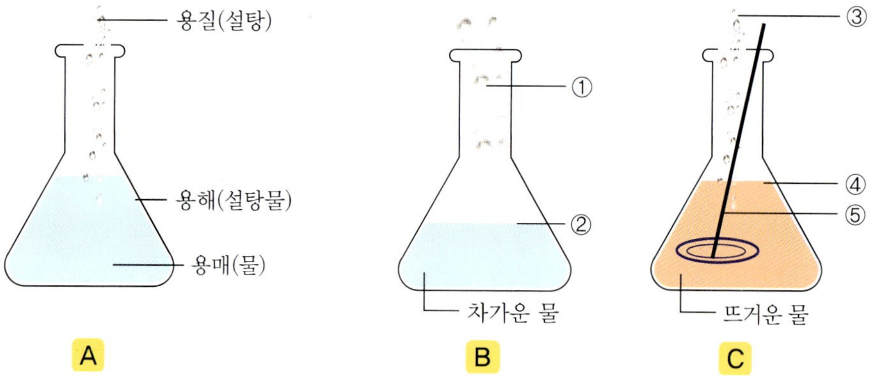

그림 2-1-24 용해도의 의미

용해도는 용질의 종류뿐 아니라 용질의 상태가 고체이냐 기체이냐에 따라서도 큰 차이를 나타낸다. 고체의 용해도는 압력의 영향은 거의 받지 않으나 온도의 영향은 크게 받으며, 기체의 용해도는 온도뿐만 아니라 압력의 영향에 따라 크게 달라진다. 고체인 경우에 용해가 잘 되는 조건은 용질의 경우 <그림 2-1-24 용해도의 의미> B ①번의 설탕, 소금, 분필 등의 녹이려고 하는 덩어리가 큰 것보다는 ③번처럼 작게 할수록(가루가 될수록) 용해가 잘 되고, 용매의 경우 B의 차가운 물보다는 우측 C ⑤번의 뜨거운 물 일수록, 또한 용매의 양이 우측 B의 ①처럼 적은 양보다는 우측 C ④번처럼 양이 많을수록 용해가 잘 되며, 용매의 종류가 혼탁한 물보다는 순수한 물일수록, 그리고 용매에다 용질을 넣어서 가만히 놓아두는 것보다는 우측 C의 ⑤처럼 저어줄수록 용질은 빨리 용해된다. 이렇게 용해되어 만들어진 것을 '용액(solution)'이라고 하는데, 용액은 두 혼합물(용질+용매)을 구분할 수 없으므로 용액은 균일 혼합물의 다른 말이라고 볼 수 있다. 용해도는 물 100 g을 기준으로 해당 용질이 녹을 수 있는 최대 질량을 의미하는데, 각 물질이 물에 녹을 수 있는 최대의 양이 정해져 있기 때문에 용해도는 물질의 특성이 된다.

고체와 기체는 용해도에 대하여 차이를 보이며, 먼저 고체에 대한 설명으로 설탕 또는 소금을 물에 더 많이 녹이고 싶은데 물의 양은 일정하게 유지해야 한다면 물을 가열하는 방법을 이용하면 된다. 즉, 온도가 증가하면 고체의 용해도는 증가하게 된다. 이렇게 녹인 용액을 급속하게 냉각시킨다고 했을 경우 물질의 용해도가 급격히 감소하고, 감소한 만큼의 용질은 다시 고체가 되는데, 이 현상을 '석출'이라고 한다. <그림 2-1-25 용해도 곡선>에서 용액에 녹은 용질이 가장 많이 석출되려면 기울기가 큰 것 그래프를 고르면 된다. 왜냐하면 기울기가 크다는 것은 온도에 따라 용질이 녹는 정도가 급격하게 변한다는 뜻이기 때문이다. 따라서 가장 많이 석출되는 물질은 기울기가 큰 질산칼륨이고, 가장 적게 석출되는 물질은 기울기가 작은 염화나트륨이다. 기체의 용해도는 고체와 다른 양상을 보인다. 기체를 녹이기 위해서는 그냥 기체 상태인 것보다는 다소 액체에 가까운 온도를 가지는 것이 유리할 것이다. 즉, 온도가 낮아지면 기체의 부피가 작아지기 때문에 온도가 낮을수록, 압력이 높을수록 기체의 용해도는 증가한다는 것이다. 따라서 반대로 온도가 높을수록, 압력이 낮을수록 기체의 용해도가 감소하므로 기포가 많이 발생한다. 용해도 감소로 인한 실생활의 예를 들면, ① 여름철 물고기가 수면 위로 입을 내밀고 숨을 쉬는 경우와 탄산음료의 뚜껑을 갑자기 열면 하얀 거품이 나오는 경우를 들 수 있다.

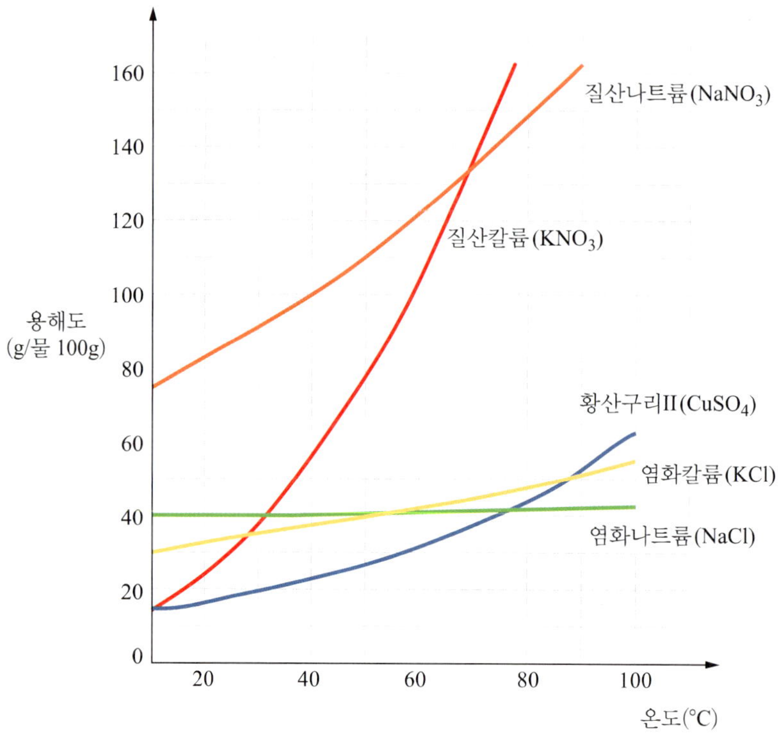

그림 2-1-25 용해도 곡선

2-2 기초 전기화학

[1] 전기와 원자

(1) 전기의 개념

전기(Electricity)란 물질 안에 있는 전자 혹은 자유전자의 움직임에 의해 생기는 에너지의 한 형태를 의미하는 것이며, 여기에서 말하는 물질이라 함은 전기가 흐를 수 있는 물질인 도체(Conductor)를 말하는 것으로서 결과적으로 전기는 에너지의 한 종류이자 나중에 설명하게 될 '전하(Electric charge)'에 의해 생기는 현상들을 모두 포함하는 포괄적인 개념이다.

지구상의 모든 물질들을 세분화 해보면 결국 아주 작은 알갱이인 '원자(Atom)'라는 단위로 구성되어 있다고 앞서 학습한 바 있으며, 모든 원자는 중심의 원자핵과 그 주위를 둘러싸고 돌고 있는 전자로 이루어져 있다고 알고 있을 것이다.

예를 들어, 산소(O)의 원자구조는 <그림 2-2-1 산소(O)원자(좌측)와 전기발생 이유(우측)>의 좌측과 같이 원자핵 속의 양성자(+)와 궤도에 배열되어 있는 전자(−)가

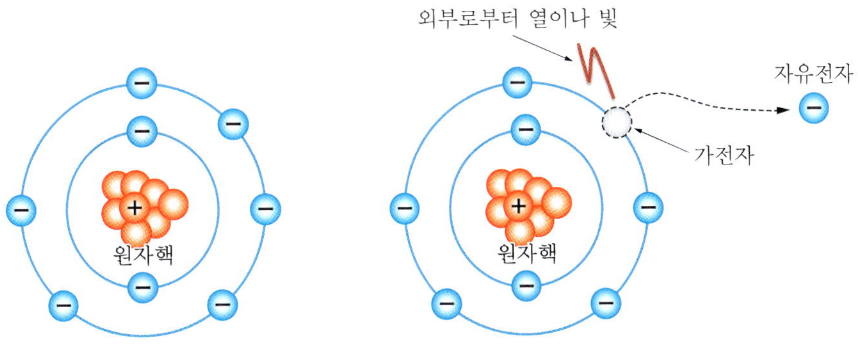

그림 2-2-1 산소(O)원자(좌측)와 전기발생 이유(우측)

같은 수만큼 존재하므로 평소에는 전기적으로 중성을 띠고 있기 때문에 이 상태에서는 전기는 발생되지 않는다. 하지만 <그림 2-2-1 산소(O)원자(좌측)와 전기발생 이유(우측)>의 우측과 같이 외부에서 열이나 빛의 힘이 가해지면, 궤도 바깥쪽에 있던 전자(－)는 정공(Hole)[1)]을 남기고 자유전자(Free Electron)가 되어 외부로 분리되어 중성의 개념이라는 균형이 깨지는 동시에 이때 비로소 전기가 발생하는 것이다. 그렇다고 궤도 바깥쪽에 있던 모든 원자의 전자(－)가 자유전자가 되는 것은 아니며, 다만 궤도 바깥쪽에 있던 전자(－)가 1～2개 밖에 없을 경우에 외부로부터 받는 에너지가 집중되기 때문에 자유전자가 되기가 쉽다.

이와 관련해서 자유전자의 이동이 쉬운 물체를 도체(Conductor)라고 하고, 그렇지 않고 자유전자의 이동이 불가능한 물체를 부도체 혹은 절연체(Insulator)라고 하며, 또한 전기가 잘 통하는 도체와 잘 통하지 않는 절연체의 중간 정도로서 자유전자의 이동은 가능하지만 전기저항을 가지는 물질을 반도체(Semi conductor)라고 한다. 자유전자의 이동이 쉬운 지 어려운 지를 판단하는 물리적인 단위가 바로 '저항'인데, 저항 R의 단위는 옴(Ohm ; Ω)으로 표시하고 전류, 전압, 저항은 다음과 같은 관계식이 성립된다.

$$\text{전류(A)} = \text{전압(V)} \div \text{저항}(\Omega)$$
$$\text{전압(V)} = \text{전류(A)} \times \text{저항}(\Omega)$$
$$\text{저항}(\Omega) = \text{전압(V)} \div \text{전류(A)}$$

(2) 전기적 용어

1) 전기력(Electric Force)

'전기력'이란 전기(전하)의 성질을 띤 두 대전체 사이에서 작용하는 전기의 힘을 말하며, 쿨롱의 법칙으로도 표현되는 전기력(정전기적 인력/척력)을 쿨롱 힘이라고도 한다. 즉, 서로 다른 종류의 전하 사이에는 인력(서로 끌어당기는 힘), 같은 종류의 전하 사이에는 척력(서로 밀어내는 힘)이 작용하므로 전기력은 전하를 띤 물체가 직접 접

1) 정공(양공) : 원자와 원자를 결합시키고 있는 전자가 외부에서 에너지를 받아 다른 곳으로 이동하면서 빠져나갔으나 개념적으로는 그 자리(구멍)에 전자가 남아있다고 이해하는 것(가전자)

촉하지 않고 떨어져 있어도 작용한다. 따라서 전기력의 세기는 물체가 띠고 있는 전하의 양에 비례하고 떨어진 거리(γ)의 제곱에 반비례하므로 <그림 2-2-2 인력과 척력의 개념>에 있는 식이 성립된다.

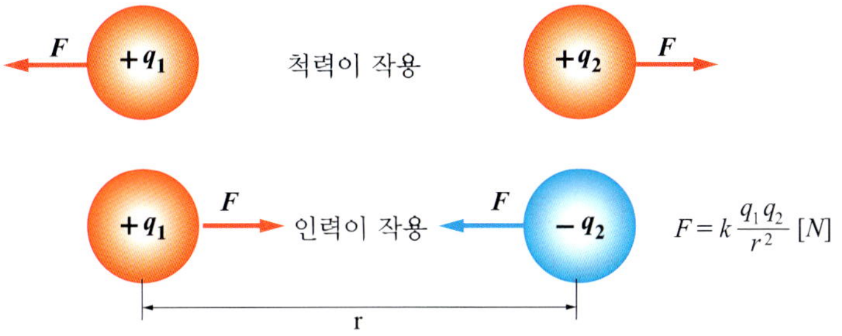

그림 2-2-2 인력과 척력의 개념

2) 전기량

- 전기량 Q [C] = 전하량 = 전류량

① 전류의 세기 : 1초 동안 전선의 한 단면을 통과하는 전하량(= 전기량)

② 전류의 세기 = 전하량/시간 [단위는 암페어(A) 또는 쿨롱/초(c/s)]

③ 전기량 Q [C] : 6.23×10^{18}개의 전자가 과·부족 현상으로 생기는 전하의 양 ⇒ 1 [C]

3) 전기장(Electric Field)

- 정의 : 전기를 띤 물체의 주위에 전기 작용이 미치는 공간

① 전기력이 작용하는 공간(전기 + 기운 + 마당)을 말한다.

② 전하를 가지고 있는 대전체가 그 주변에 만드는 전기력이 작용하는 공간 또는 극성이 서로 동일한 전하들 사이에서 발생하는 발반력이 작용하는 공간과 서로 다른 전하 사이에는 흡인력이 작용하는 공간인 양전하와 음전하 사이에 전기적인 힘이 미치게 되는 공간을 말한다.

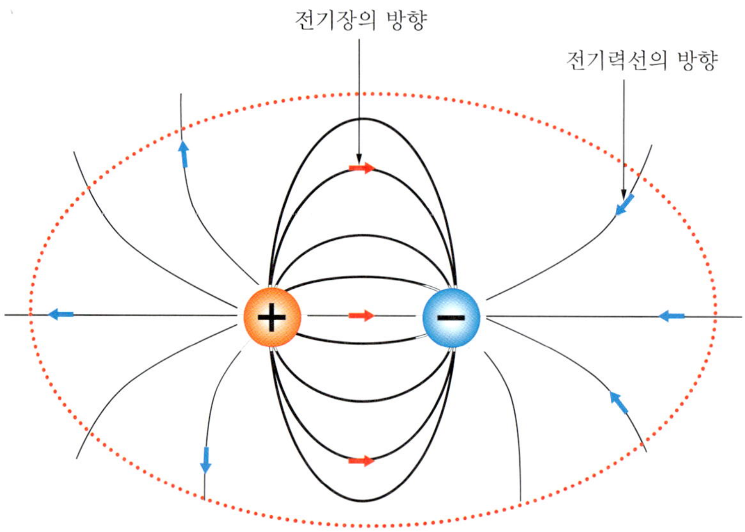

그림 2-2-3 전기력이 작용하는 공간(=전기장)

4) 정전기(Static Electricity)

'정전기'란 정지되어 있는 전하에 의해 일어나는 물리적 현상을 말하는데, 물체(주로 유전체)에 전하가 축적되어 있는(대전된) 상태를 의미하지만, 축적되어 있는 전하 자체를 지칭하기도 한다.

① 대전

보통 때의 모든 물체는 음전하와 양전하의 양이 같아서 전기적으로 중성인 상태를 유지한다. 그러나 물체가 어떤 원인에 의하여 음전하(−) 또는 양전하(+)의 어느 한 쪽의 양이 우세해져 우세한 쪽의 전기적 성질을 띠게 되는 현상을 말하며, 전기를 띠게 하는 물체를 '대전체'라고 한다.

물체를 대전시키는 방법(정전기를 발생시키는 방법)은 2가지 방법이 있는데, 첫 번째로 식접방법에는 다른 대선체와 접촉시키거나 마찰시키는 방법이 있고, 두 번째로 간접방법은 정전기유도에 의한 방법 등이 있다. 첫 번째로 직접방법에서 예를 들면, 플라스틱 자나 책받침을 털옷에 문지른 후에(마찰시켜서) 그 플라스틱 자나 책받침을 머리카락에 갖다 대면 머리카락의 원자 내에 있는 자유전자가 플라스틱 자나 책받침 쪽의 원자로 이동을 하는데, 실생활에서 머리카락처럼 가벼운 것들이 달라붙는 것을 보면서 우리는 전기적 성질을 띠고 있음을 알 수 있다. 이때 플라스틱 자나 책받침은 대전체이고, 플라스틱 자나 책받침은 전기가 통하지 않는 부도체이지만 대전되었다고 말한다. 즉, <그림 2-2-4 정전기 발생(마찰전기)> 좌측의 머리카락은 자유전자로 인하여 전자(−)를 잃어서 (+)전하로 대전된 것이고, 우측의 책받침에서는 전자를 얻었으니 "(−)전하로 대전되었다."라고 말한다. "(−)로 대전되었다."라는 말은 "(−)의 전기를 띠게 되었다."라는 말과 같다.

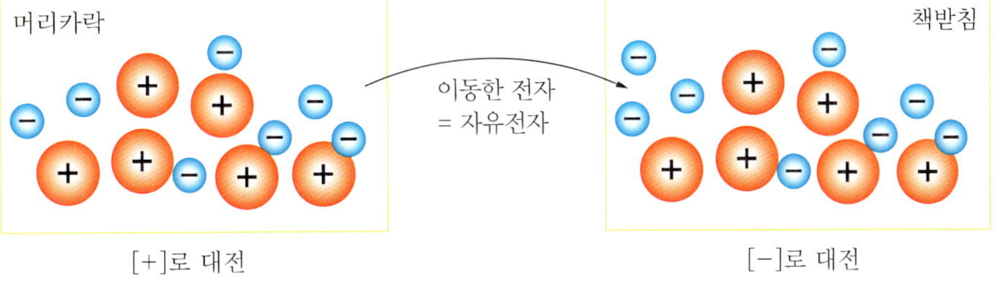

그림 2-2-4 정전기 발생(마찰전기)

② 유도전기

중성상태의 물체(도체)에 대전체 (+)를 가까이 했을 때 전자가 한쪽으로 쏠리면서 전하(전기)를 띠는 현상을 '정전기 유도현상'이라고 한다.

<그림 2-2-5 도체의 정전기 유도현상>의 좌측과 같이 중성상태인 도체 1에 (+)전기를 띠고 있는 대전체 1을 가까이 갖다 대었을 때 도체 1에 속해있던

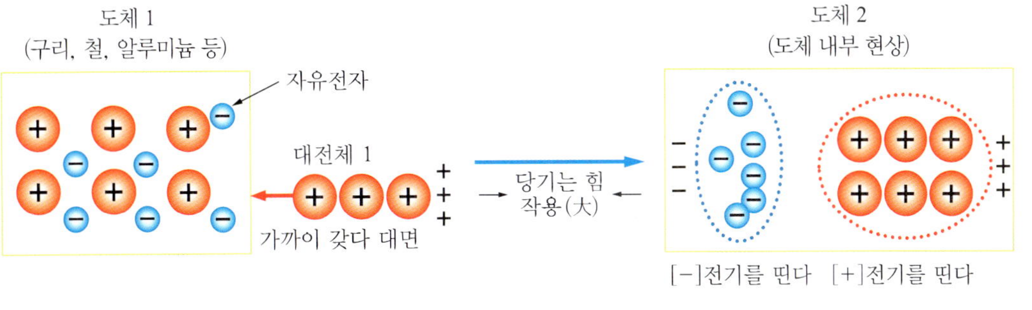

그림 2-2-5 도체의 정전기 유도현상

움직임이 자유로운 (－)전자가 (＋)대전체 쪽으로 도체 2와 같이 (＋)와 (－) 구분이 되어 몰리면서 전하를 띠는 현상을 '정전기 유도현상'이라고 하고, '전기를 띠는 물체로 인하여 전하가 유도되었다.'라고 표현한다. 따라서 정전기 유도현상이 일어날 때는 대전체와 가까운 쪽은 대전체와 다른 전하가 유도되고, 대전체와 먼 쪽은 대전체와 같은 전하가 유도된다. 그리고 정전기 유도현상은 전기가 통하지 않는 부도체(절연체)에서도 일어난다.

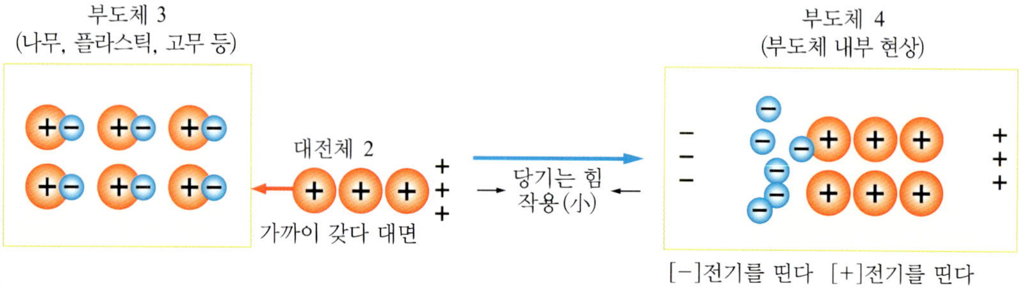

그림 2-2-6 부도체의 정전기 유도현상

<그림 2-2-6 부도체의 정전기 유도현상>과 같이 어떤 부도체(절연체) 3에 (＋)전기를 띠고 있는 대전체 2를 가까이 갖다 대었을 때, 절연체(부도체) 3에 속해 있으면서 (＋)에 의해 움직임이 자유롭지 못한 (－)전자이지만 절연체(부도체) 내에서도 대전체 2에서 끌어당기는 힘에 의해 부도체(절연체) 4와 같이 (＋)의 대전체 2 가까이로 쏠리는 현상이 되면서 전하를 띠는 효과를 나타내는 것이다. 따라서 부도체(절연체)에서도 정전기 유도현상이 일어날 때는 대전체와 가까운 쪽은 대전체와 다른 전하가 유도되고, 대전체와 먼 쪽은 대전체와 같은 전하가 유도된다.

5) 전압과 전류의 개념

① 전압

도체 안에 있는 두 점 사이의 전기적인 위치, 즉 에너지의 차이를 말하며, 전압 = 전위차 = 수압(Potential Difference)에 비유할 수 있다. 쉽게 말해 전기적인 위치, 에너지의 차이는 전기를 띤 입자가 얼마나 많은지를 상대적으로 비교하는 것이라고 생각하면 될 것이다. 그리고 전압의 크기(차이)를 나타내는 단위로 V (볼트)를 사용하고 있다.

② 전류

전기를 띤 입자가 많은 쪽에서 적은 쪽으로 흘러가는 것을 말한다. 즉, (−) 전하를 띤 전자가 도선을 따라 이동하면서 전하를 운반하기 위해 한 방향으로 이동하는 현상을 말한다. 그리고 전류의 세기(양)를 나타내는 단위로 A (암페어)를 사용하고 있다.

전류(전하)는 보이지 않기 때문에 전하의 흐름을 설명하려면 약간의 상상력이 요구되므로, 회로에서 전류의 흐름과 유사성을 가지는 파이프 내 물의 흐름을 유추해서 예를 들어보자. <그림 2-2-7 전압과 전류의 개념 I>과 같이 똑같은 크기의 수조 2개에서 A수조는 100 L 물이 차있고 B수조는 50 L 물이 차이 차있으며, 수조의 아래쪽에 설치된 수도꼭지의 구경은 똑같다고 가정한다면, 수도꼭지를 동시에 열었을 경우에 어느 쪽의 수압이 더 클까? 수위 H_1이 H_2보다 높기 때문에 당연히 A수조의 수압이 더 클 것이다. 여기에서 수위 H_1과 H_2는 전압에 해당된다[실생활에서 110 V 전압에 비해 220 V가 높기(크기) 때문에 정격전압에 맞는 제품을 사용하지 않으면 제품들이 소손되는 이유]. 그리고 A수조의 수도꼭지에서는 초당 100 L/S의 물이 나오고,

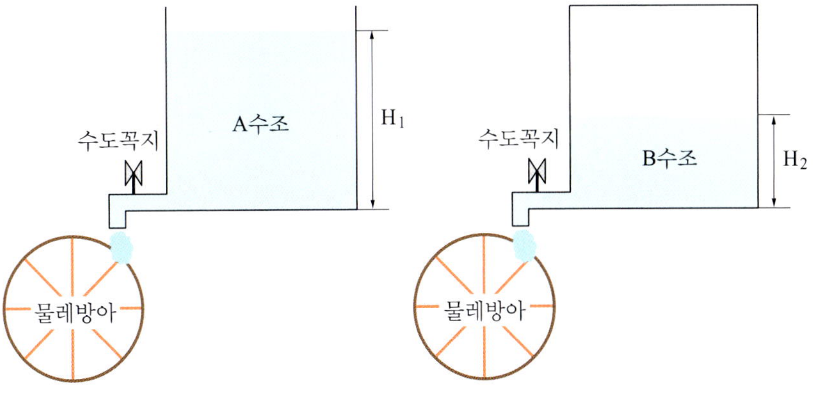

그림 2-2-7 전압과 전류의 개념 I

표 2-2-1 전압과 전류 개념의 차이점

전압[V]	전기에너지의 압력	위치에너지	수압	일을 할 수 있는 잠재력
전류[A]	전기에너지의 흐름	운동에너지	유속(유량)	일을 하고 있는 상태

B수도꼭지에서는 초당 50 L/S의 물이 나와서 물레방아를 돌리려고 한다면, 여기서 수도꼭지에서 나오는 유속(속도)은 전류에 해당된다. 물레방아를 돌리려면 에너지가 필요할 것이고, 그 에너지는 무게(양)와 높이(수압)의 곱에 비례할 것이다. 일반적으로 물의 비중은 4℃에서 최대가 되어 1이라고 하지만 탁수(濁水)의 비중은 1.01, 해수의 비중은 1.025로 온도와 성분에 따라 비중이 달라진다. 따라서, 체적 × 비중 = 중량이 되므로 1 L 물의 무게는 1,000 g = 1 kg, 즉 100 L의 물은 비중이 1,000이기 때문에 무게는 100 kg이라고 생각할 수 있다. 물론 여기서 정확한 에너지량 공식에서는 9.8의 중력가속도계수를 곱해야 되지만 생략하고 수치를 가정해보면, 100 L/s로 나오는 A수도의 에너지는 100 kg × h_1 (물의 속도는 h_1에 비례)에 비례하므로 A수조에서 물레방아를 돌리는 에너지는 100 × h_1 × K이고, A수조에 비해 B수조에서는 절반 정도의 물의 양이 있으므로 물레방아를 돌리는 에너지는 50 × h_2 × K가 될 것이다(K는 상수로서 생략되는 부분들을 표현한 것).

<그림 2-2-8 전압과 전류의 개념 II >와 같이 수조에 물이 가득 차있는 A수조와 B수조가 있다면 그것은 전압이라고 생각하면 될 것이고, 수도꼭지는 콘센트라고 생각한다면, 수조에 가득찬 물을 전압에 비유했으니 그 전압은 콘센트 입구까지의 전압으로서 항상 그 압의 힘으로 수조 곳곳을 밀고 있을 것이다. 수도꼭지를 틀지 않았다면(아직 플러그로 콘센트에 꽂지 않았다면) 흐르는 것이 아니므로 전류는 0이지만 수도꼭지를 틀기만 기다리는 <그림 2-2-8 전압과 전류의 개념 II >의 좌측 A수조라고 생각하면 될 것이다. 이때는 (−)전자들이 여러 방향으로 불규칙하게 움직이고 있지만 누르고 있는 압력과 잠긴 수도꼭지(콘센트) 때문에 흐를 수 있는 기회를 기다리고 있다고 생각하면 된다. 그러므로 우리가 손으로 콘센트 입구를 만지는 것은 0전위의 땅을 디디고 있는 사람이 220 V 전위인 콘센트에 손을 댄 것과 같다. 실수로 수도꼭지가 열려서 온 몸이 물에 흠뻑 젖는 것처럼 0과 100 사이에 전압이

흐를 수 있는 전류가 사람을 통해 흘러 순간적으로 감전 사고가 나는 것이다. 이때 <그림 2-2-8 전압과 전류의 개념 II >의 우측 B수조와 같이 수도꼭지를 틀었다면 수위의 꼭대기에 이르는 수위에 의해 비례한 수압으로 물이 나올 것이며, 전기에 비유하면 플러그를 콘센트에 꽂아서 우리가 사용하고자 하는 기기들로 전류를 흘려보낸다고 생각하면 된다. 그리고 전류의 방향은 전지의 (+)극에서 (−)극으로 흐르고, 전자의 이동방향은 전지의 (−)극에서 (+)극으로 흐르는 서로 반대방향이기 때문에 수도꼭지를 정상적으로 틀었다면 전자들이 (−)극에서 (+)극 방향으로 규칙적으로 움직이며 전류는 흐르게 된다.

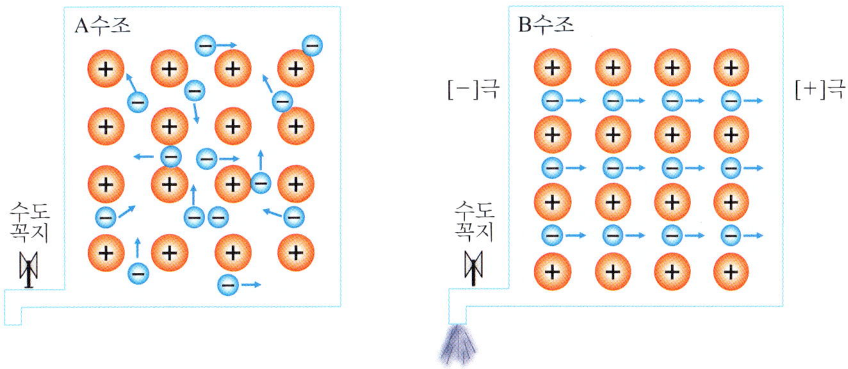

그림 2-2-8 전압과 전류의 개념 II

표 2-2-2 수류시스템과 전기회로시스템의 유사성 대응되는 요소들	
수류시스템	전기회로시스템
물(Water)	전하(전류, Current)
수조(Water Tank)	전압(Voltage)
수도꼭지(Stop Cock)	콘센트(Outlet)
파이프(Pipe)	전선(Cable)
밸브(Valve)	스위치, 플러그(Switch & Plug)

[2] 원자(Atom)

(1) 원자의 개념과 변천과정

세상 만물이 원자로 되어 있다는 것을 인류가 확신하게 된 것은 채 100년이 되지 않는다. 옛날 사람들은 나무를 이루는 기본성분에 대해 나무를 태우고 남은 재와 물이 물질을 이루는 근원이라고 생각했다. 이후 물질에 대해 깊은 관심을 가진 플라톤에 의해 물질은 망치로 계속해서 부수고 분해해도 사라지는 것이 아니라 더 이상 나누어지지 않는 입자가 되는 것이라는 원자(Atom) 개념의 4원소설이 처음 주장되었고 2200년이 지난 1803년에는 존 돌턴(John Dalton)이 근대판 원자설을 주장했다. 이 시기만 해도 원자(Atom)는 그저 단단한 공 모양이라고 생각했지만 뢴트겐과 퀴리가 X-ray와 라듐을 발견하면서 세상은 원자의 전기적인 성질에 주목하게 되었으며, 1904년 음극선 실험 중 원자 속에서 전기적인 성질이 있던 '전자'를 찾아내었던 조셉 존 톰슨의 원자모형은 원자를 보다 직관적으로 나타낼 수 있었기에 과학계에서도 호응이 컸다. 이후 러더퍼드(Rutherford)는 원자모형에는 문제가 있다며 러더퍼드 본인이 실험한 것으로 증명했다.

러더퍼드의 <그림 2-2-9 러더퍼드 알파(α)입자실험>은 외부에는 스크린을 설치해 놓고 가운데는 얇은 금박막(금박지)을 설치하여 한 쪽에서 알파(α)입자를 쏘았을 때 가운데에 설치한 금박막(금박지)에 부딪히게 하는 것인데, 대부분의 알파(α)입자는 금박막을 통과하였지만 그 중에 간혹 튕겨 나오는 알파(α)입자가 있었다. 러더퍼드는

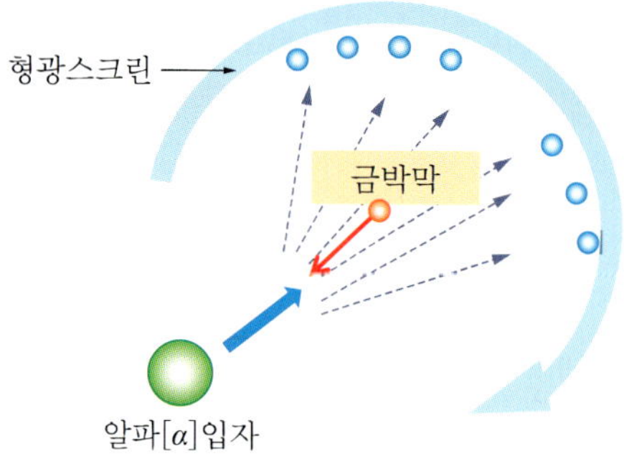

그림 2-2-9 러더퍼드 알파(α)입자실험

이 실험을 통해 원자 내부는 대부분 비어있는 상태(진공)이고 금박막의 중앙 가운데는 단단한 입자가 존재한다는 가설을 주장했지만, 단단한 입자가 원자핵이고 그 원자핵을 둘러싼 공간을 증명하지는 못했다. 그 후 1913년 닐스 보어(Niels Bohr)가 전자는 불연속적으로 존재하며, 상호작용과 관련된 모든 물리적 독립계의 최소단위인 양자(Quantum)처럼 전자궤도에도 최소단위가 있으며, 원자핵 주위를 도는 전자들이 하나가 아닌 여러 개의 궤도를 따른다는 것을 밝힘으로서 러더퍼드 원자핵의 발견을 보

존 돌턴 (John Dalton) 1803년		• 원자모형 : 단단하고 쪼갤 수 없는 속이 찬 단단한 공과 같다고 주장
조셉 존 톰슨 (Joseph John Thomson) 1804년	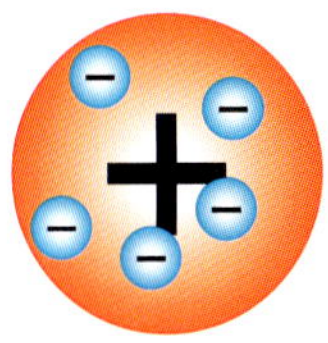	• 원자모형 : 푸딩 모형으로 양전하에 음전하가 박혀서 분포되어 있다는 주장
조셉 존 톰슨 (Joseph John Thomson) 1897년	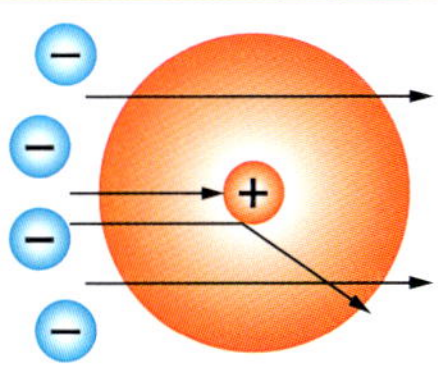	• 원자모형 : 실험을 통해 원자 가운데 있는 양전하를 향해 음전하를 쏘면 양전하를 관통하지 못하고 휘거나 꺾여서 방출된다는 주장
어니스트 러더퍼드 (Ernest Rutherford) 1871~1937년	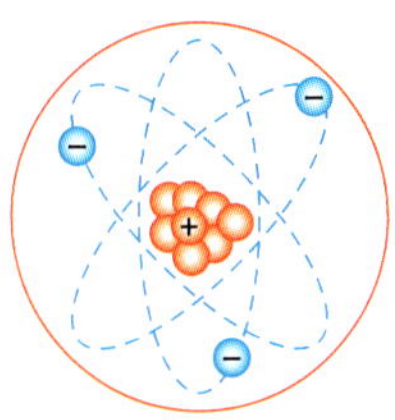	• 원자모형 : 중심에 원자핵이 있고, 그 주위에 전자가 있다고 주장
닐스 보어 (Niels Bohr) 1922년	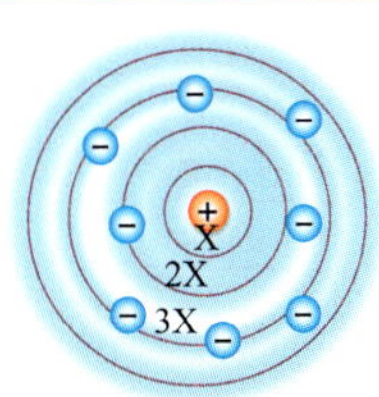	• 원자모형 : 전자가 원자핵 주위의 일정한 궤도를 돌고 있다고 주장

그림 2-2-10 원자모형의 변천

완하여 전자궤도가 일정한 이유를 설명했다. 이로 인해 물리학자 닐스 보어는 오늘날 양자 역학의 발전에도 크게 기여했다.

(2) 원자론과 법칙

① 존 돌턴(John Dalton)

영국의 화학자로서 1803년 <그림 2-2-11 돌턴이 주장한 원자론>과 같이 원자설 제창과 함께 원소기호도 제안했지만, 탄소를 나타내는 낮은 단계의 것이라서 널리 퍼지지는 않았다.

(가) 모든 물질은 더 이상 쪼개지지 않는 원자로 이루어져 있다.	
(나) 같은 종류의 원자는 모두 크기와 질량, 성질 등이 같으며, 다른 종류의 원자는 크기와 질량, 성질 등이 서로 다르다.	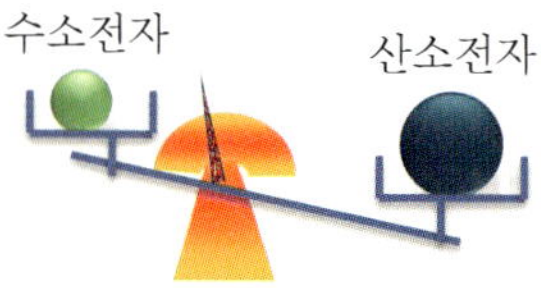
(다) 화학반응 시 원자는 새로 생기거나 소멸되지 않는다.	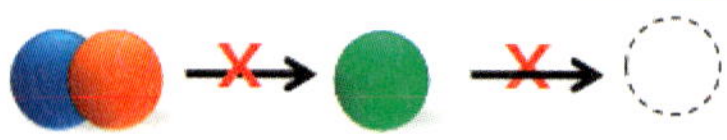
(라) 두 종류 이상의 원자가 일정한 개수비로 결합하여 화합물을 만든다.	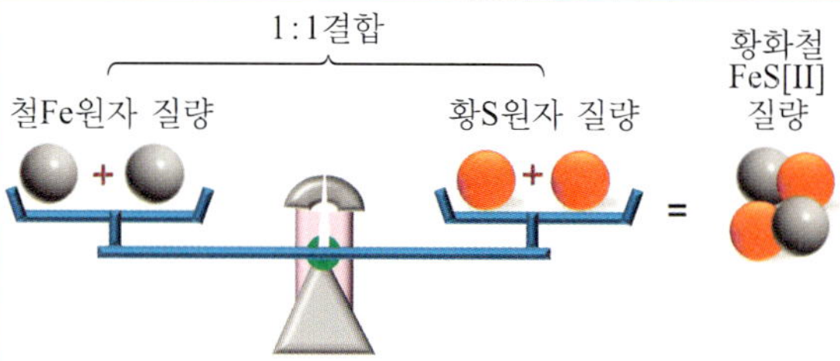

그림 2-2-11 돌턴이 주장한 원자론

② 라부아지에(Lavoisier)의 질량보존의 법칙

'에너지보존의 법칙'이 발견되기 100년 전에 이미 '질량보존의 법칙(the law of conservation of mass)'이 확립되어 있었다. 질량보존의 법칙은 프랑스의 라부아지에(Lavoisier)가 발견했는데 화학반응 전후에 있어서 반응에 참여한 물질의 총 질량과 반응 후 생성된 물질의 총 질량이 같다는 것이다. 라부아지에는 철이 녹스는 과정을 연구하다 이 법칙을 발견했는데, 철이 부식되면 녹이 떨어져 나가 무게가 줄어들 줄 알았는데 측정을 해보니 반대로 철의 무게가 늘어난 것이었다. 정밀조사 결과 그는 철의 부식이 결국은 산소에 의한 철의 산화라는 것을 알게 되었고, 산화되는 과정에서 철에 달라붙은 산소의 무게만큼 철의 무게가 늘어났음을 밝혀내었다. <그림 2-2-12 라부아지에(Lavoisier)의 질량보존의 법칙>의 (A)와 같이 처음 반응에 참여한 물질이 철 10 g, 공기 10 g이었다고 가정한다면 (B)와 같이 반응 후 생성된 물질은 철 12 g, 공기 8 g으로서 물질의 총 질량은 20 g으로 동일하다. 즉, 반응이 일어나기 전 총 질량과 반응이 일어난 후의 총 질량은 일정하며 이것이 질량보존의 법칙이다.

질량보존의 법칙은 물리변화와 화학변화 모두에서 성립되는 법칙으로서, 질량보존의 법칙이 성립하는 이유는 반응이 일어날 때 입자의 종류와 개수는 변하지 않고 입자의 배열만 변하기 때문이다. 즉, 물리변화에서는 분자의 배열이 변하고 분자의 종류와 수는 변하지 않으므로 질량이 보존되는 것이며, 화학변화에서는 원자의 배열이 변할 뿐 원자의 종류와 수는 일정하므로 질량이 보존되는 것이다.

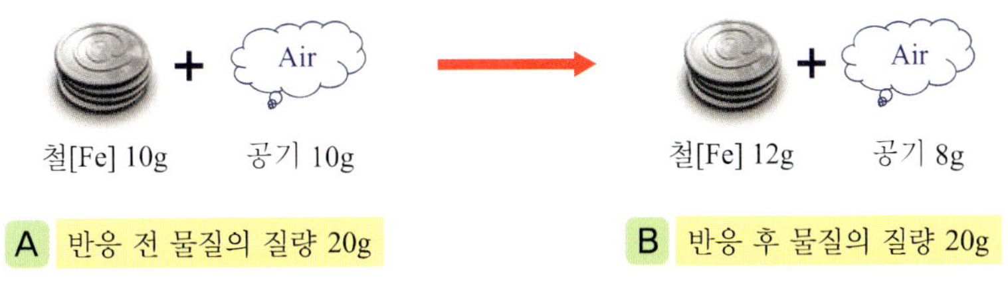

그림 2-2-12 라부아지에(Lavoisier)의 질량보존의 법칙

③ 프루스트(Joseph-Louis Proust)의 일정 성분비법칙

화합물을 구성하는 성분원소의 질량사이에는 간단한 정수비가 성립한다. 즉, 두 종류 이상의 원자가 일정한 개수비로 결합하므로 일정한 질량비가 성립한다는 말이다. 예를 들면, <그림 2-2-13 프루스트의 일정 성분비법칙>과 같이 물(H_2O)은 수소 2분자(질량비는 11.2%)와 산소 1분자(질량비는 88.8%)가 결합하며 이 결합 비율은 물이 얼음이나 수증기 어느 상태로 있더라도 변함이 없다. 뿐만 아니라 물질의 상태와도 무관하므로 바닷물의 물이든, 지하수이든 마찬가지이다. 다른 예로, 설탕($C_{12}H_{22}O_{11}$)은 탄소 42.10%, 수소 6.48%, 산소 51.42%의 질량비로 구성되어 있다고 가정하면, 설당의 이러한 질량 비율은 설탕 원료였던 사탕수수의 품종과 생산지가 다르더라도 마찬가지라는 말이다.

또 다른 예를 들어, <그림 2-2-13 프루스트의 일정 성분비법칙>과 같이 물(H_2O)은 수소(H)원자 2개와 산소(O)원자 1개로 결합하고 있는데 물의 양이 많고 적음에 상관없이 물을 구성하는 수소와 산소의 개수비는 항상 2 : 1 이다. 그러나 이때는 수소와 산소 원자의 질량이 같지 않으므로 개수비와 질량비는 다르다는 것을 잊으면 안 된다. 수소(H)와 산소(O) 원자의 질량비는 1 : 16이므로 물(H_2O)을 구성하는 수소원자와 산소원자의 질량비는 $2 \times 1 : 1 \times 16 = 1 : 8$이 된다.

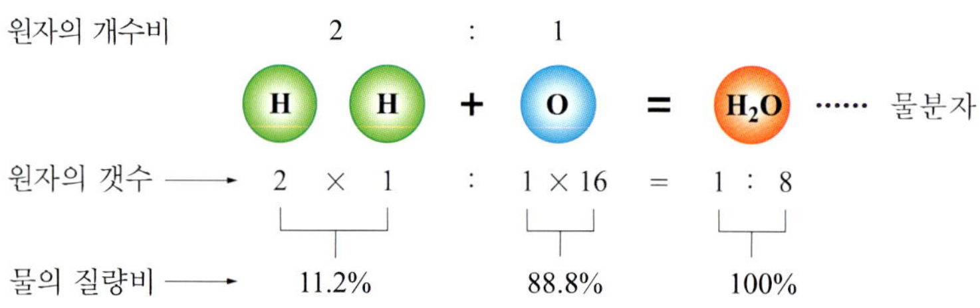

그림 2-2-13 프루스트의 일정 성분비법칙

(3) 보어(Niels Bohr)의 원자모형과 전자배치

① 보어의 원자모형

<그림 2-2-14 보어의 원자모형과 전자배치>의 우측과 같이 원자중심에는 원자핵이 있고, 원자핵 주변에는 전자가 위치할 수 있는 전자껍질이 존재한다는 모형이다.

② 보어의 원자모형 특징

전자는 특정한 에너지 준위의 원형궤도를 따라 원운동을 한다.

③ 전자껍질

전자가 원자핵으로부터 일정한 거리에서 원운동을 하는 구면궤도를 말한다.

④ 전자를 배치하는 순서

<그림 2-2-14 보어의 원자모형과 전자배치>와 같이 원자핵과 가장 가까이에 있는 구면궤도인 전자껍질의 첫 번째 껍질을 "K", 두 번째 껍질을 "L", 세 번째 껍질을 "M", 네 번째 껍질을 "N" … 이렇게 하여 원자핵에서 멀어지는 전자껍질일수록 에너지 준위는 커진다. 보어의 원자모형을 이용하여 전자를 배치할 때는 에너지 준위가 가장 낮은(원자핵과 가장 가까운) 구면궤도인 전자껍질을 만들고(그리고) 난 후에 "K"부터 차례로 전자를 채우면 되는데 각 껍질마다 채울 수 있는 전자의 수는 원자번호 20 이하에서는 K껍질에는 2개, L과 M껍질에는 각 8개를 넣고, N껍질에는 나머지를 넣어주면 되는데, 채우고 난 나머지가 1개나 2개가 남을 경우는 전자껍질을 하나 더 만들어 전자를 채워주면 된다.

예를 들어, Na (나트륨)의 경우를 <그림 2-1-15 보어의 원자모형을 이용한 전자수의 배치>의 [B]에서 보면 나트륨(Na)의 원자가가 11이므로 K껍질에2개, L껍질에 8개를 채우고, 세 번째 전자껍질을 만들어서 남은 전자 1개를

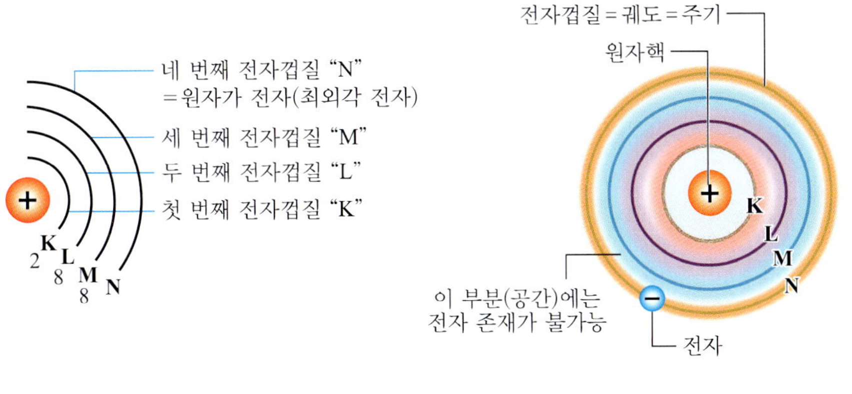

그림 2-2-14 보어의 원자모형과 전자배치

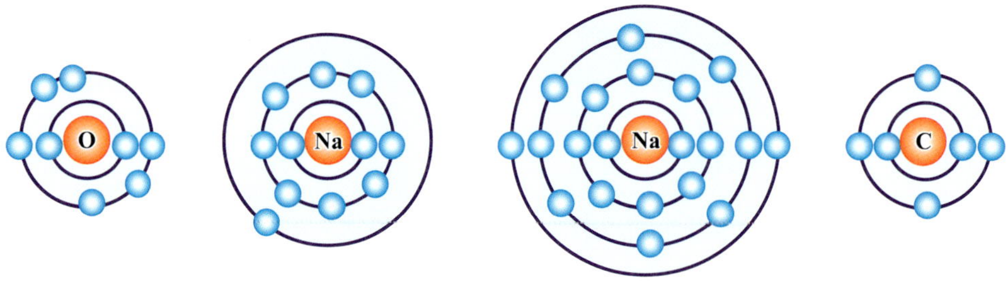

그림 2-2-15 보어의 원자모형를 이용한 전자수의 배치

채우면 되는데, 세 번째 전자껍질은 M껍질에 해당된다. 전자껍질을 만들 때 미리 전자껍질을 만들어 놓으면 안 된다. C (탄소)의 원자가는 6이므로 K껍질에는 2개, L껍질에는 남아있는 4개를 채우면 되는 것이다.

전자는 아무 궤도에서나 존재하는 게 아니라 특정한 궤도에서만 존재할 수 있으므로 전자가 존재할 수 있는 궤도는 불연속적이다. 이 특정한 궤도를 '양자수'라고 하는데 양자수는 자연수이므로 따라서 양자수도 불연속적이고, 양자수에 따라 결정되는 이 특정 궤도를 도는 전자가 가지고 있는 에너지도 당연히 불연속적인 값이다. 즉, 여기서의 물리량들을 해석할 때 양자수의 정수배를 기준으로 해석한다는 것이다. 이를 '양자화(quantization)'라고 한다. 즉, 전자의 궤도는 '불연속적'이고 '양자화' 되어 있으므로 전자의 에너지도 '양자화' 되어있다. 따라서 그냥 불연속적이면 양자화 되는 것으로 생각하면 될 것이다.

(4) 에너지 준위(Energy Level)변화의 이해

에너지 준위는 원자 및 분자가 갖는 '에너지의 값'으로서 일반적으로 전자가 갖는 에너지로 알면 된다. 앞서 특정 궤도를 도는 전자가 가질 수 있는 에너지가 있다고 말했고, 이 에너지의 값은 '양자화' 되어있다, 즉 '불연속적'이라는 말을 했었다. 따라서 에너지 준위(에너지의 값)는 '불연속적'이다.

여기서 전자가 다른 궤도로 옮겨가는 '전이'를 하려면 특정한 궤도에서 돌만한 에너지를 갖도록 딱 알맞은 양의 에너지를 방출하거나 흡수해야만 한다. 그 외의 에너지를 흡수하거나 방출할 수는 없는 이유는 전자는 특정한 궤도에서만 존재하고 거기서의 특정한 에너지가 있기 때문이다. 즉, <그림 2-2-16 전이할 수 있는 궤도의 명칭>에서 참고하자면 세 번째 전자껍질인 n=3 전자를 네 번째 전자껍질인 n=4 궤도로 전이시키고 싶다면 n=3에서의 에너지와 n=4에서의 에너지의 차이만큼의 에너지를 방출시키거나 흡수시켜야 한다. 여기서 '에너지를 잃는다'는 말은 '에너지를 방출한다'는 말이고, '원자핵에 빨려 들어간다'는 말은 '원자핵에 가까워진다'는 뜻이므로 이것을 보어 원자 모형에 적용해서 이해하기 쉽게 해석하자면 <그림 2-2-17 에너지 준위(레벨)변화에 따른 전자의 이동>의 B궤도의 전이와 같이 전자가 전이할 때 양자수가 높은 곳에서 낮은 곳으로 전이하는 것은 원자핵에 가까워지는 것이므로 에너지를 방출한다는 뜻이고, <그림 2-2-17 에너지 준위(레벨)변화에 따른 전자의 이동>의 A궤도의 전이와 같이 양자수가 낮은 곳에서 높은 곳으로 전이하는 것은 원자핵에서 멀어

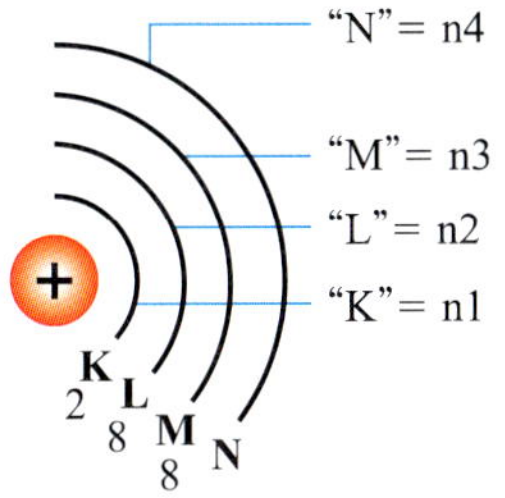

그림 2-2-16 전이할 수 있는 궤도의 명칭

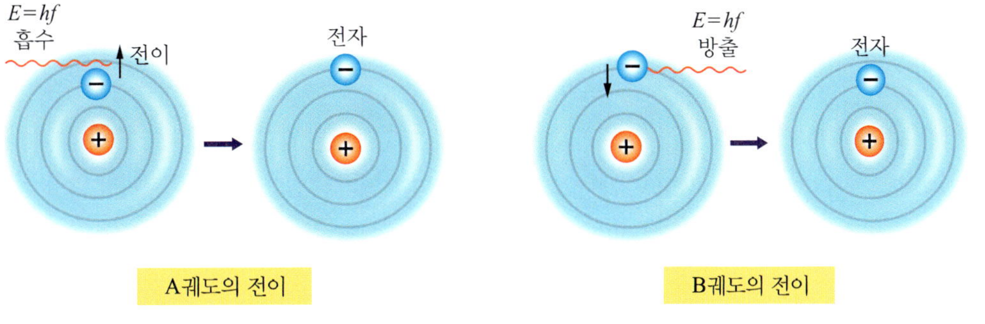

그림 2-2-17 에너지 준위(레벨)변화에 따른 전자의 이동

지는 것이므로 에너지를 흡수한다는 뜻이다. 조금 더 쉽게 해석을 하자면, 에너지 흡수와 방출에 따른 에너지 준위(레벨)변화는 <그림 2-2-17 에너지 준위(레벨)변화에 따른 전자의 이동>에서 보는 것과 같이 A궤도의 전이에서는 Energy 흡수에는 원자핵(+) 주변을 돌고 있던 전자(−)가 $E=hf$ 를 흡수해서 이동하려는 힘이 커져서 다음 궤도로 수월하게 이동하는 것이다. 원자 속의 전자들은 빈 공간에 무실서하게 마구 생겨나서 아무 곳에나 있는 것이 아니라 정해진 궤도에만 존재하며 가속운동을 하게 되면서 전자기파를 방출하는데, 계속 방출하는 것이 아니라 특별한 에너지를 가질 때(다음 궤도로 전이될 때) $E=hf$ 의 흡수 및 $E=hf$ 의 방출을 통해 궤도를 이동을 한다는 것이다.

① 전자는 에너지를 흡수하여 에너지 준위가 높은 곳으로 전이한다.
② 전자는 에너지를 방출하여 에너지 준위가 낮은 곳으로 전이한다.

2-3 화학반응 변화

[1] 화합물질과 반응성

(1) 화합물질

1) 원소의 개념

지구상에 있는 모든 물체(지구 밖에 있는 물체들도)들은 모두 하나 또는 그 이상의 원소로 이루어져 있다. 원소는 철, 산소, 금과 같이 동일한 원자로 이루어진 물질이다. 즉, <그림 2-3-1 원소의 개념>에서와 같이 '빵'이라는 물체는 "밀가루"라는 아주 미세한 알갱이의 물질로 이루어져 있으며, 밀가루라는 아주 미세한 알갱이의 물질은 탄소, 수소, 산소라는 분해되지 않고(나누어지지 않고) 눈에 보이지도 않는 물질의 기본 성분인 원소로 이루어져 있다.

그림 2-3-1 원소의 개념

2) 원소의 특징

종류에 따라 원소의 성질이 다르며, 현재까지 알려진 원소는 118여 종으로서 그 중 자연계에서 나온 원소가 92종이며, 나머지는 인공적으로 만들어진 원소들이다.

3) 원소기호의 정의

원소를 간단하게 나타내기 위해 정한(약속한) 기호를 말한다.

4) 원소기호의 변천

고대 이집트인들은 일곱 가지 금속 원소를 일곱 가지 별에 비유하여 기호로 사용하였고, 고대 원소기호들은 중세 연금술에 이르기까지 오랫동안 쓰이면서 <그림 2-3-2 원소기호의 변천>과 같이 변화해왔다. 그러나 18세기 말부터 새로 발견되는 원소의 수가 많아져 일일이 그림으로 나타내는 것이 불편해지면서 19세기 초 영국의 화학자 돌턴(John Dalton)이 연금술사들이 사용한 기호를 발전시켜 통일된 새로운 기호를 제시하였으나 널리 보급은 되지 않았다.

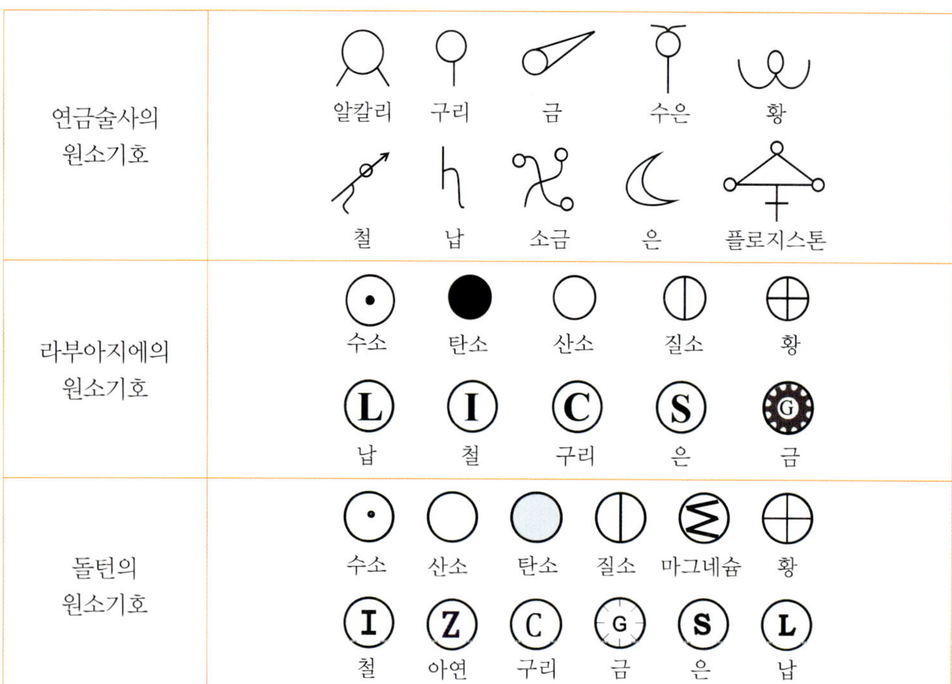

그림 2-3-2 원소기호의 변천

그 후, 스웨덴의 화학자 베르셀리우스는 원소기호를 원소 이름의 첫 글자로 나타내는 방법을 고안하여 국제적으로 인정받아 현재까지 널리 쓰이고 있다. 그리고 최근에 알려진 원소의 이름은 독일어나 영어에서 따온 문자를 세계 공통으로 사용하고 있다.

(2) 주기율표(Periodic Table)의 개념

원소를 원자번호와 화학적 성질에 따라 배열한 표를 주기율표(週期律表)라고 한다. 원소를 일정한 주기에 따라 배열함으로써 원소 간 유사성의 규칙을 찾아내고 이를 통해 미발견 원소의 가능성과 성질도 추정할 수 있도록 한 도표로서, 19세기 후반 러시아의 드미트리 멘델레예프가 원자량 기반의 주기율표를 고안했고, 20세기 초 영국의 헨리 모즐리가 양성자 수에 따라 화학적 성질이 달라짐을 발견, 주기율표에 반영하여 현대의 주기율표를 제안했다.

(3) 주기율표의 행과 열의 배열

주기율표는 주기를 기준으로 원소를 원자번호 순으로 배열한 것으로서 배열 가운데 화학적 성질이 비슷한 원소들을 세로로 나란히 배열되어 있다. 주기율표의 1～18까지의 세로행을 '족'이라고 하고, 1～7까지의 가로행을 '주기'라고 한다. 그리고 <그림 2-3-3 현대의 주기율표와 색표시 의미>와 같이 가로로 된 구분에서 주로 1족과 2족이 있는 왼쪽에는 대부분 금속 원소가 배열되어 있으며, 오른쪽에는 비금속 원소, 금속원소, 비금속과 금속의 중간 성질의 원소들인 반금속들이 배열되어 있다.

일반적으로 주기율표는 <그림 2-3-3 현대의 주기율표와 색표시 의미>와 같이 색깔로 표시되어 있는데, 이 색깔에도 의미가 있다. 빨간색 글씨로 된 원소(H, He, Ne, Ar, Kr, Xe, Rn)는 상온에서 기체이고, 파란색 글씨로 된 원소(Br, Hg)는 상온에서 액체이며, 나머지 검정색 글씨로 된 원소는 상온에서 고체임을 뜻한다.

<그림 2-3-3 현대의 주기율표와 색표시 의미>에서 같은 족의 원소들은 최외각 전자의 수가 같거나 화학적 성질이 비슷하므로 어떤 원소의 주기가 같으면 그 원소의 성질을 추정할 수 있다. 이렇게 주기율이 나타나는 까닭은 원자들의 최외각 전자의 수가 주기적으로 변하기 때문이다. 즉, 그 주기적인 변화를 표로 정리한 것이 주기율

	주족금속원소	전이금속원소	내부전이금속원소	준금속	비금속

주기	알칼리금속 IA (1)	알칼리금속 IIA (2)	희토류 IIIB (3)	타이타늄족 (티탄족) IVB (4)	바나듐족 VB (5)	크로뮴족 VIB (6)	망가니즈족 VIIB (7)	철족, 백금족 VIIIB (8)	(9)	(10)	구리족 IB (11)	아연족 IIB (12)	붕산족 IIIA (13)	탄소족 IVA (14)	질소족 VA (15)	산소족 VIA (16)	할로겐족 VIIA (17)	비활성기체 VIIIA (18)
1	1 **H** 1.008																	2 **He** 4.003
2	3 **Li** 6.941	4 **Be** 9.012											5 **B** 10.81	6 **C** 12.01	7 **N** 14.01	8 **O** 16.00	9 **F** 19.00	10 **Ne** 20.18
3	11 **Na** 22.99	12 **Mg** 24.31											13 **Al** 26.98	14 **Si** 28.09	15 **P** 30.97	16 **S** 32.07	17 **Cl** 35.45	18 **Ar** 39.95
4	19 **K** 39.10	20 **Ca** 40.08	21 **Sc** 44.96	22 **Ti** 47.88	23 **V** 50.94	24 **Cr** 52.00	25 **Mn** 54.94	26 **Fe** 55.85	27 **Co** 58.93	28 **Ni** 58.69	29 **Cu** 63.55	30 **Zn** 65.39	31 **Ga** 69.72	32 **Ge** 72.61	33 **As** 74.92	34 **Se** 78.96	35 **Br** 79.90	36 **Kr** 83.80
5	37 **Rb** 85.47	38 **Sr** 87.62	39 **Y** 88.91	40 **Zr** 91.22	41 **Nb** 92.91	42 **Mo** 95.94	43 **Tc** (98)	44 **Ru** 101.1	45 **Rh** 102.9	46 **Pd** 106.4	47 **Ag** 107.9	48 **Cd** 112.4	49 **In** 114.8	50 **Sn** 118.7	51 **Sb** 121.8	52 **Te** 127.6	53 **I** 126.9	54 **Xe** 131.3
6	55 **Cs** 132.9	56 **Ba** 137.3	57 **La** 138.9	72 **Hf** 178.5	73 **Ta** 180.9	74 **W** 183.9	75 **Re** 186.2	76 **Os** 190.2	77 **Ir** 192.2	78 **Pt** 195.1	79 **Au** 197.0	80 **Hg** 200.6	81 **Tl** 204.4	82 **Pb** 207.2	83 **Bi** 209.0	84 **Po** (209)	85 **At** (210)	86 **Rn** (222)
7	87 **Fr** (223)	88 **Ra** (226)	89 **Ac** (227)	104 **Rf** (261)	105 **Db** (262)	106 **Sg** (266)	107 **Bh** (262)	108 **Hs** (265)	109 **Mt** (266)	110 **Ds** (269)	111 **Rg** (272)	112 **Cn** (285)	113 **Nh** (286)	114 **Fl** (289)	115 **Mc** (290)	116 **Lv** (293)	117 **Ts** (294)	118 **Og** (294)

내부전이원소

6	란타넘계열 원소	58 **Ce** 140.1	59 **Pr** 140.9	60 **Nd** 144.2	61 **Pm** (145)	62 **Sm** 150.4	63 **Eu** 152.0	64 **Gd** 157.3	65 **Tb** 158.9	66 **Dy** 162.5	67 **Ho** 164.9	68 **Er** 167.3	69 **Tm** 168.9	70 **Yb** 173.0	71 **Lu** 175.0
7	악티늄계열 원소	90 **Th** 232.0	91 **Pa** (231)	92 **U** 238.0	93 **Np** (237)	94 **Pu** (244)	95 **Am** (243)	96 **Cm** (247)	97 **Bk** (247)	98 **Cf** (251)	99 **Es** (252)	100 **Fm** (257)	101 **Md** (258)	102 **No** (259)	103 **Lr** (266)

그림 2-3-3 현대의 주기율표와 색표시 의미

표이기 때문에 주기율표 가운데 같은 족에 속하는 원소는 서로 비슷한 성질을 가지며 유사한 성질의 화합물을 만드는 것이다. 그래서 각 족을 묶어서 특징이 있는 명칭으로 부르기도 한다.

원소의 정확한 원자량이 그 원소의 주기율표상의 위치에 그리 중요하지 않은 이유는 각 원소의 동위원소(원자번호는 같으나 원자량이 다른 원자들)가 존재하기 때문이며, 한 원소의 동위원소들의 화학적 성질은 본질적으로 같기 때문에 원자량이 다르더라도 주기율표에서 같은 위치를 차지한다.

(4) 주기율표의 원소기호(Elementary Symbol) 표기

오래 전에 발견된 원소는 그리스어와 라틴어로 된 원소기호를 사용하였으며, 19 세기 초 영국의 화학자 돌턴이 <그림 2-3-2 원소기호의 변천>과 같이 새로운 기호를 제시하였으나 18세기 말부터 새로 발견되는 원소의 수가 많아지면서 1813년 스웨덴의 화학자이자 과학자인 베르셀리우스(Berzelius, J. J. 1779~1848)는 영어 알파벳을 이용한 원소기호 표기를 제안하여 현재의 원소기호 규칙이 정해졌다. 베르셀리우스는 원소의 영어나 라틴어 이름의 첫 글자를 대문자를 써서 원소기호로 나타내었는데, 수소의 경우는 영어로 'Hydrogen'이므로 'H' 하나의 글자로만 수소의 원소기호가 되었으며, 원소들의 첫 글자가 같은 원소들은 첫 글자와 중간 글자를 하나 선택하여 첫 글자의 다음에 소문자로 덧붙여 구별하였다. 예를 들어, <그림 2-3-4 현재 사용되는 원소기호 표기법>에서와 같이 수소 'Hydrogen'은 'H'로 표기한 반면에 헬륨 'Helium'은 'He'로 표기하였다. 탄소 'Carbon', 염소 'Chlorine', 칼슘 'Calcium'은 모두 첫 글자가 'C'로 같은 글자이므로 이 경우에는 원자번호, 즉 원자의 개수가 적은 또는 가벼운 원자질량 6의 탄소 'Carbon'을 'C'로, 상대적으로 무거운 질량을 가진 원자번호 17의 염소 'Chlorine'을 'Cl', 그리고 원자번호 20의 칼슘 'Calcium'을 'Ca'로 구별하였다. 최근에 발견된 원소들은 대부분 영어의 알파벳 이름에서 따온 기호를 사용하는데 원소기호를 쓸 때는 대부분 원소 이름의 첫 글자를 대문자로, 그 다음의 글자는 소문자를 써서 나타내고 있다.

베르셀리우스가 생각해 낸 원소기호 표기법은 국제적으로 인정받아 현재 널리 사용되고 있지만, 최근에 알려진 원소 이름들은 간혹 지명이나 인명, 행성이름 등을 따서 독

일어나 영어에서 따온 문자를 세계 공통으로 사용하는 원소기호도 있는데, 현재 사용 중인 원소기호와 첫 글자가 같을 경우에는 나중에 발견된 원소들은 중간 글자를 택하여 첫 글자 뒤에 소문자로 나타내기도 한다. 예를 들어, 지명 저마늄(Ge = 게르마늄 ; 독일), 지명 스트론튬(Sr = Sulphurium), 인명 퀴륨(Cm = Marie Curie), 인명 플루토늄(Pu = Plutonium), 인명 아인슈타이늄(Es = Einsteinium), 행성 우라늄(U = Uranus, 천왕성) 등이 있다.

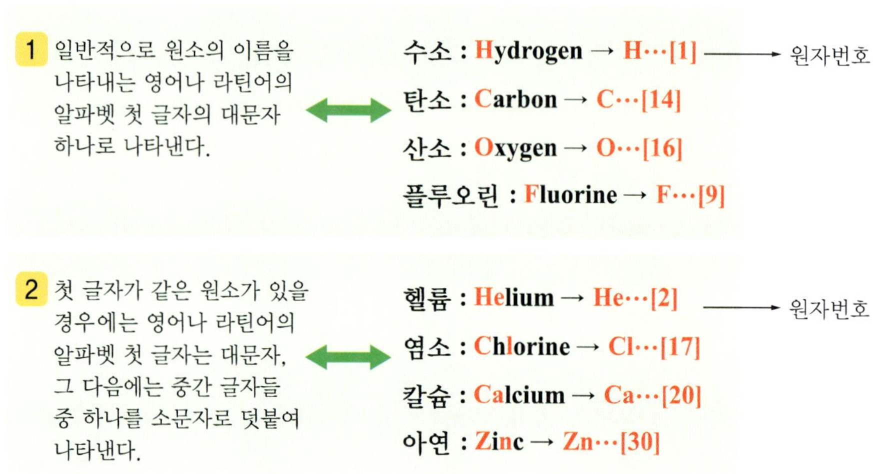

그림 2-3-4 현재 사용되는 원소기호 표기법

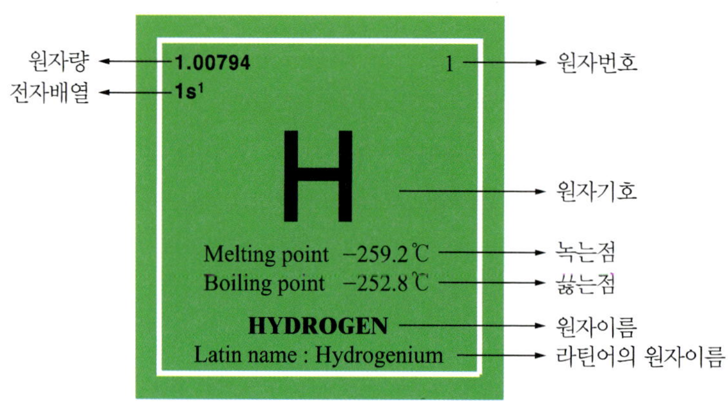

그림 2-3-5 Hydrogen 원소의 특성 표기

화학 원소가 현대 사회를 만들었다고 해도 과언이 아니다. 인류는 화학 원소를 찾아내고 주기율표를 만들어 가면서, 고온에 견딜 수 있는 로켓과 발전기에 들어가는 영구 자석을 만들 수 있었고 초고층 건물을 세울 수 있었으며, 질병을 퇴치할 수 있는 화합물을 만들었다. 하지만 오늘날 우리가 당연하게 생각하고 사용하는 주기율표가 다 채워진 것은 오래되지 않았다.

주기율표의 시작은 아이작 뉴턴이 살던 1718년이었는데 그때는 과학적 방법론의 초기 시절이었고, 화학에 대한 지식 또한 아주 불완전한 시기였기 때문에 당시 인류는 철(Fe), 구리(Cu), 금(Au), 은(Ag), 납(Pb) 같은 원소는 알고 있었지만 오늘날과 비교했을 때 주기율표는 겨우 11%만이 채워져 있었다. 그 후 18세기 후반부터 19세기 초반까지 과학자들은 새로운 원소를 발견하는 데는 패턴이 있음을 알아내었고, 그리하여 1788～1825년 동안 주기율표는 26개 원소에서 53개 원소로 두 배 이상 늘었으며, 새로 구성원이 된 원소는 리튬(Li), 칼슘(Ca), 티타늄(Ti), 바나듐(V), 텅스텐(W), 팔라듐(Pd), 실리콘(Si = Silicon ; 규소), 나이오븀(Nb), 우라늄(U) 등이었다. 19세기 프랑스 지질학자 샹쿠르투아(Alexandre-Émile Béguyer de Chancourtois)가 처음으로 원소에 주기성이 있음을 발견하여 1862년 초기 형태의 주기율표를 만들었으며, 1869년 러시아의 화학자 드미트리 멘델레예프(Mendeleev)가 원자량을 기준으로 한 주기율표를 만들어 지금과는 약간 다르지만 오늘날 사용하는 것과 많이 비슷해졌으며, 1913년 모즐리에 의해 양성자수(원자번호) 순서로 배열한 <그림 2-3-3 현대의 주기율표와 색표시 의미>와 같은 주기율표가 완성되었다. <그림 2-3-3 현대의 주기율표와 색표시 의미>에서 란타넘족 원소와 악티늄족 원소를 별도로 작성한 이유는 원자번호 순대로 삽입하게 되면 원소 주기율표의 가로가 늘어나기 때문에 이를 막기 위한 것으로서 실제로는 56번 바륨(Ba) 원소 바로 옆에는 란타넘족 원소인 57번 란타넘(La) 원소부터 71번 루테늄(Lu) 원소가 위치하는 것이며, 88번 라듐(Ra) 원소 바로 옆에는 악티늄족 원소인 89번 악티늄(Ac) 원소부터 103번 로렌슘(Lr) 원소가 위치한다.

[2] 화학반응식

(1) 화학결합의 성질

주기율표에 있는 원소는 120여개이지만 자연계에는 무수히 많은 종류의 화합물이 존재하며, 지금 이 순간에도 새로운 화합물이 계속 합성되고 있다. 화합물을 형성하는 화학결합의 종류에는 전자의 이동에 의해 이루어지는 '이온결합', 원자들 사이에 전자를 공유하여 이루어지는 '공유결합', 금속 물질의 원자들이 서로 잡아당겨 금속결정을 이루는 '금속결합' 등이 있다.

(2) 화학결합의 종류

1) 금속결합

금속물질의 원자들이 서로 잡아당겨 규칙적으로 배열된 상태로 금속결정을 이루는, 즉 금속과 금속의 화학결합을 말하는 것으로서 <그림 2-3-6 금속결합과 금속결정의 성질>의 [A]와 같은 금속결정을 이루는 고체는 조밀하게 배열된 원자들로 구성되어 있다. 금속원자의 최외각전자껍질은 대부분 많은 이웃 원자들과 겹치기 때문에 최외각전자(원자가전자)를 쉽게 내어주는 경향이 있어서 전자를 내놓고 원소자신은 양이온이 되고, 이때 내놓아진 전자는 금속 양이온 사이를 자유롭게 이동하므로 '자유전자'라고 한다. 금속 결합은 옥텟 규칙을 만족하는 결합이라기보다 양이온과 자유전자의 인력으로 결합이 형성되는 것이기 때문에 자유전자가 금속 표면에 대량으로 존재하여 금속 물질이 전기가 매우 잘 통하는 것이다. 즉, 금속의 특성인 최외각전자(원자가전자)의 자유전자라는 독특한 성질로 말미암아 금속은 높은 전기전도도를 갖게 되는 것이다. 공유결합 결정에서는 열을 가해서 전달할 수 있는 전도대가 생겨야만 최외각전자(원자가전자)가 움직이지만, 금속의 최외각전자(원자가전자)는 열을 가하지 않아도 전기장을 걸어주면 움직일 수 있다. 그리고 금속의 전성(Malleable, 펴지는 성질)과 연성(Duetile, 늘어나는 성질)은 금속이 자유전자를 가질 뿐만 아니라 금속이온 사이의 결합력에 방향성이 없음으로 인해서 생기는 성질이다. 따라서 금속을 두드리거나 잡아 늘여도 쪼개지지 않는 이유는 <그림 2-3-6 금속결합과 금속결정의 성질>의

[B]와 같은 결정면에 있는 이온들이 매우 쉽게 서로 위치를 바꿀 수 있기 때문이다. 또한 같은 전하를 가진 이온이 서로 가까이 오게 되면 강한 반발력이 생겨서 금속 결정이 쪼개질 수 있는데, 금속의 원자가전자들이 이와 같은 이온들 사이에서 완충작용을 하여 금속이 쪼개지지 않게 한다. 대부분의 금속은 녹는점이 높아 상온에서 고체상태로 존재하지만 수은(Hg)과 함께 상온에서 유일하게 액체상태로 존재하는 금속이다.

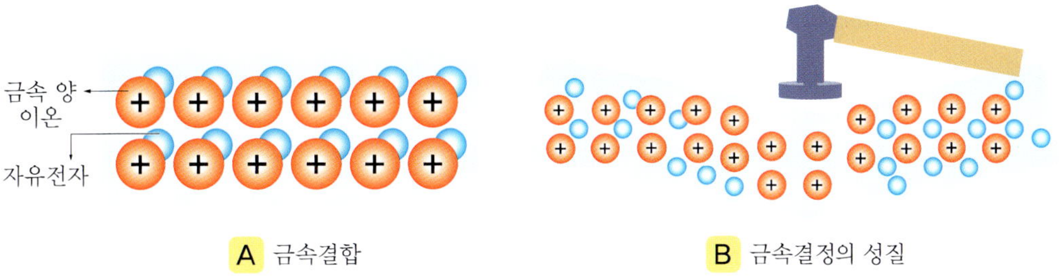

그림 2-3-6 금속결합과 금속결정의 성질

2) 공유결합

비금속 원소 사이에 원자들이 전자쌍을 공유하면서 이루어지는 비금속과 비금속의 화학결합을 뜻하며, 결합하여 독립적으로 분자를 이루는 형태를 말한다. 예를 들어, 염소(Cl) 원자가 자연계에 홀로 존재하는 경우는 거의 없다. 염소(Cl) 기체가 순수한 상태로 존재하더라도 염소(Cl) 원자는 다른 염소 원자와 짝을 이루고 있다. 염소(Cl) 원자는 가장 바깥 전자껍질에 7개의 전자가 들어 있기 때문에 전자 한 개를 더 채워야 안정한 상태로 되므로 염소(Cl) 원자는 수소(H), 산소(O), 질소(N) 원자와 같이 항상 동일 염소(Cl) 원자와 결합함으로써 1전자쌍을 공유하여 안정한 상태로 되려고 하는 것이다. 즉, 두 염소(Cl) 원자가 전자를 각각 1개를 내어 놓아 그것을 공유하여 염소 분자를 이루고 있는 것이다. 공유결합 화합물로는 물(H_2O), 암모니아(NH_3), 메테인(CH_4), 이산화탄소(CO_2), 에탄올(C_2H_5OH), 포도당($C_6H_{12}O_6$) 등이 있으며, 이 모두는 <그림 2-3-7 메테인(메탄 ; CH_4)의 공유결합>과 같이 공유결합으로 이루어진 새로운 화합물이며, 녹말, 단백질, DNA 등과 같은 고분자 물질도 공유결합으로 이루어진 화합물이다. 예를 들어, CH_4 (메테인 = 메탄)의 경우 수소(H)와 탄소(C) 원자로 구성되어 수소(H) 원자는 전자 1개를 내놓고, 탄소(C) 원자는 전자 4개를 내놓으면서 4군데에서 수소 원자와 전자를 공유하면서 결합한다.

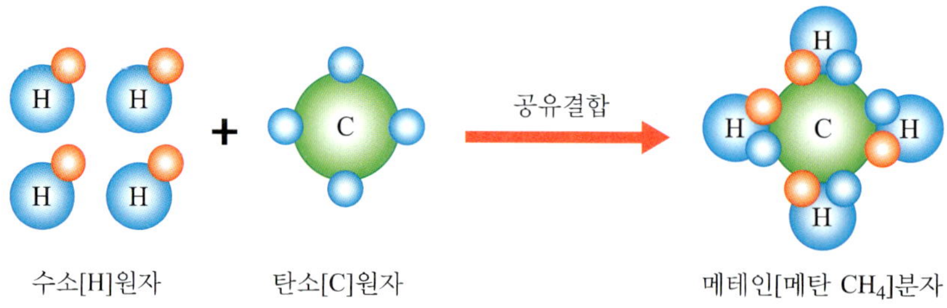

그림 2-3-7 메테인(메탄 ; CH_4)의 공유결합

공유결합에서는 주로 화학결합을 나타내기 위하여 '루이스 전자점식'을 이용하는데, 원자들의 원자가 전자를 점으로 나타내는 방법 <그림 2-3-7 메테인(메탄 ; CH_4)의 공유결합>과 같다. 원자의 최외각 전자껍질에 존재하는 원자가 전자 중에서 쌍을 이루지 않은 전자를 '홀전자'라고 하는데, 원자들이 공유결합을 할 때에는 홀전자들이 전자쌍을 이루어 '공유 전자쌍'을 만든다. 전자가 쌍을 이루고 있으나 공유결합에 참여하지 않은 전자쌍을 '비공유 전자쌍'이라고 한다. 그리고 공유결합 분자의 전자 배치를 간편하게 나타낸 것이 <그림 2-3-8 루이스의 전자점식>이며, 원자의 전자 중에

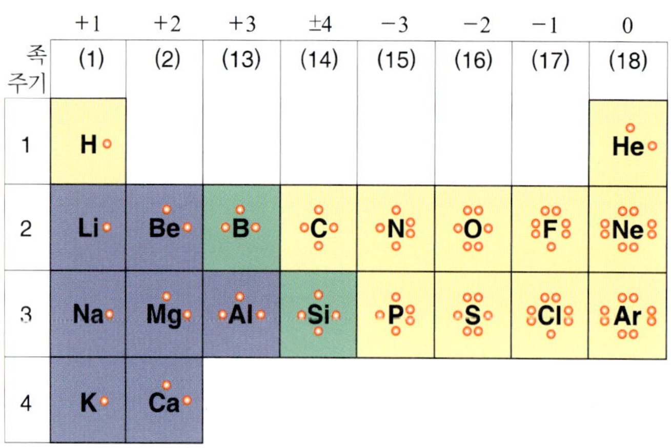

그림 2-3-8 루이스의 전자점식

원자핵과 가장 가까운 전자(2개) 표기는 생략하고, 가장 바깥 전자껍질(궤도)에 채워진 화학반응에 참여하는 전자를 표시한 것이다. 단, 원자가 전자가 1개뿐인 수소(H)의 전자(2개) 표기는 생략할 것이 없으므로 예외이다. 또한 원자가 전자와 원소의 주기성을 보면 같은 족의 원소의 경우는 원자가 전자의 수가 같아 화학적으로 성질이 비슷하다고 생각할 수 있다.

① 공유결합의 형성

비금속 원소들은 원자가 전자를 끌어당기는 능력인 '전기음성도'의 차이가 크지 않기 때문에 한쪽이 완전히 전자를 빼앗지 못하고 전자를 서로 공유함으로써 화학적으로 안정을 이루는 결합형태라고 볼 수 있다. 공유하는 전자쌍이 많을수록 원자 간 결합 세기가 강하며, 공유결합을 이루고 있는 두 원자핵의 간격인 결합길이도 짧아진다.

따라서 공유결합을 형성하는 두 원자와 원자핵 사이의 거리가 가까워질수록 에너지가 낮아지다가 너무 가까워지면 오히려 에너지가 증가한다. 이때 에너지가 가장 낮은 지점에서 공유결합을 형성하며(<그림 2-3-9 공유결합에 따른 에너지변화>에서 점으로 표시) 이온결합을 형성하고 있는 거리 "r0 (r제

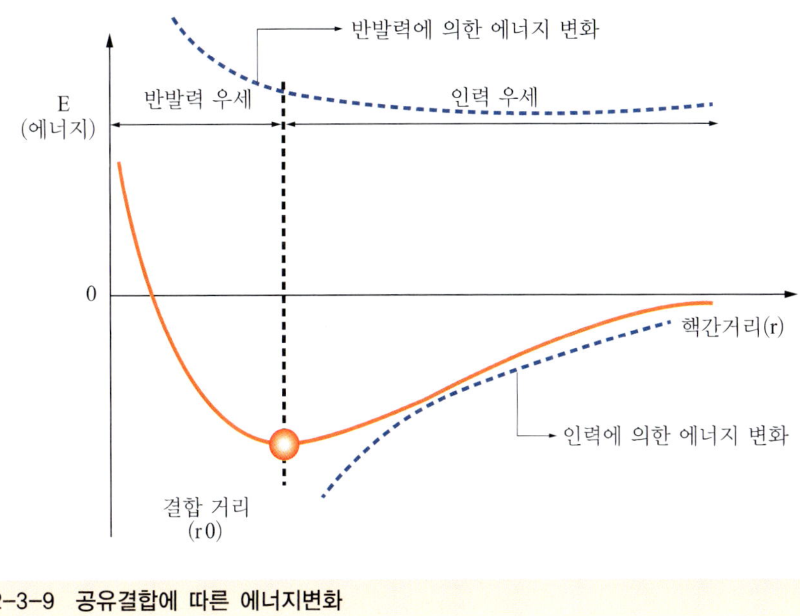

그림 2-3-9 공유결합에 따른 에너지변화

로)"를 '결합길이'라고 한다. "r 0 (r제로)"보다 거리에는 인력이 우세하게 작용하고, "r 0 (r제로)"보다 먼 가까운 거리에는 반발력이 우세하게 작용한다. 또한 결합길이는 단일결합 > 2중 결합 > 3중 결합 순으로 갈수록 짧아지며 결합에너지는 갈수록 커진다. 삼중결합이 된 곳에서는 산화 및 그 외의 반응에 의해 분자가 끊어지기 쉬우며 불포화성을 보이기도 한다.

② 공유결합의 종류

(가) 단일결합 : 원자가 각각 전자를 1개씩 내놓아 만들어진 전자쌍을 공유하여 형성되는 결합을 말한다. 수소(H)원자는 원자가 전자가 1개로서 자연계에서 홀로 존재하여 활동을 하지 못하므로 <그림 2-3-10 수소(H_2)분자 공유결합의 단일결합>의 우측과 같이 동일 원소끼리 원자가 전자를 각각 1개씩을 공유(점선부분)하여 수소(H_2)분자를 이루므로 헬륨(He)과 같이 원자가 전자를 2개로 맞추는 옥텟규칙이 성립된다.

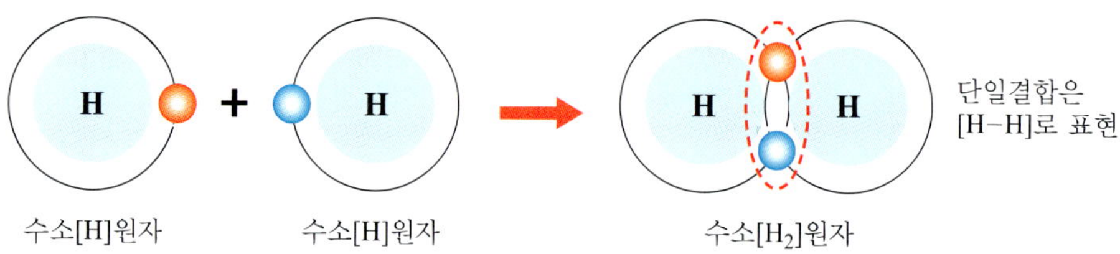

그림 2-3-10 수소(H_2)분자 공유결합의 단일결합

(나) 2중 결합 : 전자쌍 2개를 공유하여 형성되는 결합을 말한다. 산소(O)원자는 원자가 전자가 6개로서 자연계에서 불안정한 상태이므로 <그림 2-3-11 산소(O_2)분자 공유결합의 이중 결합>의 우측과 같이 동일 원소끼리 원자가 전자를 각각 2개씩 내어 놓아 그것을 서로 공유(원형의 점선부분)하여 산소(O_2)분자를 이루므로 네온(Ne)과 같이 원자가 전자를 8개로 맞추는 옥텟규칙이 성립되는 전자배치를 하게 된다.

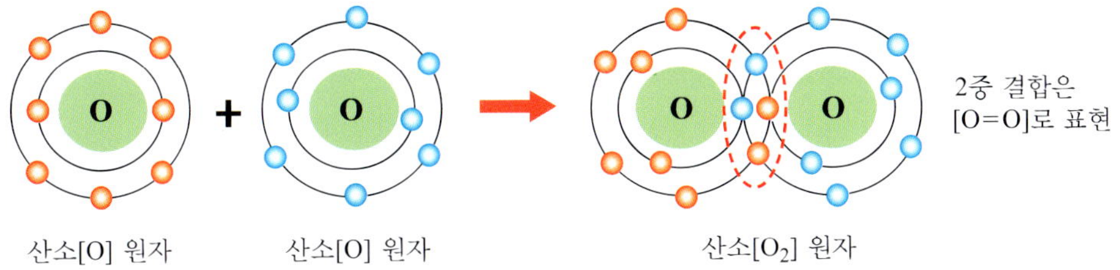

그림 2-3-11 산소(O_2)분자 공유결합의 2중 결합

(다) 3중 결합 : 두 원자 사이의 전자쌍 3개를 공유하여 형성되는 결합을 말한다. 질소(N) 원자는 원자가 전자가 5개로서 안정한 상태로 유지하지 위하여 <그림 2-3-12 질소(N_2)분자 공유결합의 3중 결합>의 우측과 같이 동일 원소끼리 원자가 전자를 각각 3개씩 내어 놓아 그것을 서로 공유(점선부분)하여 질소(N_2)분자를 이루므로 네온(Ne)과 같이 원자가 전자를 8개로 맞추는 옥텟규칙이 성립되는 전자배치를 하게 된다.

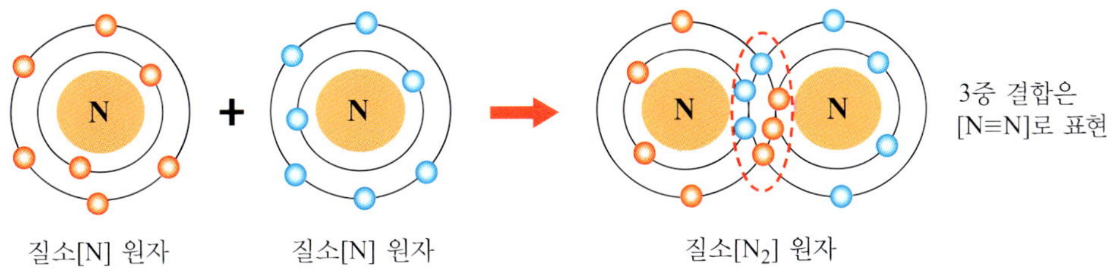

그림 2-3-12 질소(N_2)분자 공유결합의 3중 결합

③ 루이스 전자점식에 의한 물(H_2O)분자의 공유결합

우리가 사용하는 물 「H_2O」는 수소(H)와 산소(O)의 화합물로 이루어지는데, <그림 2-3-8 루이스의 전자점식>을 보면 수소(H)는 원자가 전자(최외각 전자) 1개를 가지고 있어 자연계에서 홀로 존재하여 활동을 하지 못하므로 끊임없이 다른 원소와 결합하여 쌍을 이루고 싶어 한다. 그렇지만 가진 것이 1개이므로 내어 줄 수도 없고, 비금속이므로 함부로 다른 원소와 결합도 할 수 없는 조건이다. 산소(O)는 같은 비금속이고, 원자가 전자(최외각 전자) 6개를 가지고 있으면서 18족의 귀족원소처럼 8개가 되어 안정된 활동을 하기 위해서 비금속끼리와의 결합을 원하고 있기 때문에 수소(H)와 산소(O)는 가진 전자를 서로 공유하자는 뜻은 맞다. 하지만 원자가 전자(최외각 전자) 6개 중 <그림 2-3-13 물(H_2O)분자 공유결합>의 ①번과 ②번은 이미 쌍을 이루고 있기 때문에 결합할 필요가 없는 안정된 구조인 비공유전자 2쌍(4개)을 제외하면, 쌍이 아닌 공유할 필요의 전자는 2개이다. 수소(H_2)는 단일 공유결합으로 만든 2개의 원자를 보유하고 있기 때문에 그 중 1개의 원자는 산소(O) 원자의 좌측에서, 또 1개의 원자는 산소 원자의 우측에서 산소(O)의 남아 있는 전자와 서로 공유해서 양쪽 모두 전자수가 늘어나는 결합이 형성된다. <그림 2-3-13 물(H_2O)분자의 공유결합>의 [C]와 같이 수소(H)는 각각 전자 2개씩이 되고, 산소(O)는 총 전자 8개가 되므로 옥텟규칙을 만족시킬 수 있다.

※ 위의 내용에서 " … 수소(H_2) 중 1개의 원자는 좌측에서, 또 1개의 원자는 우측에서 … "라는 설명은 지정된 "좌측, 우측"은 아니며, "상, 하"로도 설명할 수 있다. 2개라는 구분 때문에 임의로 설정된 말이다.

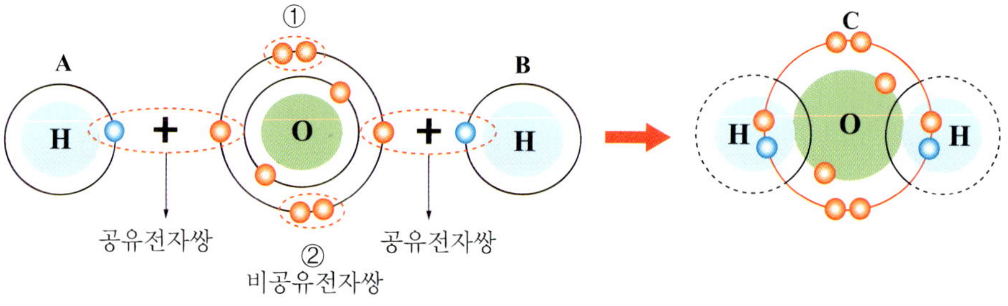

그림 2-3-13 물(H_2O)분자의 공유결합

④ 루이스 전자점식과 루이스 구조식

원자가 공유결합을 형성하여 새로운 분자로 만들어지는 것에는 메테인(CH_4), 물(H_2O), 암모니아(NH_3) 분자 등이 있는데, 암모니아(NH_3)를 루이스 전자점식과 루이스 구조식으로 나타내보면 <그림 2-3-14 암모니아(NH_3)분자의 전자점식과 구조식 표현>과 같이 표현할 수 있다.

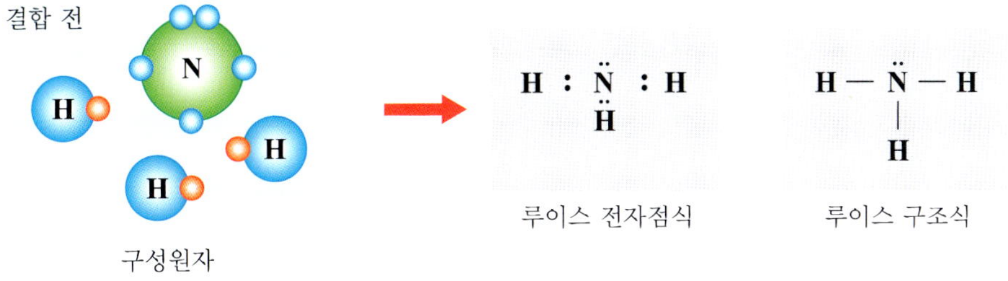

그림 2-3-14 암모니아(NH_3)분자의 전자점식과 구조식 표현

⑤ 공유결합과 이온결합 물질의 성질

표 2-3-1 공유결합과 이온결합 물질의 성질

구분	이온결합물질	공유결합물질
녹는점과 끓는점	이온사이의 인력이 강해 녹는점과 끓는점이 매우 높다.	분자사이의 인력이 약해 녹는점과 끓는점이 대부분 낮다.
전기 전도성	고체상태에서 전기 전도성이 없고, 액체상태에서는 전기 전도성이 있다.	고체와 액체상태에서 대부분 전기 전도성이 없다(흑연은 예외).
예시	염화나트륨(NaCl), 염화칼슘(CaCl), 수산화나트륨(NaOH) 등	물(H_2O), 에탄올(C_2H_5OH), 메테인(CH_4), 암모니아(NH_3)
결합물질 용어	이온결합화합물	분자

3) 이온결합

① 이온결합의 개념

주로 금속과 비금속이 반응할 때 생성되는 결합하는 형태로서 화합물에서 반대 전하를 가진 원자들이 결합하는 방식을 말하며, 원자가 한 개 이상의 전자를 얻거나 잃을 때 생성되는 전하를 가진 입자인 이온으로 이루어져 있을 때 발생하는 원자의 화학적인 결합방식을 말한다. <그림 2-3-15 이온의 개념>과 같이, 중성상태의 원자가 원자핵 중심으로 전자껍질을 따라 전자가 돌고 있는 과정에서 일반적으로 금속 원자(A원자)는 하나 이상의 전자를 잃어버려서 양전하를 띤 양이온(Cation)이 되고, 비금속 원자(B원자)는 금속 원자(A원자)가 잃어버린 전자를 받아들임으로써 음전하를 띤 음이온(Anion)

이 된다. 이렇듯 금속 원자가 비금속 원자에게 전자를 전달하여 전자의 소유권이 바뀌게 되고, 이러한 결과로 양이온과 음이온은 서로 전기적인 힘으로 끌어당겨 이온결합화합물을 형성하게 된다.

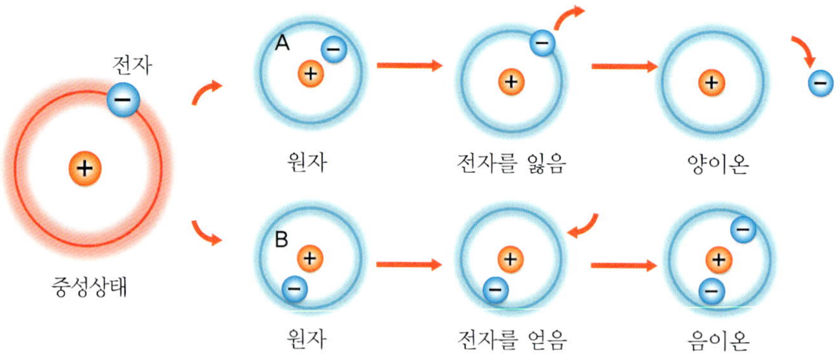

그림 2-3-15 이온의 개념

예를 들어, 염화나트륨의 경우는 나트륨(Na) 원자는 모두 11개의 전자를 가지고 있다. 첫 번째 전자껍질에 2개, 두 번째 전자껍질에 8개의 전자가 꽉 채워져 있으나 가장 바깥 전자껍질인 세 번째 전자껍질에는 전자 1개만 들어 있다. 따라서 나트륨 원자는 가장 바깥쪽 전자껍질에 있는 전자 1개를 버리고 안정해지려고 한다. 그리고 염소 원자의 경우에는 가장 바깥 전자껍질에 있는 전자수가 7개이기 때문에 전자 1개를 받아 안정해지려고 한다. 그러므로 나트륨 원자와 염소 원자가 만나면 나트륨 원자는 염소 원자에 전자 하나를 주고 염소 원자는 나트륨 원자로부터 전자를 하나 받아 서로 안정한 화합물을 만들게 된다.

염화나트륨을 예를 들어 설명한 것을 바탕으로

① 구성원자를 그려보고,
② 전자가 들어 있는 전자껍질(궤도)을 그리고
③ 루이스 전자점식을 그려본 다음
④ 이온결합으로 나타내본 후에
⑤ 화학식으로 나타내어 보도록 한다.

그런데 이와 같은 방법으로 화합물을 만들 때에는 나트륨 원자는 염소 원자에 전자를 1개 주고 양이온인 Na^{+}가 되고, 염소 원자는 전자를 1개 얻어 음이온인 Cl^{-}가 되며, 이 두 이온은 서로 반대되는 전하를 띠고 있으므로 서로 끌어당기게 된다. 이러한 방법으로 새로운 결합이 이루어져 물질이 화합하게 되는데, 이와 같은 화학결합을 이온결합이라고 한다. 이온결합을 하는 대표적인 화합물로는, 염화칼슘($CaCl_2$), 염화칼륨(KCl), 염화나트륨(NaCl), 염화구리 II ($CuCl_2$) 등이 있다.

② 이온결합의 전기적 특성

양이온과 음이온 사이의 정전기적 인력에 의한 화학결합을 말하며, 서로 다른 중성 원자가 각각 이온을 형성하고, 두 이온이 만나 정전기적 인력에 의해 이온결합으로 이루어진 새로운 화합물을 '이온결합화합물'이라고 한다. 그리고 이온결합에서는 '분자'라는 용어를 쓰지 않으며, 공유결합에서 사용된다. 염화나트륨의 화학식을 보면 나트륨(Na)은 금속물질(양이온), 염소(Cl)는 비금속물질(음이온)이므로 나트륨(Na)이 염소(Cl)를 만나면 서로 전기적 인력에 의해서 이온결합을 하는데, <그림 2-3-16 이온결합의 전기적 특성>과 같이 고체상태에서는 양이온과 음이온 모두가 붙어 있어서 이동이 불가능하여 전기가 통하지 않지만 액체상태에서는 양이온 (+)극의 나트륨(Na)이 음이온 (−)극의 염소(Cl)를 끌어당기려고 하면 자연스럽게 끌려가므로 전류가 통하는 상태가 된다.

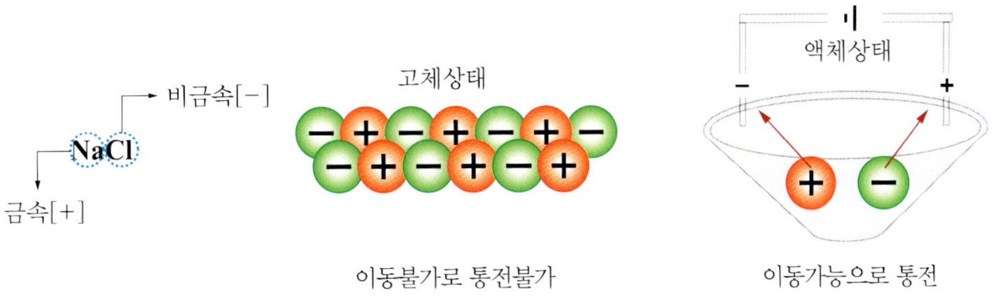

그림 2-3-16 이온결합의 전기적 특성

[3] 화학식의 표기

(1) 원소의 규칙성

주기율표를 모두 다 외워서 활용하기란 전공자 외에는 다소 어려우므로 기존의 주기율표에서 자주 사용되는 고정적인 원소를 모아놓은 <그림 2-3-17 임의로 만든 단축 주기율표>를 참고하면 이해가 훨씬 잘 되리라 생각한다.

양이온	+1	+2	+3	±4	−3	−2	−1	0 음이온
족 / 주기	(1)	(2)	(13)	(14)	(15)	(16)	(17)	(18)
1	1 **H** 수소							2 **He** 헬륨
2	3 **Li** 리튬	4 **Be** 베릴륨	5 **B** 붕소	6 **C** 탄소	7 **N** 질소	8 **O** 산소	9 **F** 플루오르	10 **Ne** 네온
3	11 **Na** 나트륨	12 **Mg** 마그네슘	13 **Al** 알루미늄	14 **Si** 규소	15 **P** 인	16 **S** 황	17 **Cl** 염소	18 **Ar** 아르곤
4	19 **K** 칼륨	20 **Ca** 칼슘						

그림 2-3-17 임의로 만든 단축 주기율표

모든 원자 자체는 중성을 띠고 있으며, <그림 2-3-17 임의로 만든 단축 주기율표> 좌측의 (+)양이온 또는 우측의 (−)음이온 표시는 전자가를 나타낸다. 원자가 이온이 될 경우는 해당되는 족에 해당하는 원자값, 즉 1족의 원소인 수소(H), 리튬(Li), 나트륨(Na), 칼륨(K)에는 (+)1, 2족의 원소인 베릴륨(Be), 마그네슘(Mg), 칼슘(Ca)에는 (+)2, 13족의 원소인 붕소(B), 알루미늄(Al)에는 (+)3, 그리고 14족의 원소인 탄소(C), 규소(Si)는 여건에 따라 (+)4의 양이온이 되었다가 (−)4의 음이온도 될 수 있는 중심의 원소이다. 따라서 14족의 원소를 기준으로 좌측으로는 양이온이 되고, 우측으로는 음이온이 된다. 계속해서 15족의 원소인 질소(N), 인(P)에는 (−)3, 16족의 원소인 산소(O), 황(S)에는 (−)2, 17족의 원소인 플루오린(F), 염소(Cl)에는 (−)1을 더해 주므로 어느 정도의 양이온 또는 음이온이 되는 지를 계산할 수 있다. 그러나 예외로 18족의 원소인 헬륨(He), 네온(Ne), 아르곤(Ar)은 전자를 내어주거나 얻어올 필요가 없는 안정된 원소이다. 모든 원자들은 안정적인 18족이 되기 위해 중성 상태를 띠고 있던 원자들은 전자를 주어서 양이온이 되거나 전자를 얻어서 음이온이 되는 활동을 하고 있다. <그림 2-3-17 임의로 만든 단축 주기율표>에서 점선으로 표시된 수치가 바로 원소의 규칙성을 의미한다.

(2) 옥텟규칙(Octet rule)

그리스어로 '옥타'는 '8'이라는 숫자에서 나온 말로서 옥텟규칙은 모든 원소들이 <그림 2-3-18 이온이 되려는 이유>의 18족 원소처럼 안정적으로 배열되고자 하는 화학적인 현상을 말한다("18족 따라하기" 또는 "최외각 전자 8개 만들기"로 기억하면 좋을 듯하다). 18족 원소는 전자껍질이 최대한 모두 채워진 상태, 즉 안정하며 만족하는 상태로서, 최외각의 전자껍질 속에 2개 또는 8개의 전자가 채워져야 화학적으로

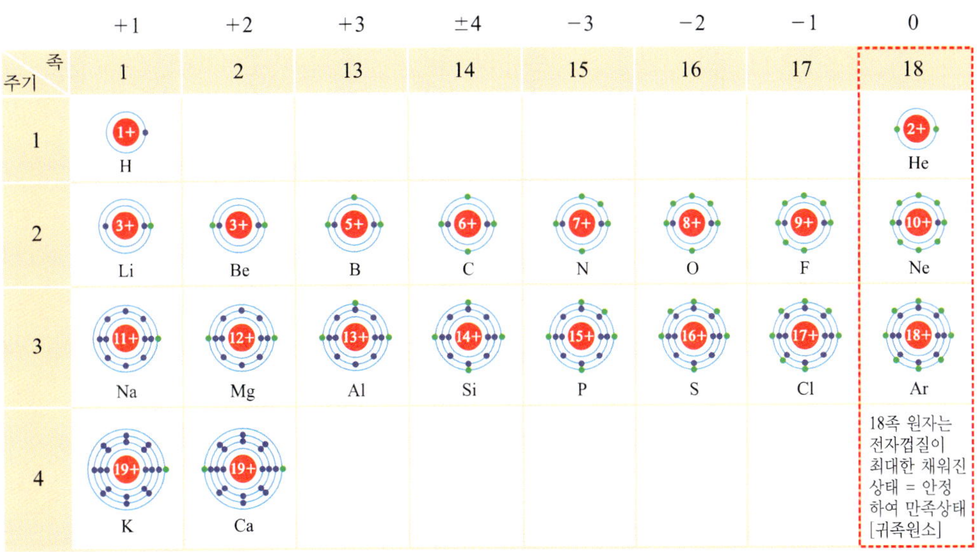

그림 2-3-18 이온이 되려는 이유

안정하여 반응성이 작아져 다른 원소와 반응을 잘 하지 않는다. 따라서 18족 원소를 비활성 기체라고도 하며, 화학결합에서는 반드시 알아야 할 결합이다. 원자는 전기적으로 중성이기 때문에 원자핵 속의 양성자(+) 주변에 동일 수의 전자(−)가 반드시 있다. 그런데 최외각 전자껍질(궤도)에서 활동하던 (−)전자가 자유전자가 되어 다른 원자쪽으로 이동하면서 선기를 띠게 되면 이온이 된다.

(3) 이온이 되려는 이유

금속원소는 (+)의 양이온이 되려고 하고, 비금속원소는 (−)의 음이온이 되려고 하는 이유는 모든 원자들이 비활성 기체의 18족 원소의 전자 상태를 가지려는 경향이 있기 때문이다. 18족 원소는 전자껍질에 전자가 모두 채워져 안정되어 만족한 상태라서 '귀족원소'라고도 한다. 예를 들면, 비활성 기체인 네온(Ne)은 원자 번호가 10번인데, 가장 바깥쪽 전자껍질에 8개의 전자를 가지고 있다. 그런데 네온보다 원자 번호가 하나 작은 플루오린(F)은 가장 바깥쪽 전자껍질에 7개의 전자를 가지고 있는 구조를 가졌기 때문에 외부에서 전자를 하나 받아들여 안정된 네온(Ne)과 같은 전자 상태를 가지려는 경향이 매우 커 쉽게 전자를 받아들여 음이온이 되는 것이다. 그리고 네온(Ne)보다 원자 번호가 하나 더 큰 나트륨(Na)은 네온(Ne)이 가진 전자보다 한 개의 전자를 더 가지고 있어서 가장 바깥쪽의 전자껍질에는 이미 8개의 전자가 꽉 차 있는 상태이므로, 나머지 하나의 전자는 새로운 전자껍질(궤도)에 들어가게 된다. 새로운 전자껍질의 전자 1개는 불안정하기 때문에 쉽게 떨어져 나가므로 나트륨은 양이온이 된다.

<그림 2-3-19 1족 원소들의 이온형성의 수>에서와 같이 금속원자들은 가장 바깥쪽 전자껍질에 전자가 한두 개 있기 때문에, 이런 전자들을 버리고 양이온이 되기도 하고, 반대로 비금속원자들은 가장 바깥쪽 전자껍질에 전자가 8개에서 한두 개 부족하므로 외부에서 전자를 받아들여서 음이온이 되기도 한다.

족 주기	1	수소의 원자번호 : 1	전자껍질에 표시되는 전자의 수	화학결합에 주어지는 수	옥텐규칙에 만족하려는 경제적인 이온의 수
1	 H	전자껍질수 : 1개	K껍질 : 1	+1	+1 버림
2	 Li	리튬의 원자번호 : 3 전자껍질수 : 2개	K껍질 : 2 L껍질 : 1	+1	+1 버림
3	 Na	나트륨의 원자번호 : 11 전자껍질수 : 3개	K껍질 : 2 L껍질 : 8 M껍질 : 1	+1	+1 버림
4	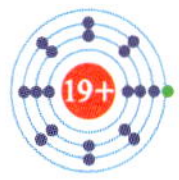 K	칼륨의 원자번호 : 19 전자껍질수 : 4개	K껍질 : 2 L껍질 : 8 M껍질 : 8 N껍질 : 1	+1	+1 버림

그림 2-3-19 1족 원소들의 이온형성의 수

(4) 옥텟규칙에 따른 이온형성의 수

1족의 원소에 있는 수소(H), 리튬(Li), 나트륨(Na), 칼륨(K)은 왜 '+1'이라는 이온을 띠게 되는지를 살펴보자. <그림 2-3-18 이온이 되려는 이유>의 상단에 별도로 기재된 수치는 이온을 형성하게 되는 수치로서 <그림 2-3-19 1족 원소들의 이온형성의 수>와 같이 1족의 원자들은 모두 최외각 전자껍질(궤도)에는 1개의 전자가 들어 있다. 옥텟규칙에 따라 1족의 원소들은 최외각껍질(궤도)에 들어있는 1개의 전자를 버리고 양이온이 되거나 아니면 8개의 전자를 맞추기 위해 7개의 전자를 얻어서 음이온이 되어야 하는데, 다른 곳에서 곧바로 많은 전자를 얻어오기 어려우므로 원소들이 가지고 있는 1개의 전자를 버림(잃어버림)으로써 양이온이 되어 안정적으로 이온형성을 하게 된다. 따라서 (+)1의 이온형성의 수치를 나타낸다.

마찬가지로 2족, 3족도 전자를 버리는 숫자가 곧 (+)의 이온형성이 되는 수치가 되고, 15족, 16족, 17족의 원소들은 전자를 얻어오는 숫자가 곧 (−)의 이온형성이 되는 수치가 된다. 단, 1족의 원소에 있는 수소(H)는 제외된다. 왜냐하면 1개 밖에 없는 전자를 버리면 원자구성이 안 되기 때문이다.

(5) 주기(전자껍질 = 궤도) 만드는 과정

앞에서 학습했던 <그림 2-2-12 보어의 원자모형과 전자배치>도 참고하면 쉽게 알 수 있다. 2족의 원소 베릴륨(Be)은 원자번호가 '4'라서 원자핵 중심으로 제일 가까이에 있는 전자껍질 "K"에 전자 2개가 들어가고, 그 다음 전자껍질 "L"에 최외각 궤도로서 나머지 2개가 들어간다. 그러나 같은 2족이라도 3주기에 있는 마그네슘(Mg)은 원자번호가 '12'라서 전자껍질 "K"는 전자 2개, 그 다음 전자껍질 "L"에 8개가 들어가고 남은 2개는 그 다음 전자껍질 "M"에 들어간다. 그리고 같은 2족이라도 4주기의 칼슘(Ca)은 원자번호가 '20'이라서 전자껍질 "K"에 전자 2개, 그 다음 전자껍질 "L"에 8개, 그 다음 전자껍질 "M"에 8개가 들어가고 남은 2개의 전자는 네 번째 전자껍질 "N"을 만들어 들어간다.

2족의 원소들도 1족의 원소들과 마찬가지로 최외각껍질에 들어있는 2개의 전자를 버림(잃어)으로서 양이온이 되는 것이 안정적이며, 경제적으로 효율적인 이온형성을 하게 된다.

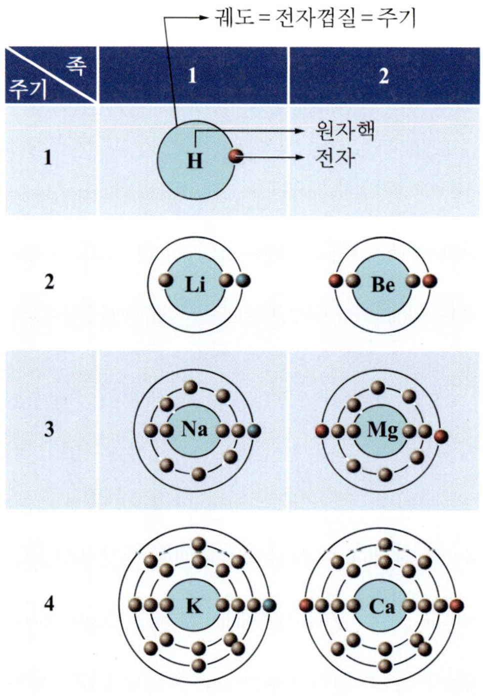

그림 2-3-20 전자껍질 형성의 수

(6) 이온형성에 의한 화학식 표기

<그림 2-3-17 임의로 만든 주기율표>의 상단에 별도로 표시되어 있는 이온형성의 (+)양이온과 (−)음이온의 수치를 표시한 것으로 화학식을 만들 수 있다.

예를 들어, 염화나트륨은 나트륨(Na)과 염소(Cl)의 화합물로서 나트륨(Na)은 1족에 있으므로 +1을 가진 양이온이 되어 "Na^{1+}"도 표기할 수 있는데, 분자식과 마찬가지로 '1'의 숫자를 생략하면 "Na^{+}"로 표기된다. 염소(Cl)는 17족의 원소로서 −1의 음이온에 해당되므로 "Cl^{1-}"라고 표기하지만 이 역시 '1'의 숫자는 생략하고 "Cl^{-}"부호만 표기된다.

따라서 Na^{+}와 Cl^{-}가 결합하면(중성이 되려면) 「Na^{+}」과 「Cl^{-}」에 붙어 있던 (+)와 (−) 부호는 생략되므로 <그림 2-3-21 염화나트륨(NaCl)의 화학식 표기>와 같이 별도의 부호나 개수 표기 없이 염화나트륨이 되어 화학식을 「NaCl」로 표기할 수 있다.

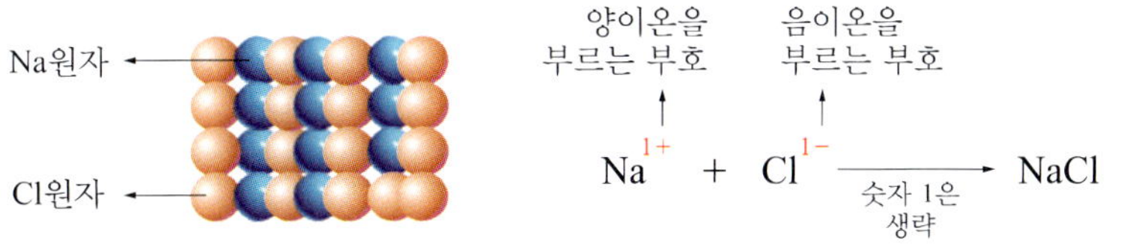

그림 2-3-21 염화나트륨(NaCl)의 화학식 표기

또 다른 예를 들면, 우리가 사용하는 물 「H_2O」는 수소(H)와 산소(O)의 화합물로서 수소(H)는 1족에 해당하여 +1을 가진 양이온이 되어 "H^{1+}"로 표기하며, 산소(O)는 16족에 해당되어 −2를 가진 음이온이 되어 "O^{2-}"로 표기된다. 두 원소가 결합하여 중성이 되려면 양이온 1개를 가지는 2개의 수소(H)와 음이온 2개를 가지는 1개의 산소(O)는 <그림 2-3-22 물(H_2O)의 화학식 표기>와 같이 결합하여 양이온의 개수와 음이온의 개수가 같아져 「H_2O」로 화학식을 표기할 수 있다.

하지만 모든 원자들이 무조건 이온결합만으로 화학결합이 되지는 않는다. 특히 화학결합의 형성에서 전자의 주고받음이 가능한 원소들은 금속원소와 비금속원소가 결합하는 "이온결합"에서만 가능한 것이며, 수소(H)와 산소(O)는 모두 비금속이므로 비금속과 비금속의 결합은 공유결합에서만 가능하다. 따라서, <그림 2-3-13 물(H_2O)분자의 공유결합>에서의 설명을 참고하면 된다. 그렇다면 물(H_2O)의 화학식을 표현하는 방법은 공유결합으로만 가능하고 이온결합 방법으로는 절대로 안 될까? 편리상 이온결합의 설명으로 화학식을 표현할 수는 있다.

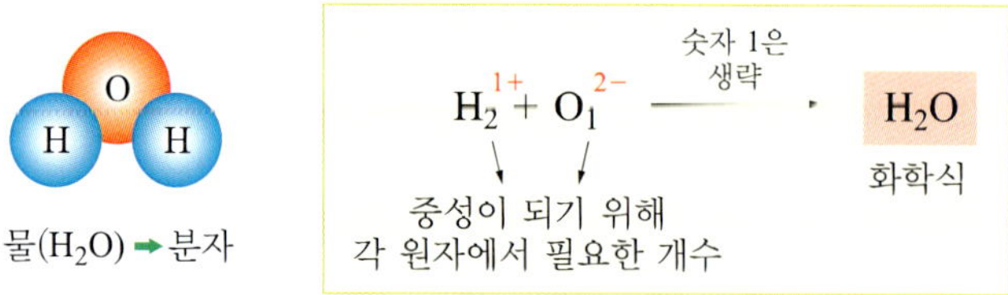

그림 2-3-22 물(H_2O)의 화학식 표기

연습문제

① 염화마그네슘은 왜 「$MgCl_2$」로 화학식으로 표기하는지 이유를 설명하시오.

금속원소인 마그네슘 「Mg」은 2족에 해당되므로 +2를 가진 양이온이 되어 "Mg^{2+}"로 표기하며, 비금속 원소인 염소 「Cl」은 17족의 원소로서 −1의 음이온에 해당되어 "Cl^{1-}"로 표기한다. 이 두 개의 원소가 이온결합 하려면 양이온의 개수와 음이온의 개수가 같아져야 하므로 "Mg^{2+}"와 "Cl^{1-}"에서 붙어 있던 (+)와 (−) 부호는 생략하고, 부족한 원소인 염소의 "Cl"를 하나 더 써주어서 「$MgCl_2$」로 화학식을 표기하는 것이다.

② 산화칼슘은 왜 「CaO」로 화학식을 표기하는지 이유를 설명하시오.

금속원소인 칼슘 「Ca」은 항상 +2를 갖는 양이온이므로 「Ca^{2+}」로 표기하고 결합하려는 비금속 원소인 산소 「O」는 항상 −2를 갖는 음이온이므로 「O^{2-}」로 표기하면 「Ca^{2+} O^{2-}」가 될 것이다. 원자는 중성상태로 안정되기 위해서 결합하려는 각각의 원소들이 갖고 있는 이온의 개수들끼리 주고받거나 또는 삭제하면 된다. 여기서, 칼슘 「Ca」 +2와 산소 「O」 −2는 똑같은 이온의 개수이므로 계산하면 숫자는 「0」이 된다. 원소에 붙어 있던 (+)와 (−) 부호는 생략되므로 산화칼슘의 화학식은 「CaO」로서 표기된다.

③ 산화알루미늄은 왜 「Al_2O_3」의 화학식으로 표기하는지 이유를 설명하시오.

금속원소인 알루미늄 「Al」은 전기를 띠게 되면 항상 +3을 갖는 양이온이므로 「Al^{3+}」로 표기하고, 결합하려는 비금속 원소인 산소 「O」는 항상 −2를 갖는 음이온이므로 「O^{2-}」로 표기하면 「Al^{3+} O^{2-}」가 될 것이다. 결합하여 중성이 되려면 「Al^{3+}」과 「O^{2-}」에서 공통숫자를 찾으면 된다. 「Al^{3+}」에서는 숫자 2가 있으면 6이 될 것이고, 「O^{2-}」에서는 숫자 3이 있으면 6이 되어 같아지고, 붙어 있던 (+)와 (−) 부호는 생략되므로 산화알루미늄의 화학식은 「Al_2O_3」로 표기된다.

원소의 규칙성을 통하여, 그리고 <그림 2-3-19 임의로 만든 주기율표>에서 상단에 별도로 표기한 양이온과 음이온의 수치를 참고한다면, 한글로 된 화학명이나 원소로도 조금 더 쉽게 화학식으로 표현할 수는 있다.

[4] 화학반응식의 표기

원소 기호를 이용하여 복잡한 화합물을 화학식으로 간단하게 나타내듯이, 화학식을 이용하여 화학적 변화를 나타낸 것을 '화학반응식'이라고 한다.

"1 더하기 1은 2이다."는 수식 "1 + 1 = 2"로 간단하게 나타낼 수 있다. 그러면 '수소(H)와 산소(O)가 결합하여 물(H_2O)이 생성된다.'라는 화학반응도 수식처럼 간단하게 표현할 수 있을까? 기호를 사용하여 나타내는 수식처럼 화학반응도 "+" 기호, 화살표, 물질의 화학식을 사용하여 간단한 식으로 나타낼 수 있으며, 수식은 기호를 이용하여 작성하기 때문에 계산과정과 그 값을 쉽게 알 수 있다. 즉, 화학반응식을 적을 때 화살표(→)를 기준으로 반응물의 화학식은 왼쪽에, 생성물의 화학식은 오른쪽에 쓰고, 반응물과 생성물이 각각 두 가지 이상이면 '+'로 연결하며, 화살표(→)는 반응물이 생성물로 변화하였음을 의미하는 것으로, 같음을 의미하는 '='과는 다르다.

예를 들어, '수소(H)와 산소(O)가 결합한다'를 화학반응식으로 표현하자면

① 알고 있는 원소를 한글로 표현한다(수소 + 산소 → 물).
② 실제 상태로 있는 원소를 화학식을 표현해준다($H_2 + O_2 \rightarrow H_2O$).
③ 화학식으로 표현한 것에 있는 계수를 맞추어준다($2H_2 + O_2 \rightarrow 2H_2O$).

②의 실제 상태를 확인과정을 보면 H가 2개이고, 산소 O도 2개인 상태에서 결과물은 H_2O가 되었으므로 여기서 생성물을 표현하자면 H_2O가 하나 더 만들어져야 <그림 2-3-24 물(H_2O)의 반응물과 생성물 표현>에서 점선으로 표현한 우측과 같이 반응 전의 물질 양과 반응 후의 완성물질의 양이 같아진다.

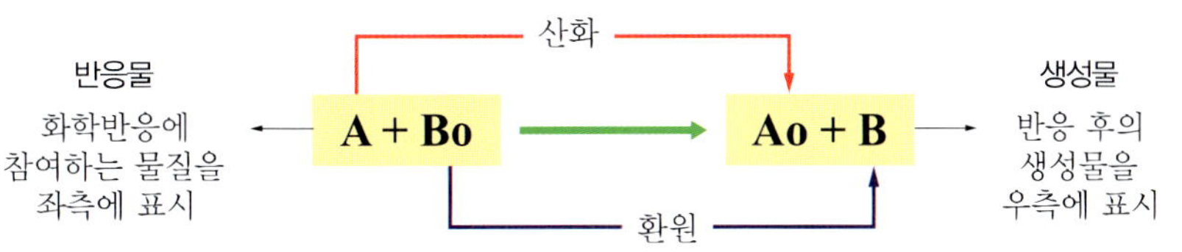

그림 2-3-23 반응물과 생성물의 표시

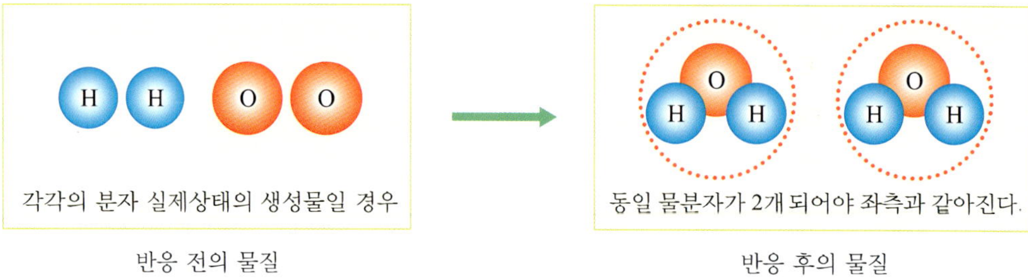

그림 2-3-24 물(H_2O)의 반응물과 생성물 표현

③의 반응 전의 재료 양과 반응 후의 완성물 양을 확인하는 과정에서 보면, 화학반응이 일어나는 동안 원자는 변하지 않으므로 반응물과 생성물의 원자 종류와 개수는 같아야 한다. 이를 화학반응식으로 만들기 위해 각 물질의 화학식 앞에 계수(숫자)를 붙이는데, "H_2O"가 되려면 수소(H_2)가 2개 필요하고, 산소(O_2)는 1개가 필요하지만 '1'이라는 숫자는 생략하므로 수소(H_2) 앞에 필요 계수를 붙여주면 다음과 같은 화학반응식이 완성된다.

$$2\ H_2 + O_2 \rightarrow 2\ H_2O$$

수소(H)와 산소(O)는 반응 전(Before)의 물질로서 반응 후(After)의 물질과는 전혀 다르다. 즉, 폭발력이 있는 수소(H)와 숨을 쉴 때 필요한 산소(O)가 만나서 전혀 다른 물질의 결과물인 마시는 물(H_2O)이 생성된 것으로, 반응 전(Before)의 물질이 갖고 있는 각각의 성질은 반응 후(After)의 물질에는 전혀 나타나지 않는다.

또 다른 예로, 마그네슘(Mg)과 산소(O)가 만나면 어떻게 되는지 식으로 알아보자.

[1단계] $Mg + O \rightarrow MgO$

Mg는 2족 원소로서 2+의 양이온을 가지며, O는 16족 원소로서 2−의 음이온을 가지게 되어 이온의 개수가 같아 중성상태인 「0」이 되고 원소에 붙어 있던 (+)와 (−) 부호는 생략되므로 산화마그네슘의 화학식은 「MgO」로서 별다른 숫자표기가 없게 된다.

[2단계] $Mg + O_2 \rightarrow MgO$

Mg는 금속이므로 그대로 적지만 O는 기체(비금속)이므로 분자형태로 적어야 한다. 그러면 반응물 쪽 O_2는 2개인데 생성물 쪽에는 O가 1개라서 일치하는 반응식이 될 수 없으므로 '계수'를 사용하도록 한다.

[3단계] 2 Mg + O_2 → 2 MgO

반응물의 O_2는 2개이고 생성물 O는 1개이므로 맞추려면 ① 생성물 쪽부터 Mg 앞에 '2'를 적으면 생성물 쪽의 O는 2개가 되어 만족한다. 하지만 반응물 쪽의 Mg의 개수가 일치하지 않으므로 ② 반응물 쪽의 Mg 앞에 계수(숫자) '2'를 넣어주면 반응물과 생성물의 원소종류와 가진 숫자가 <그림 2-3-25 반응물과 생성물의 관계식>의 3단계와 같이 일치하여 화학반응식이 성립된다.

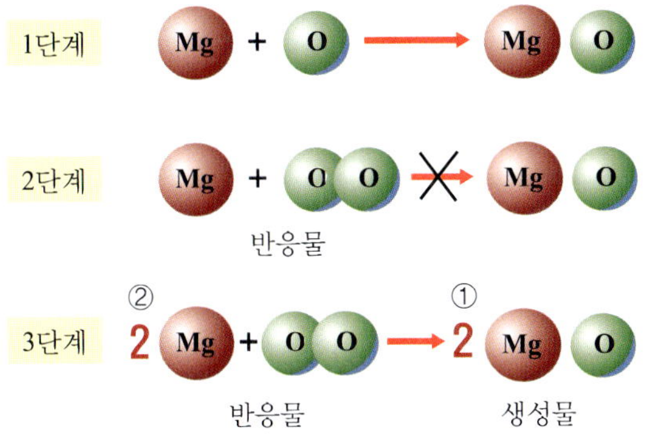

그림 2-3-25 반응물과 생성물의 성립식

[5] 화합물의 용어

(1) 분자

분자란 고유한 특성을 가지고 하나의 단위로 작용할 수 있는 원자들의 결합체로서 원자들이 모여서 이루는 분자는 대개 두 가지 그 이상의 원자로 이루어져야 안정한 상태를 이룬다. 따라서 분자는 다음과 같이 나눌 수 있다.

① 단원자 분자 : 1개의 원자로 구성된 분자 → 헬륨(He), 네온(Ne), 아르곤(Ar), 크립톤(Kr), 제논(Xe) 등 주로 불활성 기체로서 18족 원소에 해당된다.

② 2원자 분자 : 2개의 원자로 구성된 분자 → 수소(H_2), 산소(O_2), 질소(N_2), 플루오린(F_2), 일산화탄소(CO), 염소(Cl_2), 염화수소(HCl) 등

③ 3원자 분자 : 3개의 원자로 구성된 분자 → 물(H_2O), 오존(O_3), 이산화탄소(CO_2) 등

④ 고분자 : 다수의 원자로 구성된 분자 → 녹말($(C_6H_{10}O_5)_n$), 멜라민수지($C_3H_6N_5$) 등

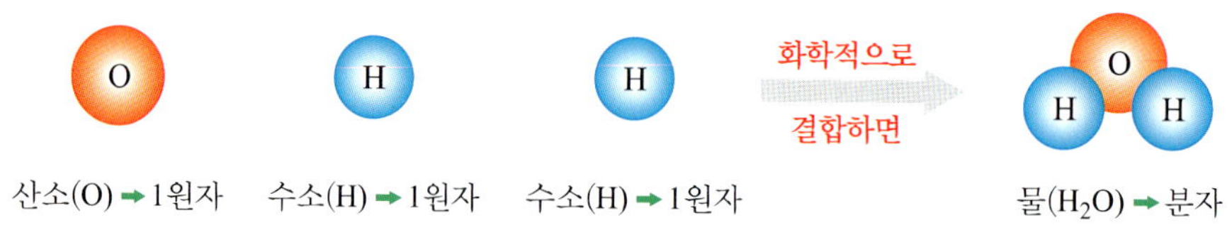

그림 2-3-26 분자의 개념

(2) 이원자 분자

대체로 뒤의 글자가 "소"로 끝나는 비금속 원소는 하나의 원자로서는 활동이 불가능하므로 동일원소끼리 분자형태가 되어 공간을 돌아다니며 활동한다고 앞서 설명했었다(하나의 원자로서 활동 가능한 원소는 18족의 원소들뿐이라고 생각하면 좋을 듯하다). 따라서 수소(H), 질소(N), 산소(O), 염소(Cl), 플루오린(F), 브로민(Br), 아이오딘(I) 은 모두 원자가 서로 공유결합에 의해 결합되어 있는 이원자 분자로 존재하며, 이러한 원소들을 화학반응식에서 사용할 때는 H_2, N_2, O_2, F_2, Cl_2, Br_2, I_2로 표시해야

한다. 수소를 제외한 모든 이원자 원소들은 주기율표의 가장 오른쪽 윗부분에 주로 밀집해있다.

(3) 주기율표상 용어

① 주기(Period) : 주기율표에서 원소의 가로줄을 말한다(즉, 전자껍질의 수).

② 족(Group) : 주기율표에서 같은 세로줄 안에 있는 원소 집단을 말한다.

(가) 주족(Main group)

- 알칼리금속(Alkali metal, 1족) : 수소 제외, 반응성이 매우 높다.
- 알칼리 토금속(Alkaline earth metal, 2족) : 반응성이 크다.
- 할로젠(Halogen, 17족) : 비금속
- 칼코젠(Chalcogen, 16족)
- 다른 주족 원소족(13족, 14족, 15족)

(나) 불활성 기체(비활성 기체, 18족 원소)

자연계에 원자 상태로 존재하는 원소로서 매우 안정적이다. 대부분 주기율표상 우측에 있는 원소들은 온도가 아주 낮으면 헬륨을 제외한 모든 원소는 고체로 존재하지만, 온도가 충분히 높으면 모든 원소는 기체상태로 된다.

(다) 전이금속(Transition Metal)

주기율표에서 <그림 2-3-27 전이금속의 계열>에 표시된 부분과 같이 4～7주기, 3～12족까지의 원소들을 말한다. 다른 원소들의 경우 한 주기에서 주족 원소의 화학적 성질이 원자가 전자의 수가 변화함에 따라 크게 변하지만, 전이금속들은 주어진 족에서 뿐만 아니라 같은 주기에서도 많은 유사성을 보여준다. 그 중에서도 첫 주기 전이금속인 스칸듐(Sc)에서 아연(Zn)까지는 다른 전이금속 계열을 대표하는 아주 중요한 금속 원소이다. 그리고 내부전이금속(Inner Transition Metal)에는 란타넘계열(Lan-thanide : 원자번호 58～71)과 악티늄계열(Actinide : 원자번호 90～103)이 있다.

금속원소 비금속원소 금속원소

	IA (1)	IIA (2)	IIIB (3)	IVB (4)	VB (5)	VIB (6)	VIIB (7)	VIIIB (8)	VIIIB (9)	VIIIB (10)	IB (11)	IIB (12)	IIIA (13)	IVA (14)	VA (15)	VIA (16)	VIIA (17)	VIIIA (18)
1	1 **H** 1.008																	2 **He** 4.003
2	3 **Li** 6.941	4 **Be** 9.012											5 **B** 10.81	6 **C** 12.01	7 **N** 14.01	8 **O** 16.00	9 **F** 19.00	10 **Ne** 20.18
3	11 **Na** 22.99	12 **Mg** 24.31											13 **Al** 26.98	14 **Si** 28.09	15 **P** 30.97	16 **S** 32.07	17 **Cl** 35.45	18 **Ar** 39.95
4	19 **K** 39.10	20 **Ca** 40.08	21 **Sc** 44.96	22 **Ti** 47.88	23 **V** 50.94	24 **Cr** 52.00	25 **Mn** 54.94	26 **Fe** 55.85	27 **Co** 58.93	28 **Ni** 58.69	29 **Cu** 63.55	30 **Zn** 65.39	31 **Ga** 69.72	32 **Ge** 72.61	33 **As** 74.92	34 **Se** 78.96	35 **Br** 79.90	36 **Kr** 83.80
5	37 **Rb** 85.47	38 **Sr** 87.62	39 **Y** 88.91	40 **Zr** 91.22	41 **Nb** 92.91	42 **Mo** 95.94	43 **Tc** (98)	44 **Ru** 101.1	45 **Rh** 102.9	46 **Pd** 106.4	47 **Ag** 107.9	48 **Cd** 112.4	49 **In** 114.8	50 **Sn** 118.7	51 **Sb** 121.8	52 **Te** 127.6	53 **I** 126.9	54 **Xe** 131.3
6	55 **Cs** 132.9	56 **Ba** 137.3	57 **La** 138.9	72 **Hf** 178.5	73 **Ta** 180.9	74 **W** 183.9	75 **Re** 186.2	76 **Os** 190.2	77 **Ir** 192.2	78 **Pt** 195.1	79 **Au** 197.0	80 **Hg** 200.6	81 **Tl** 204.4	82 **Pb** 207.2	83 **Bi** 209.0	84 **Po** (209)	85 **At** (210)	86 **Rn** (222)
7	87 **Fr** (223)	88 **Ra** (226)	89 **Ac** (227)	104 **Rf** (261)	105 **Db** (262)	106 **Sg** (266)	107 **Bh** (262)	108 **Hs** (265)	109 **Mt** (266)	110 **Ds** (269)	111 **Rg** (272)	112 **Cn** (285)	113 **Nh** (286)	114 **Fl** (289)	115 **Mc** (290)	116 **Lv** (293)	117 **Ts** (294)	118 **Og** (294)

내부전이원소

6	란타넘계열	58 **Ce** 140.1	59 **Pr** 140.9	60 **Nd** 144.2	61 **Pm** (145)	62 **Sm** 150.4	63 **Eu** 152.0	64 **Gd** 157.3	65 **Tb** 158.9	66 **Dy** 162.5	67 **Ho** 164.9	68 **Er** 167.3	69 **Tm** 168.9	70 **Yb** 173.0	71 **Lu** 175.0
7	악티늄계열	90 **Th** 232.0	91 **Pa** (231)	92 **U** 238.0	93 **Np** (237)	94 **Pu** (244)	95 **Am** (243)	96 **Cm** (247)	97 **Bk** (247)	98 **Cf** (251)	99 **Es** (252)	100 **Fm** (257)	101 **Md** (258)	102 **No** (259)	103 **Lr** (266)

그림 2-3-27 전이금속의 계열

(4) 이성분 이온결합화합물

이성분 화합물(Binary Compound)이란 한 개의 금속원소와 한 개의 비금속 또는 두 개의 비금속 원소로 이루어진 화합물을 지칭하는 말로서 이성분 이온결합화합물(Binary Ionic Compound)은 일반적으로 단원자 금속 양이온과 단원자 비금속 음이온 원자가 이온결합한 화합물을 뜻한다. 따라서 이온결합화합물은 독립된 분자들이 아니라 양이온과 음이온들의 배열로 이루어지기 때문에 화합물을 구성하는 양이온과 음이온의 상대적인 숫자를 나타내는 화학식 단위로 표기하는데, 화합물은 전기적으로 중성(전하량이 0)을 띠기 때문에 양이온의 양전하와 음이온의 음전하가 균형이 맞아야 한다.

예를 들어, 질화리튬은 리튬의 양이온(Li^{+1})과 질소의 음이온(N^{-3})으로 구성되어 있다. 세 개의 리튬 양이온과 한 개의 질소 음이온이 균형을 맞추기 위해 리튬(Li)은 양이온 3개가 필요하므로 다른 리튬(Li)을 끌어들인다. 따라서 결합하려는 원자는 리튬(Li)과 질소(N)이지만 균형에 필요한 원자는 리튬(Li)이기 때문에 그 원소 옆에 필요 수량을 적어(상대적인 숫자를 적기 때문) 화학식은 "Li_3N"이 된다.

또한 이온의 비율이 유지되는 가장 적은 정수가 되도록 약분하는 과정을 거쳐야 하는데, 이것은 일정 성분비의 법칙에 따라 화합물이 구성되기 때문이다.

예를 들면, 염소(Cl : Chlorine)의 음이온은 클로라이드(Chloride), '염화이온'이라고 하고, NaCl은 염화 소듐(Sodium Chloride) 또는 염화나트륨이라고 한다. 그리고 전이금속인 철(Fe)은 Fe^{2+}와 Fe^{3+}이온을 형성하는데, 주족 비금속은 주로 음이온을 형성하고 전하는 족 번호(미국식 표기법)에서 8을 뺀 값의 전하를 갖게 된다. 철 이온은

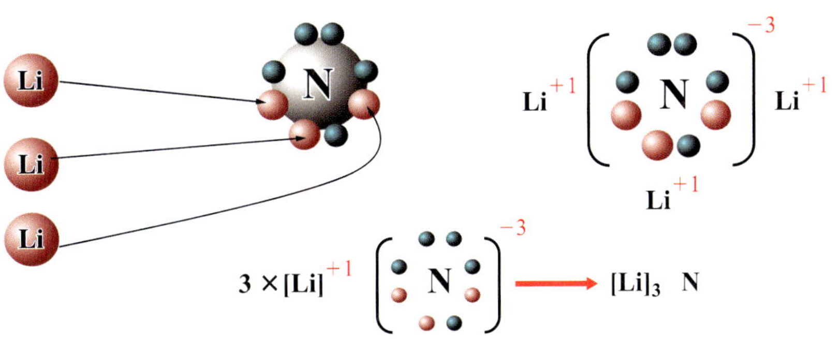

그림 2-3-28 질화리튬(Li_3N)의 화합물 구성

주족 비금속인 염소(Cl)와 결합하여 염화 철(FeCl)을 형성하는데, 이때 Cl^-이온 2개와 결합할 수도 있고, Cl^-이온 3개와도 결합할 수 있다. 이온결합화합물은 총 양전하 수와 총 음전하 수가 같으므로 Cl^-이온 2개와 결합할 때는 Fe^{2+}와 결합하고, Cl^-이온 3개와 결합할 때는 Fe^{3+}와 결합한다. 따라서 각각의 경우의 화학식은 $FeCl_2$, $FeCl_3$이(가) 된다.

(5) 이온을 가진 금속원소의 명명법

모든 이온결합화합물의 이름과 화학식은 양이온(Cation)을 먼저 쓰고 음이온(Anion)을 뒤에 쓰지만 우리말로는 반대로 음이온을 먼저 쓰고 양이온을 뒤에 쓴다. 그리고 주족 원소로 이루어진 단원자 이온들은 금속의 이름은 그대로 사용하지만 금속 양이온만 명명할 경우 자유 금속과 구분하기 위해 '이온'을 붙인다.

① 단원자 양이온은 원소 이름 그대로 사용한다. 즉, Na^+ 양이온은 "소듐 또는 나트륨", Ca^{2+}는 "칼슘"으로 그대로 부른다(영어 동일).

② 단원자 음이온은 비금속 원소 이름의 어근에 접미사 −ide를 붙이지만 우리말로는 비금속 이름의 어근에 접미사 "～화"를 붙인다.

또한 우리말의 염소(Cl), 산소(O) 등에 있는 뒤의 글자인 "소"를 생략한다. 따라서 <표 2-3-2 양이온과 음이온에 따른 단원자 명명법>과 같이 염소 음이온인 Cl^-은 염화(Chloride)라고 부른다는 것 정도는 알아두어야 한다.

(6) 두 종류 이상의 전하를 가지는 양이온의 명명법

명명법에는 ① 원소들의 화합물의 이름을 구별하기 위해 금속의 전하수를 금속 이름 뒤의 괄호 속에 로마 숫자로 표시하는 "Stock 방법"과 ② 금속의 영어명 어간에 낮은 산화 상태의 금속은 'ous' (우리말로 제1), 높은 산화 상태의 금속은 'ic' (우리말로 제2)를 붙이는 "고전적 방법"이 있다.

표 2-3-2 양이온과 음이온에 따른 단원자 명명법

전하	식	이름	전하	식	이름
양이온(원소 이름과 동일)			음이온(−ide/−화−)		
1+	H^+	수소(hydrogen)	1−	H^-	수소화(hydride)
	Li^+	리튬(lithium)		F^-	플루오린화(fluoride)
	Na^+	소듐(sodium)		Cl^-	염화(chloride)
	K^+	포타슘(potassium)		Br^-	브로민화(bromide)
	Cs^+	세슘(cesium)		I^-	아이오딘화(iodide)
	Ag^+	은(silver)	2−	O_2^-	산화(oxide)
2+	Mg^{2+}	마그네슘(magnesium)		S_2^-	황화(sulfide)
	Ca^{2+}	칼슘(calcium)	3−	N_3^-	질소화(nitride)
	Sr^{2+}	스트론튬(strontium)			
	Ba^{2+}	바륨(barium)			
	Zn^{2+}	아연(zinc)			
	Cd^{2+}	카드뮴(cadmium)			
3+	Al^{3+}	알루미늄(aluminum)			

표 2-3-3 양이온과 음이온에 따른 단원자 명명법

구분	산소의 수가 적은 음이온	산소의 수가 많은 음이온
산소 음이온 (oxyanion)	원소의 어간에 "ite (아)"를 붙인다. SO_3^{2-} 아황산이온(sulfite)	원소의 어간에 "ate"를 붙인다. SO_4^{2-} 황산이온(sulfate)
Cl을 포함하는 산소 음이온	[ClO^-] 하이포아염소산이온(hypochlorite)	[ClO_3^-] 염소산이온(chlorate)
	[ClO_2^-] 아염소산이온(chlorite)	[ClO_4^-] 과염소산이온(perchlorate)

※ 아염소산염(chlorite)보다 산소의 수가 하나 적으면 "hypo− (하이포아−)"를 어간 앞에 붙인다.
※ 아염소산염(chlorite)보다 산소의 수가 하나 많으면 "per− (과−)"을 어간 앞에 붙인다.

표 2-3-4 다원자 이온 명명법

식	이름	식	이름
$C_2H_3O_2^-$	아세트산이온	$H_2PO_4^-$	인산이수소이온
NH_4^+	암모늄이온	HCO_3^-	탄산수소이온
CO_3^{2-}	탄산이온	HPO_4^{2-}	인산수소이온
ClO_3^-	염소산이온	HSO_4^-	황산수소이온
ClO_2^-	아염소산이온	HSO_3^-	아황산수소이온
CrO_4^{2-}	크로뮴산이온	OH^-	수산화이온
CN^-	사이안화이온	ClO^-	하이포아염소산이온
$Cr_2O_7^{2-}$	다이크로뮴산이온	NO_3^-	질산이온
$C_2O_4^{2-}$	옥살산이온	NO_2^-	아질산이온
ClO_4^-	과염소산이온	PO_4^{3-}	인산이온
MnO_4^-	과망가니즈산이온	SO_4^{2-}	황산이온
NO_3^-	질산이온	SO_3^{2-}	아황산이온

※ 염(Salt) : 양이온과 음이온의 조합으로 형성된 이온결합화합물

2-4 전기화학 분석

[1] 전기화학반응과 특성

(1) 전기화학(Electro Chemistry)의 개념

전기화학(Electro Chemistry)은 전지, 전기분해, 계면 전기현상, 전기열화학, 기체 내 방전, 고체·액체·기체의 구조, 물체 내의 도전현상, 이온화 상태 등 전기적 현상이 수반되는 화학 현상을 말한다. 전기화학을 응용한 기술로는 도금, 양극 산화, 전착 도장, 전지, 전기영동(泳動), 전해 제련, 전해 정제, 전기 방식, 전해 분석, 전해 투석 등이 있다. 전기화학의 원리를 응용한 분석법은 화학의 여러 분야에서 각종 측정법으로 널리 이용되고 있으므로 전기화학 분석은 전기 현상을 수반하는 화학 현상을 이용한 화학 분석, 폴라로그래피, 이온 전극법, 전기 적정, 전도율 측정 등이 있다.

(2) 전기화학의 전지반응

2차 전지는 전기화학적 산화-환원 반응에 의해 발생하는 이온의 이동으로 전기를 발생시켜 방전하고 그 반대 과정으로 충전되는 원리로서, 이온의 물질 상태가 양극과 음극에서 서로 다를 때 발생하는 에너지 차이를 이용한 전압차를 활용하는 것이다. 또한 전해질에서는 리튬이온이 이동하고 바깥 도선으로는 전자가 흘러 전류가 흐르게 하는 기본 작동원리로서, 충전 시에는, Cathode (음의 전극)에서 리튬(Li)이온과 전자가 나오는, 전자를 잃기 때문에 전자의 에너지가 낮아지고, 그에 따라 전위는 높아져서 더 (+)쪽으로 이동한다. 이와는 반대로, Anode (양의 전극)에서는 전자를 얻기 때문에 전자의 에너지가 높아지고, 그에 따라 전위는 낮아지므로 (-)쪽으로 이동하는 것이다. 전자가 이동하는 과정에서 전기화학적 반응을 수반함으로서 충전시 Cathode (음의 전극)와 Anode (양의 전극) 사이 전위차가 더욱 커지는 것을 알 수 있다. 따라서 Cathode (음의 전극)에서 Li이온과 전자가 나와서 Anode (양의 전극)로 이동하여 LixC6가 되는 반응이 일어나고, 방전 시에는 그와 반대로 Anode (양의 전극)의 LixC6에서 전자와 리튬이온이 나와 Cathode (음의 전극)로 이동하여 리튬코발트산화물($LiCoO_2$)이 되는 반응이 일어나는 것이다. 전자의 에너지와 전위(potential)의 관계는 전자의 에너지가 높을수록 전위가 낮고, 전자 에너지가 낮을수록 전위가 높다는 것을 <그림 2-4-1 전자의 에너지와 전위관계>에서 보는 바와 같이 알 수 있다.

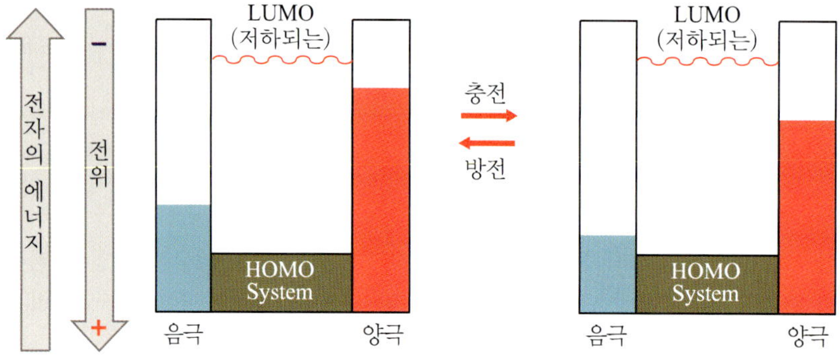

그림 2-4-1 전자의 에너지와 전위관계

(3) 전지의 전위 측정

화학 전지 내에서 산화・환원 반응이 일어나면 두 전극 사이에 전위차가 생겨 전자가 이동하는데, 이때 두 전극 사이의 전위차, 즉 전압을 일반적으로 "전지 전위"라고 한다. 전지의 전위는 전지의 전극을 이루는 물질의 종류, 전해질의 농도, 온도 등에 따라 다르다.

전해질의 농도는 일반적으로 1 M (몰의 농도), 기체의 온도 25℃, 압력 1기압일 때 산화, 환원 반응이 일어나는 전지의 전위를 표준 전지 전위(Standard Cell Potential), 즉 $E°_{전지}$ (Cell)라고 한다. 이때 1 M 수용액, 25℃, 1기압 조건으로 만든 두 개의 반쪽 전지를 도선으로 연결하여 전압계를 연결하면 표준 전지 전위를 측정할 수 있다. 산화・환원 반응에서 표준 전지 전위($E°_{전지}$)가 (+)값일 때 반응이 자발적으로 일어나면서 전류가 흐르고 전지가 구성된 것이다. 표준 전지 전위는 두 반쪽 전지의 표준 환원 전위 값의 차이며, 전위 값을 나타내는 기호는 "$E°_{전지}$"로 표시한다. 건전지의 전위(E°

$_{전지}$)는 약 1.5 V이고, 아연금속과 구리금속을 사용한 다니엘 전지의 전위($E°_{전지}$)는 약 1.1 V이다. 만약에 다니엘 전지 구조에서 아연 대신 니켈을 사용한다면 전지 전위($E°_{전지}$)가 약 0.6 V로서 계산식은 다음과 같다.

$$Cu^{2+}(aq) + 2e^- \rightarrow Cu(s) \qquad E° = +0.34\,V$$
$$Ni^{2+}(aq) + 2e^- \rightarrow Ni(s) \qquad E° = -0.26\,V$$
$$Ni(s) + Cu^{2+}(aq) \rightarrow Ni^{2+}(aq) + Cu(s) \qquad E° = 0.60\,V$$

표준 전지 전위값의 크기는 두 반쪽 전지의 표준 환원 전위(E°)의 차이가 클수록 크다. 즉, 각 반쪽 전지에 사용되는 전극금속의 반응성의 차이, 즉 금속의 이온화 경향의 차이가 크면 클수록 전위차는 크다는 것이다. 그리고 두 반쪽 전지 중에서 환원 전위값이 큰 반쪽 전지가 (+)극이고, 환원 전위값이 작은 반쪽 전지가 (−)극으로 작용하여 전체 전지를 구성한다면 전지의 표준 전지 전위는 전체 전지를 구성하여 전압계로 측정할 수 있으며, 또한 각 반쪽 전지의 표준 환원 전위값을 이용하면 표준 전지 전위를 쉽게 계산할 수 있다.

〈반쪽 전지의 표준 환원 전위값을 이용한 표준 전지 전위 계산〉

$E°_{전지}$ = 환원 반응이 일어나는 반쪽 전지의 표준 환원 전위
− 산화 반응이 일어나는 반쪽 전지의 표준 환원 전위

다시 간단히 정리하면,

$E°_{전지}$ = (+)극의 환원 전위 − (−)극의 환원 전위

$$E°_{전지} = E°_{환원\ 전극} - E°_{산화\ 전극}$$

〈측정되는 전압〉

측정되는 전압 = 오른쪽 전극 전압 − 왼쪽 전극 전압

〈환원 전위(Reduction Potential)〉

$$E°_{cell} = E°_{환원\ 음극\ 물질} - E°_{산화\ 양극\ 물질}$$

환원 전위는 표준 수소전극(SHE ; Standard Hydrogen Electrode)이 환원 전위를 0 V로 해도 다른 전위의 값과 비교해서 상대적 E°를 구한다. E°는 서로 다른 반쪽 전지를 연결할 때 생성되는 전압을 예측하기 위하여 SHE (표준 수소전극)에 대하여 측정하고자 하는 반쪽 전지를 표준상태로 하여 측정한 전압이며, 표준상태에서 표준 수소선극을 (−)극으로 하여 얻는 반쪽 전지의 전위이다. 여기서 표준상태라고 하는 것은 화학종류의 고체, 액체 용액의 농도가 1 M 또는 1기압(atm)인 것을 의미하며, 항상 환원반응으로만 나타내므로 E° 값이 클수록 환원이 잘 된다. 즉, E° 값이 크다는 것은 '전지의 전위($E°_{전지}$)가 높다' 또는 '힘(Power)이 세다'가 되므로 좋은 산화제라고 할 수 있기 때문에 전지의 (+)극이 된다. E° 값은 반응식의 계수가 변하여도 변하지 않는다.

① 표의 내용명칭인 환원 반쪽 반응에서 화살표(⇄)의 좌측의 화학종류는 위로 올라갈수록 매우 좋은 산화제이다.

② 표의 내용명칭인 환원 반쪽 반응에서 화살표(⇄)의 우측의 화학종류는 아래로 내려갈수록 매우 좋은 환원제이다.

③ $E°_{cell} = E°_{환원\ 음극\ 물질} - E°_{산화\ 양극\ 물질}$에서 $E°_{cell}$의 값이 양(+)의 값이면 환원반응이 자발적 반응이고, 음(−)의 값이면 환원반응이 비자발적 반응이 된다.

표 2-4-1 25℃에서의 표준 환원 전위

E°(volt) 값	환원 반쪽 반응
2.85	$F_2 + 2e^- \rightleftarrows 2F^-$
2.00	$S_2O_8(^{2-}) + 2e^- \rightleftarrows 2SO_4(^{2-})$
1.78	$H_2O_2 + 2H^+ + 2e^- \rightleftarrows 2H_2O$
1.69	$PbO_2 + SO_4(^{2-}) + 4H^+ + 2e^- \rightleftarrows PbSO_4 + 2H_2O$
1.49	$8H^+ + MnO_4^- + 5e^- \rightleftarrows Mn(^{2+}) + 4H_2O$
1.47	$2ClO_3 + 12H^+ + 10e^- \rightleftarrows Cl_2 + 6H_2O$
1.36	$Cl_2(g) + 2e^- \rightleftarrows 2Cl^-$
1.33	$Cr_2O_7(^{2-}) + 14H^+ + 6e^- \rightleftarrows 2Cr(^{3+}) + 7H_2O$
1.28	$MnO_2 + 4H^+ + 2e^- \rightleftarrows Mn(^{2+}) + 2H_2O$

[2] 전기화학 분석과 전지의 측량

(1) 전기화학 분석법과 종류

전기화학에는 전위차법, 전해무게 분석법(Electrogravimetry), 전기량법, 전압－전류법(Voltammetry), 전류법(Amperometry) 등 여러 가지 분석법이 있는데, 이들이 하나의 방법으로 통합되지 못하는 이유는 각 각 이용 분야가 다르거나 이용할 수 있는 분야 혹은 범위가 제한적이기 때문이다.

1) 전기 분해의 전류와 전압관계

$$E_{전위} = E_{환원\ 음극} - (E_{산화양극} + E_{편극}) = IR$$

① 일정 전류 전기분해(Constant Current Electolysis)

(가) 일정한 전류를 유지하려면 주기적으로 환원 음극 전위를 증가시켜야 한다.

(나) 전기 분해 중 농도차 편극으로 전류가 감소하는 것을 보정하기 위해 전위가 증가한다.

② 일정 전위 전기분해(Constant Potential Electolysis)

(가) 용액 중 이온 농도 감소에 따라 전극에 걸어주는 전위는 감소한다.

(나) 농도차 편극(Polarization) 이외에 전류의 흐름과 저항의 존재로 인하여 전위가 떨어진다는 IR 강하(IR drop)도 함께 전극 전위에 영향을 주므로 정교한 전위 조절장치가 필요하다. 그러므로 이론상 IR 강하는 손실에 해당하는 부분이기 때문에 기존에 사용했던 시스템에서 그대로 계산을 하면서 사용하는 것은 분석 정확도를 떨어뜨릴 수 있다.

2) 전기량법

분석물이 새로운 물질로 완전히 변화하는데 필요한 전하의 양을 분석하는 방법을 말한다. 시료는 다른 산화 상태로 정량적으로 변화할 때 필요한 전기량을 측정하여 분석하는 방법으로서, 전기량은 쿨롬(Coulomb ; C) 또는 패럿(Farad ; F)의 단위로 측정한다.

$$q = nF$$

$$C\,(\text{쿨롬}) = \text{전자몰 수} \times \text{패러데이 상수}$$

3) 일정 전류 전기량법(Constant Current Coulometry)

전기량 적정법이라고 하며, 일정한 전류량에 의해 100% 효율로 발생된 시약을 시료 중에 가하고 전류 전해에 의해 전극에 적정 반응 물질을 생성시켜 분석 대상 물질과 반응시킴으로서 종말점까지 소요된 전기량을 정량을 하는 방법이다.

4) 전해 무게 분석법(Electro gravi metry)

분석물이 전기분해에 의해 새로운 물질로 전극에 침착될 때 그 무게를 측정하여 분석 물질의 양을 알아내는 방법을 말한다. 분석하려는 시료 용액에 음극과 양극을 담근 후 음극의 금속을 전기화학적으로 도금하여 전해 전·후의 음극 무게 차이로부터 시료에 있는 금속의 양을 계산하는 분석법이다. 많은 양의 분석에도 적당하며, 용액 중 금속이온을 백금 환원 음극에 전해 석출하여 무게를 측정한다.

(2) 2차 전지 물질의 종류와 분석법

1) 2차 전지 분석의 개요

2차 전지에서 사용하는 물질은 일반적으로 2차 전지의 4대 구성부분의 핵심물질에 대한 항목별로 분석을 한다. 양극재, 음극재 같은 파우더(Powder) 물질의 기본적인 특성은 입자 크기, 사이즈, 입자의 성분, 형상, 모양, 그리고 리튬(Li) 특성에 불리한 수분 함유량 등을 실험실 환경에서 특별히 훈련된 검사자나 분석 전문가들이 분석 장비들을 이용하여 측정한다. 입도, 입자크기, 입자분포 등 파우더(Powder)입자들은 분석

장비를 이용하여 물질의 성분 분석을 하면 <그림 2-4-2 분석과 결과값의 그래프>와 같이 그래프로 결과값이 표현된다.

그림 2-4-2 분석과 결과값의 그래프

2) 2차 전지의 물질 분석

양극활물질 및 전해액에서는 주로 리튬염(Lithium salt)을 분석한다. 리튬염은 보통 탄산리튬(Lithium carbonate ; Li_2CO_3), 수산화리튬(Lithium hydroxide ; LiOH), 염화리튬(Lithium chloride ; LiCl), 질산리튬($LiNO_3$)의 형태로 존재하는데, 탄산리튬(Li_2CO_3) 및 수산화리튬(LiOH)은 보통 HCl으로 적정하는 중화적정법으로 분석하며, 염화리튬(LiCl)과 질산리튬($LiNO_3$)의 경우는 에탄올에 용해 된 불화암모늄으로 침전적정으로 분석한다. 이렇게 형성된 불화리튬(Lithium fluoride)은 불소이온선택전극에 의해 측정할 수 있다. 단, 이 방법에서는 칼슘(Ca)이 분석에 방해가 될 수 있으므로 칼슘(Ca)은 별도로 EDTA 분석으로 측정하면 리튬이온의 농도를 손쉽게 계산할 수 있다.

그리고 양극재에 주로 사용하는 코발트(Co), 니켈(Ni)망가니즈(망간 ; Mn)에서 코발트(Co)의 경우에는 헥사시아노철(III)산 포타슘[$K_3\{Fe(CN)_6\}$]을 농도와 조성이 표준적으로 알려진 표준 용액인 적정액으로 사용하여 역적정법으로 분석할 수 있지만, 만약에 코발트(Co)의 함량이 높다면 적정을 수행하기 전에 먼저 이온 교환이 필요하다. 코발트(Co) 분석법은 ASTM E1473 (화학분석 규격집) 및 ASTM E354 (금속관련 시험방법 규격집)에 등재가 되어 있다. 또한 니켈(Ni)의 경우는 일반적으로 분석하는 유기화합물의 일종인 에틸렌다이아민테트라 아세트산(EDTA ; Ethyleniaminetetraacetic Acid ; $C_{10}H_{16}N_2O_8$) 역적정법으로 분석이 가능하다. 만약 다른 금속이온이 존재한다면 니켈(Ni)을 분리하기 위해 국산 규격 Grade 시약상품 제품번호 3058-4125인 디메

틸글리옥심(Dimethylglyoxime ; $C_4H_8N_2O_2$)을 이용한 침전 과정이 필요하다. 그리고 망가니즈(망간 ; Mn)의 경우에는 두 가지 적정 분석법이 있다. 먼저 Mn (II)의 형태일 경우에는 과망간산칼륨 또는 과망가니즈산칼륨($KMnO_4$)을 적정액으로 사용하여 산화·환원 적정이 가능한데, 이는 ISO 4298 및 ASTM E248 (한글판 시험방법 규격집)에 명시되어 있다. Mn (IV)일 경우에는 황산철과 황산암모늄이 결합하여 생성된 진한 녹색의 결정 물질로 이루어진 황산철암모늄[$NH_4Fe(SO_4)_2$]을 사용하여 역적정으로 분석할 수 있으며, 이는 ASTM E465 (화학분석 시험방법 규격집)에 명시되어 있다.

양극재에 사용하는 3가지 중요 물질인 코발트(Co),니켈(Ni), 망간(Mn)의 경우의 또 다른 분석법으로 유도 결합 플라즈마 질량 분석법(ICP-MS ; Inductively Coupled Plasma-Mass Spectrometry)이 있는데, 이 분석법은 환경 모니터링, 금속 가공, 임상 연구 등 아주 다양한 산업 분야에서 사용되고 있다. ICP-MS 시스템은 시료 도입 시스템, 플라즈마, 진공 인터페이스, 질량 분석기가 있는 이온 광학부, 이온 검출기를 포함한 다섯 가지 기본 요소들로 이루어져 있다.

원자흡광분석법(AAS ; atomic absorption spectrophotometry)법은 시료용액을 아세틸렌 불꽃 속에 분무하고 중공음극관에서 원자의 스펙트럼선과 분무한 원자의 공명흡수를 이용하여 미량원소를 분석하는 방법으로서 시료는 산이나 염기 등에서 용액화하므로 화학분석법에 분류되는 경우가 있다. 원칙적으로 한 원소씩 분석하는 것으로 능률적이지는 않지만 대신에 분석정밀도는 높다. 1960년대 중반 경부터 염광분석법에 대신하여 사용되었으나 현재는 고주파 유도결합 플라스마염 질량이 분석법 등에 이행하고 있으며, 적정법의 장점으로는 희석을 할 필요 없이 정확한 분석이 가능하며, 투자비용 및 유지관리 비용이 저렴하다는 점을 들 수 있다. 단점으로는 거의 모든 공정에서의 측정과 분석에서 중요한 항목 하나인 수분을 들 수 있다. 특히 리튬이온 배터리의 경우 수분과 전해액이 반응하여 부식성과 독성이 매우 높은 물질인 HF (불화수소)를 생성하기 때문에 수분관리에 아주 민감하므로 20 ppm 이하로 관리해야 한다. 따라서 수분측정은 보통 미량의 수분을 측정하기 때문에 전량수분측정(Coulometric 방식)으로 측정을 하는데, 전해액 및 전해액으로 사용되는 용매의 경우는 직접측정 방식으로 측정을 하며 그 외 대부분의 경우 오븐을 사용하여 측정한다.

그 외에 전해액 내의 플루오린(F, 불소) 또는 불화수소(HF)의 경우에는 불소이온선택전극을 이용하여 측정이 가능하며, 전해액 내에 존재하는 염소(Cl)의 경우에는 질산은($AgNO_3$), NaCl, 티오시안암모늄 또는 티오시안산칼륨(KSCN)을 사용하여 침전의 소멸과 발생을 이용하는 적정인 침전적정(Precipitation Titration) 혹은 염소이온선택 전극을 이용하여 측정이 가능하다. 분석 원소는 거의 할로겐 원소로 한정되어 있으며, Cl^-를 질산은 표준액으로 적정하는 것이 그 대표적인 예이다.

3) 2차 전지 물질의 입자 Size 측정

양극재 파우더(Powder) 입도는 보통 D_{10} μm, D_{50} μm, D_{90} μm ⋯ 등으로 표현한다(표 2-4-2 양극재 측정 입도값 분석 표현).

양극재, 음극재의 입도 측정은 동일한 방법을 사용하므로 음극재 파우더(Powder) 입도도 일반적으로 D_{10} μm, D_{50} μm, D_{90} μm ⋯ 등으로 표현이 된다(표 2-4-3 음극재 측정 입도값 분석 표현).

표 2-4-2 양극재 측정 입도값 분석 표현

명칭	분석표현값	시험방법
D_{10} (μm)	≥ 5.0	레이저를 통한 미립자 크기 분석
D_{50} (μm)	9.0 ~ 12.0	
D_{90} (μm)	≤ 20.0	
겉모양	대기작용에 의한 짙은 갈색 가루	
요소크기 비례	Ni : Co : Mn = 1 : 1 : 1	
Ni + Co + Mn (%)	≥ 57.50	용적 측정
Li (%)	7.00 ~ 8.00	원자의 흡수계수 분광기의 사용 유도결합 플라즈마
Fe (%)	≤ 0.01	
Na (%)	≤ 0.03	
Cu (%)	≤ 0.005	

※ 출처 : https://blog.naver.com/whdans830/222339715645

표 2-4-3 음극재 측정 입도값 분석 표현

유 형		비결정질 = 토상 흑연
명 칭		표준입도크기
과립상태	D_{10} (μm)	10 ~ 13
	D_{50} (μm)	18 ~ 20
	D_{90} (μm)	28 ~ 32

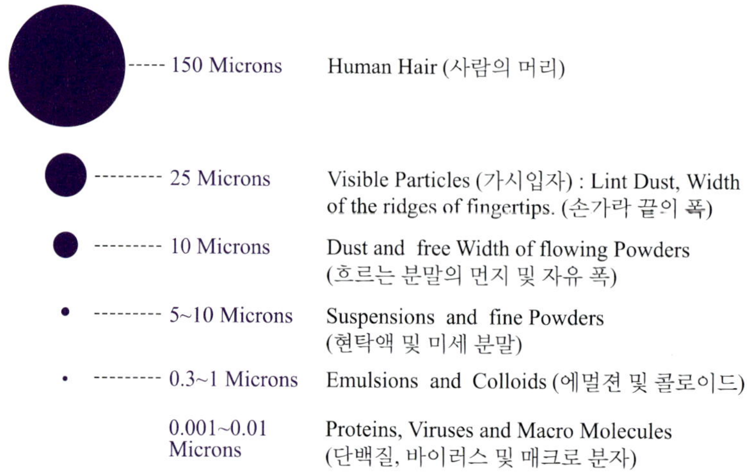

그림 2-4-3 입자의 크기 비교

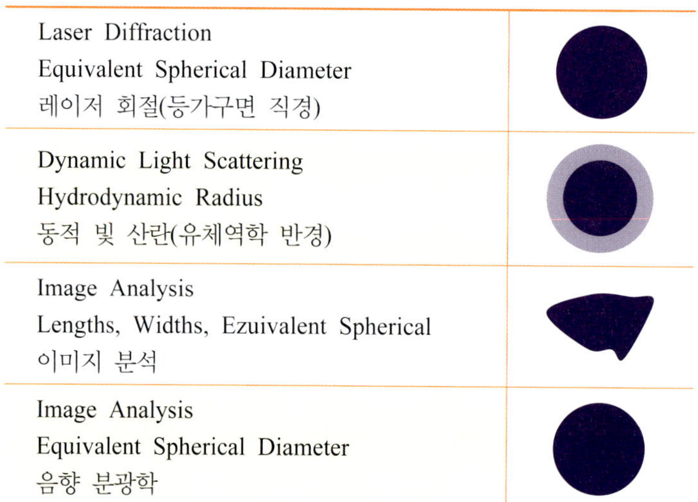

그림 2-4-4 입자 크기를 측정하기 위한 방법의 종류

양극재나 음극재 파우더(Powder)의 입자크기를 실제 크기를 비교해본다면 <그림 2-4-3 입자의 크기 비교>와 같다. 사람머리 크기를 150μm라고 하면 10~25μm 정도는 아주 작은 크기이다. 입자의 크기를 측정하기 위한 방법으로 레이저(Lase)회절, 동적 빛 산란, 이미지 분석, 음향 분광학 등이 있다.

레이저(Lase)회절은 500 nm 이상은 레드 레이저(Red laser)라고 하고, 500 nm 이하는 블루 레이저(Blue laser)라고 한다. 그리고 빛 산란(Light scattering) 패턴으로 입자의 사이즈를 측정하는 방식은 ① 활물질을 투입호퍼를 통해 넣고 ② 활물질에 레이저를 비춰서 ③ ccd로 이미지를 형성하고 ④ 이미지를 분석하고, 크기를 측정하여 ⑤ 분석자료(Graph)가 나오는 순서로 진행된다.

일반적인 입자의 크기는 D_{10}, D_{50}, D_{90}으로 정의하는데, <그림 2-4-5 입자 크기의 의미>에서와 같이 기재된 입자의 사이즈에서 10%까지 함유하는 부분(점선 표시에서 화살표 방향)을 D10%, 50%까지 함유하는 부분(점선 표시에서 화살표 방향)을 D50%, 90%까지 함유하는 부분(점선 표시에서 화살표 방향)을 D_{90}이라고 표현한다. 또한 전체적인 입자의 분포도로 표현을 하고, 필요한 부분을 분석하는 방식으로 입자 크기를 측정한다. <그림 2-4-6 종(bell) 모양의 분포>와 같이 입자의 분포는 종(bell) 모양만 있는 것이 아니라, 최근에는 쌍봉(이중의 종 모양)의 모양의 분포도가 많아졌는데 그 이유는 파우더의 밀도를 높이기 위해 Bimodel (두 가지 방식) 같이 큰 입자와 작은 입자를 섞기 때문이다.

이런 경우에는 큰 입자 작은 입자의 입도를 따로 측정한 후 믹싱하고 나서 다시 한 번 입도를 측정하는 등 다양한 입도 분석자료를 토대로 활물질의 특성을 분석한다.

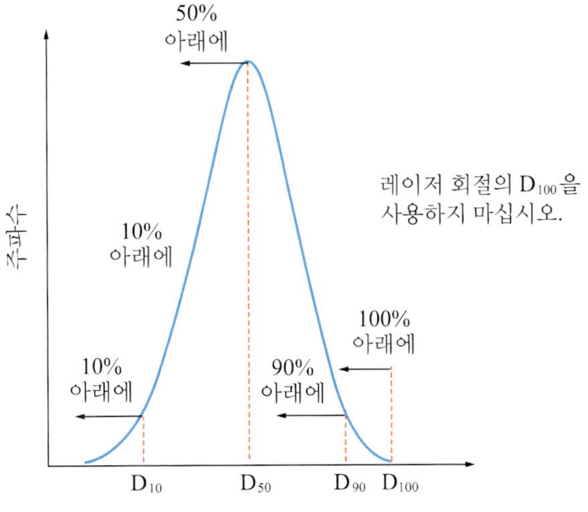

그림 2-4-5 입자 크기의 의미

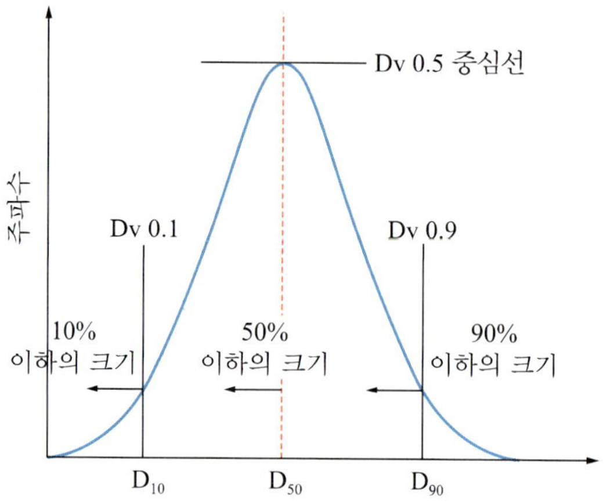

그림 2-4-6 종(bell) 모양의 분포

4) 2차 전지 물질의 입자 ICP 성분 측정

양극재의 구성 성분 중 중요 금속인 니켈(Ni), 코발트(Co), 망간(Mn), 리튬(Li)의 비율과 철(Fe), 나트륨(Na), 구리(Cu) 등 중요한 불순물과 음극재 구성 성분 중 중요 금속인 크롬(Cr), 아연(Zn), 니켈(Ni) 등 금속성 이물의 함유량을 분석하는 방법이다. 기본적인 원리는 <그림 2-4-7 물질의 입자 ICP 성분 측정>과 같이 원소를 태워서 나오는 원소 특유의 빛의 컬러를 구분하고, 분광기(Mono-chromator)를 통하여 분광하여 분석하는 것이다.

측정되는 순서는 ① ICP설비에 전처리 용액을 넣으면 ② 아르곤(Ar) 가스를 이용하여 만든 플라스마(Plasma)에 의해서 빛이 나기 시작하고 ③ 이 빛의 색깔을 CCD에서 물질과 물질의 양을 계산하여 Imaging 처리를 하게 된다. 이 분석은 분석자가 적정 농도의 전처리 용액을 넣으면 자동으로 분석하게 된다.

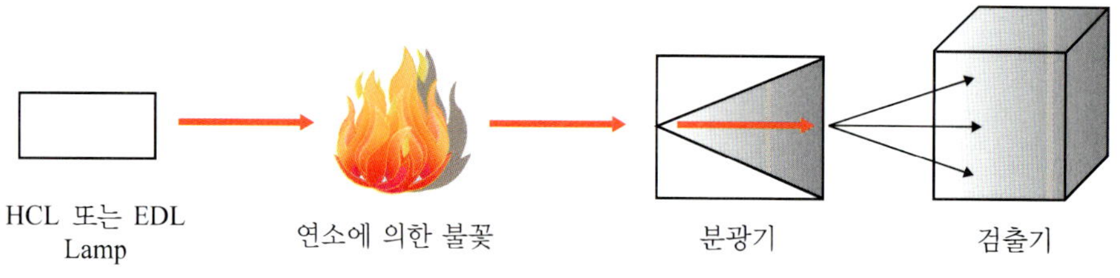

그림 2-4-7 물질의 입자 ICP 성분 측정

(3) 그 외 2차 전지 물질의 입자 성분분석 종류

1) XRF 성분 분석

ICP분석에서는 액체상태에서 측정을 하는데 비해, ICP와 비슷한 기능이지만 조금 더 범용적으로 사용이 가능한 XRF 장비의 기능은 다양한 형태에서도 측정이 가능하다. <그림 2-4-8 XRF장비를 이용하여 측정가능 원소>와 같이 X-ray를 이용하여 붉은 색으로 표시된 원소들의 측정이 가능하다. 샘플에 엑스레이를 주사하여 실제 원자가 X-ray를 받으면 특유의 2차 X-ray를 방출하는데 이 빛을 분석하여 포함된 원소의 함량을 분석 · 측정하여 원소 결과값이 도출될 수 있는 기기가 XRF 장비이다.

2) SSA 비표면적 측정

SSA는 비표적의 계산, 즉 입자의 표면 면적을 계산해 내는 분석장비이다. 리튬이온을 받아들이는 음극재에서 중요한 분석 항목인 양극재는 일반적으로 분석을 하지 않고, 입자표면을 진공화하고 특정 가스를 주입하여 입자 표면에 부착시킨 후 주입된 가스의 양을 측정하여 입자표면을 계산하는 방식이다. 가스 주입을 시작하여 주입된 가스가 입자들의 표면을 계속적으로 채우게 되고, 양의 합계를 계산하여 전체적인 표면적이 도출되도록 한다.

3) 용량 측정

배터리에서 가장 중요한 기능인 용량, 수명을 측정하는 방법으로서, 측정된 성적서는 리튬 하프 셀로 만들어진다. 이것은 개발 단계에서 하는 분석표이고, 일반적인 방식은 코인 셀(Coin Cell)로 배터리를 만들어서 용량측정을 한다. 손으로 직접 수작업을 통하여 양극, 음극 극판을 만들어 케이스(Case)에 넣고 프레스(Press)장비로 눌러서 케이스(Case)를 패킹(Packing)하는데, 석면, 면, 마 등으로 짜인 것을 원형의 납작한 모양으로 만들어서 블레이드(Blade)라는 장치를 이용하여 수작업으로 간단한 극판을 만들고, 일정하게 동그란 크기로 자른 후 전해액에 함습을 시킨다. 그리고 순서대로 조립을 하고, 프레스 장비를 이용하여 코인셀(Coin Cell)을 패킹하게 된다. 이러한 제작과정을 통해 코인 셀(Coin Cell)은 간단한 장치를 이용하여 용량측정, 수명 사이클 테스트까지 진행이 가능하다.

금속원소 / 비금속원소 / 금속원소

	IA (1)	IIA (2)	IIIB (3)	IVB (4)	VB (5)	VIB (6)	VIIB (7)	VIIIB (8)	VIIIB (9)	VIIIB (10)	IB (11)	IIB (12)	IIIA (13)	IVA (14)	VA (15)	VIA (16)	VIIA (17)	VIIIA (18)
1	1 **H** 1.008																	2 **He** 4.003
2	3 **Li** 6.941	4 **Be** 9.012											5 **B** 10.81	6 **C** 12.01	7 **N** 14.01	8 **O** 16.00	9 **F** 19.00	10 **Ne** 20.18
3	11 **Na** 22.99	12 **Mg** 24.31											13 **Al** 26.98	14 **Si** 28.09	15 **P** 30.97	16 **S** 32.07	17 **Cl** 35.45	18 **Ar** 39.95
4	19 **K** 39.10	20 **Ca** 40.08	21 **Sc** 44.96	22 **Ti** 47.88	23 **V** 50.94	24 **Cr** 52.00	25 **Mn** 54.94	26 **Fe** 55.85	27 **Co** 58.93	28 **Ni** 58.69	29 **Cu** 63.55	30 **Zn** 65.39	31 **Ga** 69.72	32 **Ge** 72.61	33 **As** 74.92	34 **Se** 78.96	35 **Br** 79.90	36 **Kr** 83.80
5	37 **Rb** 85.47	38 **Sr** 87.62	39 **Y** 88.91	40 **Zr** 91.22	41 **Nb** 92.91	42 **Mo** 95.94	43 **Tc** (98)	44 **Ru** 101.1	45 **Rh** 102.9	46 **Pd** 106.4	47 **Ag** 107.9	48 **Cd** 112.4	49 **In** 114.8	50 **Sn** 118.7	51 **Sb** 121.8	52 **Te** 127.6	53 **I** 126.9	54 **Xe** 131.3
6	55 **Cs** 132.9	56 **Ba** 137.3	57 **La** 138.9	72 **Hf** 178.5	73 **Ta** 180.9	74 **W** 183.9	75 **Re** 186.2	76 **Os** 190.2	77 **Ir** 192.2	78 **Pt** 195.1	79 **Au** 197.0	80 **Hg** 200.6	81 **Tl** 204.4	82 **Pb** 207.2	83 **Bi** 209.0	84 **Po** (209)	85 **At** (210)	86 **Rn** (222)
7	87 **Fr** (223)	88 **Ra** (226)	89 **Ac** (227)	104 **Rf** (261)	105 **Db** (262)	106 **Sg** (266)	107 **Bh** (262)	108 **Hs** (265)	109 **Mt** (266)	110 **Ds** (269)	111 **Rg** (272)	112 **Cn** (285)	113 **Nh** (286)	114 **Fl** (289)	115 **Mc** (290)	116 **Lv** (293)	117 **Ts** (294)	118 **Og** (294)

내부전이원소

6	란타넘계열	58 **Ce** 140.1	59 **Pr** 140.9	60 **Nd** 144.2	61 **Pm** (145)	62 **Sm** 150.4	63 **Eu** 152.0	64 **Gd** 157.3	65 **Tb** 158.9	66 **Dy** 162.5	67 **Ho** 164.9	68 **Er** 167.3	69 **Tm** 168.9	70 **Yb** 173.0	71 **Lu** 175.0
7	악티늄계열	90 **Th** 232.0	91 **Pa** (231)	92 **U** 238.0	93 **Np** (237)	94 **Pu** (244)	95 **Am** (243)	96 **Cm** (247)	97 **Bk** (247)	98 **Cf** (251)	99 **Es** (252)	100 **Fm** (257)	101 **Md** (258)	102 **No** (259)	103 **Lr** (266)

그림 2-4-8 XRF장비를 이용하여 측정가능 원소

4) 탭 밀도(Tap Density) 측정

분말을 충전할 때 일정한 조건으로 용기를 진동시켜 얻어지는 분말의 겉보기 밀도를 말하는 음극재의 탭 밀도(Tap Density)를 측정하는 것으로서, 특정원리는 매스실린더에 파우더를 넣고 진동 탭, 반동을 주어서 파우더가 내려가는 위치를 측정하여 밀도를 계산하는 방법이다.

5) 압축 밀도 측정

음극재 압축 밀도 측정은 음극재를 일정한 압력으로 눌러서 얼마나 눌려지는지 측정하여 밀도를 계산한다. 이것을 하는 이유는 극판 제조공정 중 극판 밀도와 밀착성을 높이기 위한 프레싱공정과 연관이 있다.

6) 수분 측정

Karil Fischer 화학자가 개발한 특정 물질 함유량 검사 또는 단위면적에 통과하는 물의 양 측정, 수분검사법으로서 Titrator 적정 장치 또는 Titrator 적정기라고 한다. 측정하고자 하는 물질과 반응하는 물질의 일정량을 천천히 넣어 주어 pH변화를 측정하여 함유량을 계산해 내는 것으로서 수분측정용 시약 및 표준품인 칼피셔(KF ; Karl Fischer) 시약으로 적정하여 수분을 측정한다. 입도, ICP, SSA (비표면적) 등 양극재, 음극재의 핵심 분석 항목들은 대부분 극판 공정과 연관이 높으며, 슬러리(Slurry), 믹싱(Mixing), 코팅(Coating), 컴프레싱(Compressing) 공정들에서 원하는 품질을 얻기 위해서 분석하는 방법이다.

CHAPTER 03

전지의 제조공정과 관리

3-1 전지의 제조공정

[1] 리튬 2차 전지의 물질

(1) 리튬 2차 전지 물질의 개요

기본적으로 금속은 전자를 내놓고 양이온이 되는 성질을 가지고 있고, 각 금속이 내놓는 전자의 정도는 금속마다 다르다. 따라서 서로 다른 종류의 금속을 전자가 이동할 수 있는 용액과 접촉할 수 있는 상태에 두면, 반응성이 큰 금속에서 작은 금속으로 전자가 이동하게 되면서 전류가 흐르게 된다. 충전하여 다시 쓸 수 있는 2차 전지 중에서 가장 많이 사용되고 있는 리튬이온 전지(Lithium-ion battery, Li-ion battery)는 방전 과정에서 리튬이온이 음극에서 양극으로 이동하는 전지로서 충전 시에는 리튬이온이 양극에서 음극으로 다시 이동하여 제자리를 찾게 된다. 리튬이온 전지는 충전 및 재사용이 불가능한 1차 전지인 리튬 전지와는 다르며, 전해질로서 고체 폴리머

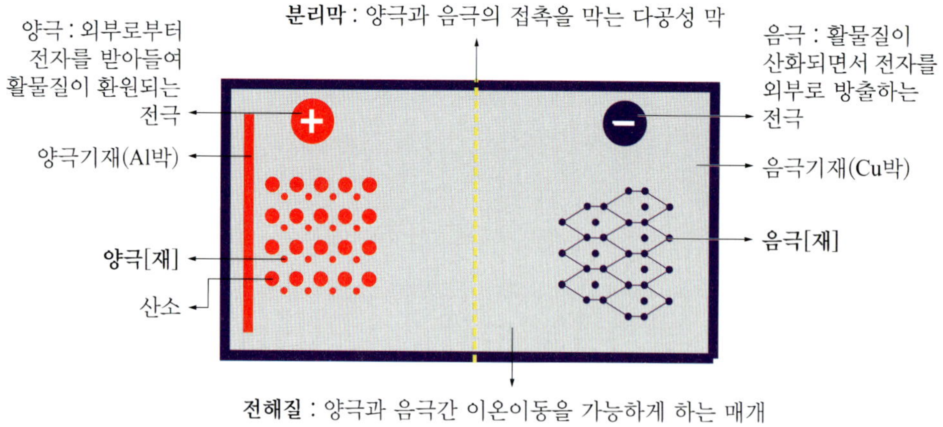

그림 3-1-1 리튬이온 전지 핵심 4대 소재

를 이용하는 리튬이온 폴리머 전지와도 조금 다르다고 할 수 있다. 리튬이온 전지 내부는 크게 양극, 음극, 분리막, 전해질의 핵심 소재 4개 부문으로 <그림 3-1-1 리튬이온 전지 핵심 4대 소재>와 같이 구성되어 있으며, 양극과 음극의 물질은 성능관련 소재를 사용하고, 분리막과 전해질의 물질은 안전성 관련 소재로 구성되어 있다.

(2) 리튬이온 전지 4대 핵심소재의 양극재

1) 양극재의 개요

외부로부터 전자를 받아 활물질이 환원되는 전극으로서의 역할을 하며, 각 제조사마다 다양한 종류의 물질들이 이용될 수 있지만 상업적으로 가장 많이 이용되는 양극의 재질로는 층상의 리튬코발트 산화물(lithium cobalt oxide), 인산철리튬(lithium iron phosphate, $LiFePO_4$), 리튬망간 산화물 등 리튬을 포함한 금속 산화물을 주로 사용하고 있다. 초기에는 황(S) 2개와 타이타늄(Ti)이 결합된 화합물로, 다른 음이온 기체물질들과 잘 합쳐지는 타이타늄의 성질로 인해 잘 분리되기도 하여 금속 리튬과 함께 2차 전지로 사용하기도 했던 이황화타이타늄(TiS_2 ; Titanium disulfide)은 공기 중의 수분과 반응하면 열을 만들어내는 불안정한 물질인 리튬금속을 전극에 도입했기 때문에 전지의 낮은 안전성이 문제가 되었다. 그 후 문제점을 보완하기 위해 이온 상태의 리튬을 재료로 사용하게 되면서 안정성을 크게 높일 수 있었다. 리튬 2차 전지의 대표적으로 사용되는 양극활물질로는 <표 3-1-1 2차 전지 양극재의 활물질의 종류별 구조 및 특성>에서 알 수 있듯이 LCO, NCM, NCA, LMO, LFP 등이 있다.

2) 양극재의 대표적 활물질

일반적으로 전기자동차에서 많이 사용하고 있는 양극재 활물질로 삼원계를 들 수 있으며, 우리나라에서 사용하는 양극재로는 5가지 정도가 있다. 배터리 밀도를 높여 더 높은 성능을 내는 배터리를 만들기 위해서 양극을 이루는 양극재(양극활물질)는 리튬과 금속성분을 조합하여 만드는데 어떤 식으로 금속을 조합하느냐에 따라 배터리 밀도에서 차이가 나게 된다. 이러한 이유 때문에 배터리 제조비용 중 양극재가 차지하는 비중이 약 40% 정도로 가장 높다. 중국에서 가장 많이 양산하고 있는 LFP

($LiFePO_4$)는 폭발위험성이 낮고 배터리의 가격도 저렴하여 세계 자동차시장에서 우세한 행보를 하고 있다.

표 3-1-1 2차 전지 양극재의 활물질의 종류별 구조 및 특성

구분	LCO	NCM	NCA	LMO	LFP
분자식	$LiCoO_2$	Li [NiCo, Mn] O_2	Li [NiCo, Al] O_2	$LiMn_2O_4$	$LiFePO_4$
구조	층상(Layered) 구조 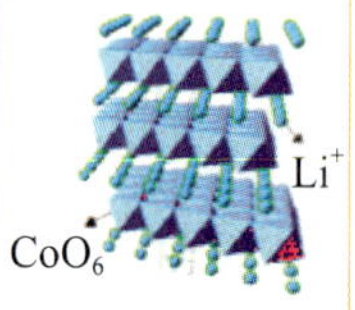	층상(Layered) 구조 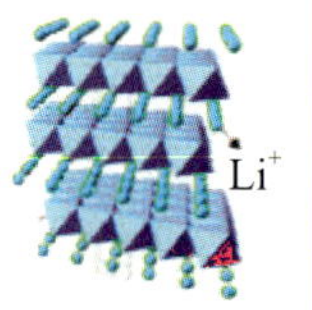	층상(Layered) 구조 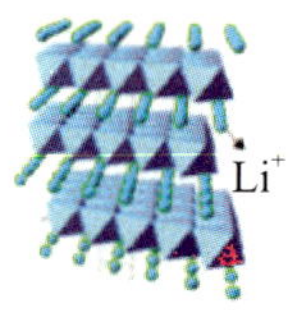	Spinel 구조 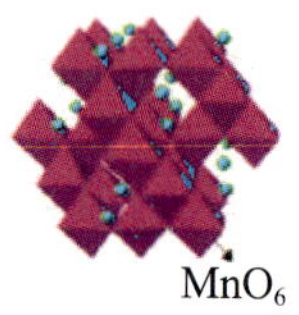	Olivine 구조 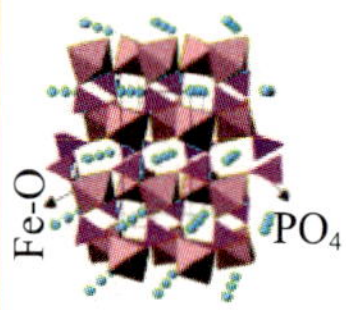
		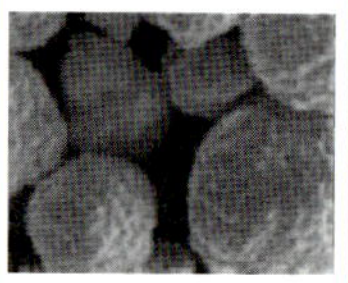	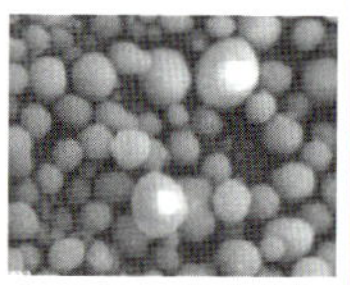		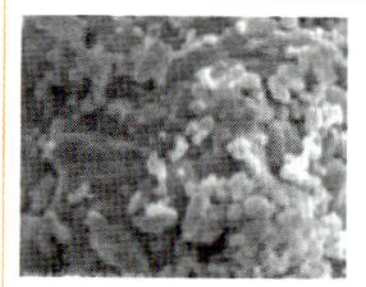
에너지 용량	145 mAh/g	140～220 mAh/g	180～220 mAh/g	110 mAh/g	150 mAh/g
동작 전압	3.8 V	3.7 V	3.7 V	4.0 V	3.2 V
안정성	높음	다소 높음	낮음	높음	매우 높음
수명	높음	중간	높음	낮음	높음
난이도	쉬움	다소 어려움	어려움	다소 어려움	어려움
용도	소형	소형, 중대형	소형, 중대형	중대형	중대형
제조사	엘앤에프, 코스모신소재, Shanshan, Umicore, Nichia	엘앤에프, 에코프로비엠, 코스모신소재, 포스코케미칼, Shanshan, Umicore, Nichia	에코프로비엠, Sumitomo, Toda, Nichia	포스코케미칼, Nichia, BYD	한화케미칼, Shanshan, BYD, A123

※ 출처 : 산업자료, 하이투자증권

① LCO ($LiCoO_2$ ： Lithium, Cobalt, Oxide)

리튬산화코발트 계열의 산화물로서, 아주 오래 전부터 리튬이온 배터리에 사용되어 왔고 현재에도 배터리 시장의 대부분을 차지하고 있다. 삼원계를 포함하는 이 물질은 층상 구조를 가지고 있으며, 전류가 통하면 충전과 방전과정에서 산화환원 가역 반응을 하는 물질이다. 공칭전압 3.7 V에 정격 용량이 g당 약 150 mA 수준으로 물질의 밀도가 높아 동일한 부피에 많은 전기에너지를 담을 수 있다.

② NCM (Ni & Co & Mn ： Nicke, Cobalt, Mangan)

니켈코발트 망간계열의 산화물로서 혼합 비율은 설계에 따라 NCM622, NCM811, NCM9 1/2 1/2로 구분된다. 예를 들어, 어떤 공정에서 작업지시서에 [NCM 622]라는 수치가 기재되어 있다면 양극재는 니켈 60%, 코발트 20%, 망간 20% 비율로 구성되도록 하라는 의미이다. 일반적으로 니켈(Ni)은 배터리 용량과 관련이 있고, 코발트(Co)와 망간(Mn)은 배터리의 안전성과 관련이 있다. 최근에는 에너지 밀도와 코발트 가격 때문에 하이니켈(Hi-nickel)로 가는 추세이다.

③ NCA (Ni−Co−Al ： Nicke, Cobalt, Aluminum)

니켈코발트 알루미늄 계열의 산화물로서 망간(Mn) 대신 알루미늄을 첨가한 전지이다. 알루미늄(Al)은 출력 성능을 향상시켜주는 역할을 하지만 원료 합성과 수분제어가 어렵기 때문에 많이 사용하지는 않고 일반적으로 원통형 배터리에 많이 사용한다.

④ NCMA (Ni−Co−Mn−Al ： Nicke, Cobalt, Mangan, Aluminum)

기존의 삼원계의 NCM (Ni-Co-Mn)에 알루미늄(Al)까지 추가된 양극재로서, 기존 NCM보다 알루미늄(Al)이 추가되어 출력까지 증가된 것이라고 볼 수 있다.

⑤ LMO ($LiMn_2O_4$ ： Lithium Mangan Oxide)

리튬(Li)망간(Mn) 산화물로서, 시판되는 고망간 양극재는 이미 1세대 닛산 리프에 사용된 리튬−망간 산화물 스피넬 형태로 존재한다. 이론적 용량이

148 mAh/g에 불과하고 평균 방전전압이 약 4.0~4.1 V인 이 양극재는 최신 NMC (Ni-Mn-Co) 층상계 산화물을 사용하는 전지에 비해 에너지 밀도가 낮고, 고온에서는 분해가 가속화되어 사이클 수명이 단축되는 문제가 있기 때문에 후속 닛산 리프 세대는 LMO (Li-Co 산화물)를 NMC (Ni-Mn-Co)로 대체하였다.

⑥ LFP ($LiFePo_4$)

리튬인산철($LiFePO_4$)은 <표 3-1-2 리튬이온과 리튬인산철 배터리와의 비교>에서 보듯이 자체 발열성이 없어 폭발가능성이 매우 낮아 안전성이 탁월하며, 또한 다른 배터리에 비해 직류측 입력변동이 작아서 PCS (전력변환장치) 설계가 용이하고, ESS (에너지 저장장치) 절연전압도 낮출 수 있어 주위 온도의 영향을 적게 받는다는 것이 큰 장점이다.

또한 <표 3-1-2 리튬이온과 리튬인산철 배터리와의 비교>에서 알 수 있듯이 리튬이온 배터리와 리튬인산철 배터리는 전압에서 큰 차이를 보이고 있다. 즉, 각 정격, 만충, 과충전 차단 전압이 서로 다르기 때문에 리튬인산철 배터

표 3-1-2 리튬이온과 리튬인산철 배터리와의 비교

항목 \ 종류	리튬이온	리튬인산철	리튬폴리머
배터리 명칭	Li-ion	$Li\text{-}FePO_4$	Li-Polymer
정격전압[V]	3.7 (3.8)	3.2	3.7 (3.8)
만충전압[V]	4.2 (4.35)	3.7	4.2 (4.35)
과충전 차단[V]	4.3 (4.4)	4.0	4.35 (4.4)
저속충전	0.2C	0.2C	0.2C
고속충전	1.0C	2.0C	2.0C
최대사용수명	< 1000	< 4000	< 4000
안정성	다소 높음	매우 높음	보통
사용온도	−20~60℃	−20~60℃	−20~60℃
장점	고밀도 / 소용량	긴 수명 / 대용량	고밀도 / 대용량
단점	폭발가능성 높음	폭발가능성 낮음 / 고가	폭발가능성 중간

※ 출처 : 산업자료, IBK 투자증권

리를 다른 배터리만큼의 동일전압과 동일용량으로 사용하기 위해서는 배터리 팩을 제조(제작)할 때보다 더 많은 셀을 사용할 수밖에 없는 것이다. 따라서 리튬인산철($LiFePO_4$)로 제작된 배터리 팩은 리튬이온으로 제작된 배터리 팩보다 더 크고 무거워질 수밖에 없기 때문에 한정된 공간에서 많은 배터리를 실어야 하는 부분이 단점으로 지적되고 있다.

표 3-1-3 2차 전지 양극/음극재 투입소재

투입 주소재부문	양극재	음극재	
활물질	NCA, NCM, LCO, LFP 등	천연 흑연	인조 흑연
도전재	Carbon Black	–	–
바인더	PVDF	SBR / CMC	PVDF
용매	NMP	탈이온수	NMP
첨가제	CNT (탄소나노튜브)	실리콘 산화물, CNT (탄소나노튜브)	실리콘 산화물, (탄소나노튜브)

※ 출처 : Today Engineering 메리츠증권리서치센터

(3) 리튬이온 전지 4대 핵심소재의 음극재

1) 음극재의 개요

음극재는 활물질이 산화되면 리튬을 저장 및 외부로 전자를 방출하는 전극으로서의 역할을 한다. 리튬 2차 전지의 음극재는 전자가 잘 움직이도록 전도성이 좋아야 하고, 리튬이동이 가능해야 하므로 상업화된 음극재의 활물질은 주로 흑연(Graphite)을 사용한다. 흑연은 전자의 화학반응성이 낮아 구조적으로 좋은 안정성을 지니고, 리튬이온에 대한 저장능력과 저렴한 가격 등 재료로서 경쟁력 있는 물질이기 때문에 많이 사용하고 있다.

2) 음극재의 대표적 활물질

① 흑연(Graphite)

리튬이온 배터리의 음극 소재로 주로 사용되는 흑연의 경우 ㉮ 광산에서 채굴하여 획득하는 천연 흑연과 ㉯ 석유 코크스와 피치코크스를 원료로 하여 전기 저항로에서 2,500℃ 이상으로 가열해서 만들어지는 인조 흑연으로 구분할 수 있다. 천연 흑연은 사용 시 충·방전으로 인하여 배터리가 부풀어 오르는 스웰링 현상이 있고 리튬의 이동경로가 제한적(적다)이지만, 천연 흑연에 비해 결정구조가 일정하고 안정적이며 인조 흑연은 리튬의 이동경로가 많기 때문에 충·방전 수명이 천연 흑연보다 길지만 가격이 상대적으로 비싸다는 단점이 있다.

② 코크스(Cokes)

코크스의 특징은 코크스를 만들기 위해 사용되는 석탄의 등급에 따라 달라

표 3-1-4 음극재의 천연 흑연과 인조 흑연의 특성비교

구분	천연 흑연	인조 흑연
구조	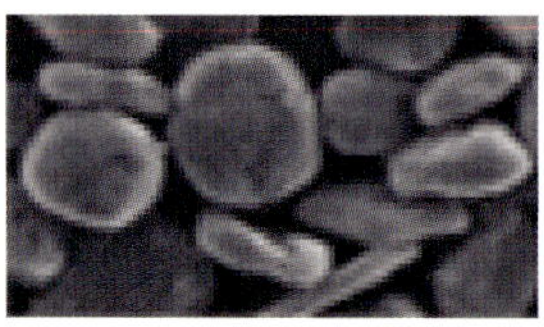	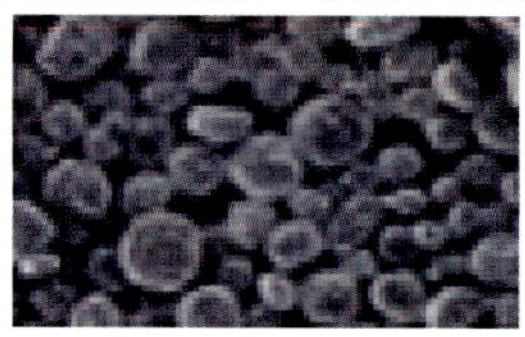
획득 과정	광산에서 채굴하여 획득	석유 코크스와 피치코크스를 원료로 하여 전기 저항로에서 2,500℃ 이상으로 가열하여 획득
이동 경로	제한적이다(적다).	많다.
이동 길이	길다.	짧다.
결정 구조	불규칙하고 불안정적이다.	일정하고 안정적이다.
충·방전 수명	짧다.	길다.
제조 필요 온도	1,000℃	3,000℃
가격 경쟁력	저렴하다.	비싸다.

※ 출처 : 산업자료, IBK 투자증권

진다. 석탄계 코크스의 휘발분과 고정탄소 함량은 사용하는 석탄의 등급과 석유의 공정에 따라 달라지고 제철소, 음극재, 알루미늄 용해로 등 많은 산업분야에서 사용되는 석유계 코크스는 석유와 석탄으로부터 얻을 수 있다.

③ 실리콘(Si)

안정성이 중요한 음극재는 일반적으로 탄소로 이루어진 흑연을 주로 사용했지만 흑연은 에너지 밀도 370 mAh/g이 한계이므로 이를 극복하기 위해 에너지 밀도를 400 mAh/g 이상 높일 수 있는 실리콘을 사용한다고 한다. 실리콘은 흑연에 비해 에너지 밀도가 높고, 흑연사용 시 충・방전으로 인하여 배터리가 부풀어 오르는 스웰링 현상도 억제할 수 있는 장점이 있지만 음극재로서 실리콘을 사용하기 위해서는 <그림 3-1-2 음극재 실리콘을 사용하기 위한 3가지 문제점>과 같은 단점을 해결해야 한다.

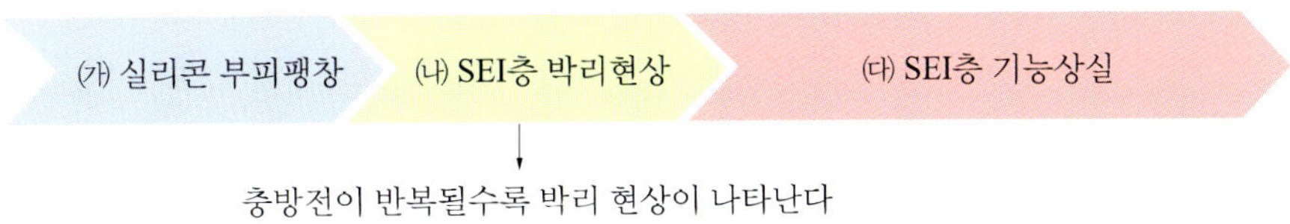

그림 3-1-2 음극재 실리콘을 사용하기 위한 3가지 문제점

④ 리튬금속산화물

리튬은 반응성이 매우 높지만 불안정하기 때문에 순수한 리튬이 아닌 리튬금속산화물을 사용한다. 활물질의 종류에 따라 무게/부피당 저장할 수 있는 리튬의 양이 매우 적고 낮은 표준전극전위를 가지는데, 양극과 더불어 셀을 구성할 때 요구되는 사항 7가지는 다음과 같다.

(가) 셀에 높은 전압을 제공

전기화학반응을 나타내는 전위가 리튬금속의 전기화학 전위에 근접함이 필요하다.

(나) 리튬이온과의 반응에 따른 구조변화가 적을 것

충・방전 사이클이 진행됨에 따라 구조 내에 스트레인(Strain)을 축적하기 때문에 구조변화가 있을 경우 반응의 가역성을 저해하게 되고 우수한 수명특성을 보이기가 어렵게 된다.

(다) 리튬이온과의 반응 가역성이 높을 것

이상적인 가역반응은 충·방전 효율이 100%이며 사이클에 따른 반응 효율의 변화가 없음을 의미한다.

(라) 전극 활물질 내에서 리튬이온의 확산속도가 빠를 것

특히 음극에서 리튬이온의 확산속도는 상대적으로 셀의 성능을 구현하는데 중요하다.

(마) 높은 전극밀도를 얻기 위해 음극 활물질의 밀도가 높을 것

전지설계에서 전지의 용량을 높이기 위해 고려되는 중요한 인자로서 흑연의 이론밀도는 2.2 g/mL, 용량밀도 818 mAh/mL이다.

(바) 전기전도도가 높아 전기화학반응 시 전자의 이동이 용이할 것

원활한 이동이 가능해야 충·방전을 제대로 할 수 있다.

(사) 단위 중량당 저장할 수 있는 전기량이 많을 것

음극에서는 양극의 리튬이온을 받아 삽입 및 탈리 과정이 간결해야 하며, 이 과정 시에 단위 중량당 저장할 수 있는 에너지가 많아야 한다.

⑤ Hard Carbon

3,000℃ 이상으로 고온 열처리를 해도 흑연화가 이루어지지 않는 Hard Carbon 소재도 음극재로 주목받고 있다. 전위 간의 곡선이 완만하여 충·방전 시 흑연보다 충전이 우수하다는 장점이 있지만, 배터리의 충·방전 시 리튬이온이 음극재에 삽입 및 탈리되는 과정이 반복되면서 흑연이 수축 및 팽창을 반복하게 되어 흑연 구조에 미세한 변화를 발생시키고 배터리의 수명을 단축시킨다는 단점이 있다.

(4) 리튬이온 전지 4대 핵심소재의 전해액(Electrolyte)

1) 전해질(전해액)의 개념

전해질(전해액)은 전지 내부의 2개의 전극(양극, 음극) 사이에서 분리막을 통해 이온이 자유롭게 이동할 수 있는 통로 역할을 한다. 전해질로는 리튬이온 염($LiPF_6$)을

물이 전혀 없는 유기용매에 녹인 것을 주로 사용하는데, 만약 전해질에 물이 있다면 리튬 금속과 폭발적인 반응이 일어나므로 전지를 사용하기도 전에 망가진다. 따라서, 양극과 음극의 전해질(전해액)로는 산・염기・염이 가장 잘 알려진 물질들이며, 이들은 물이나 알코올 같은 용매에 녹아 쉽게 이온화된다. 염화나트륨(NaCl)같은 많은 염들은 용매가 없어도 용융상태에서 전해질(전해액)로 작용하며, 요오드화 은(AgI ; 아이오딘화 은)과 같은 일부 염들은 고체상태에서도 전해질로 작용한다. 따라서 전해질로서 어떤 물질을 사용하느냐에 따라 전지의 전압과 수명, 용량, 안정성 등이 크게 바뀔 수 있다.

전해질(전해액)은 Cathode (−)와 Anode (+) 사이에서 지나가는(이동하는) 매개역할을 하는 것은 맞지만 <그림 3-1-3 리튬이온 전해액의 실제 영역>에서처럼 실제 전해액이 존재할 수 있는 공간을 갖는 구조는 아니며, Cathode (−)와 Anode (+) 사이에 있는 다공성 구조로 된 분리막(Separator)이 전해질(전해액)에 함습되어 있다. 실제 생산공정에서도 양극과 음극의 각 극판을 압축하여 나오기 때문에 앞장의 <그림 3-1-1 리튬이온 전지 핵심 4대 소재>에서 보는 것처럼 양극과 음극과의 거리가 많이 떨어져 있으며, 전해액이 들어가는 공간이 많이 있는 것처럼 보이지만 그것은 전지의 핵심 4대 소재에 대하여 설명하기 위한 것으로서 실제로는 전해질(전해액)을 담을 수 있는 별도의 공간은 없다고 이해하면 될 것이다.

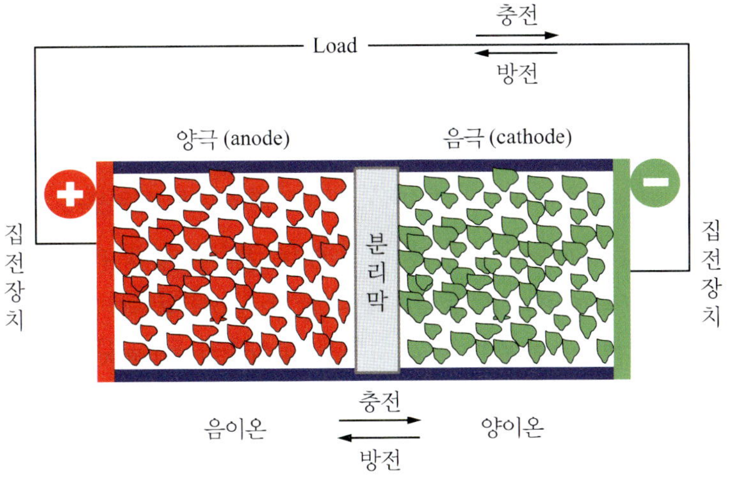

그림 3-1-3 리튬이온 전해액의 실제 영역

2) 전해질과 비전해질 물질의 종류

① 전해질(전해액)

고체상태에서는 전류가 흐르지 않으나 물에 녹으면(액체상태가 되면) 전류가 통하는 물질을 말한다.

→ 소금(염화나트륨), 황산구리(II), 황산, 수산화나트륨 등

(가) 강전해질 : 물에 조금만 녹아도 전하를 운반하는 입자들이 물속에 많이 떠다니므로 전기가 잘 통한다. → 염화나트륨, 질산칼륨 등

(나) 약전해질 : 물에 많이 녹아도 전하를 운반하는 입자들이 물속에 적게 떠다니므로 전기가 약하게 통한다. → 식초, 암모니아 등

② 비전해질

물에 녹아도 전류를 통하지 않는 물질을 말한다.

→ 포도당, 에탄올, 설탕, 녹말, 알코올, 글리세린, 아세톤, 석유 등

3) 전해질 수용액과 전류의 세기

① 농도에 따른 전류의 세기

일반적으로 수용액의 농도가 진할수록 전류의 세기가 커진다. 전해질 수용액의 농도가 진할수록 전하를 띤 입자가 많아지므로 어느 한도까지는 전류의 세기가 증가하다가 일정해진다.

② 종류에 따른 전류의 세기

같은 농도의 전해질 수용액이라도 전해질의 종류에 따라 전류의 세기가 달라진다.

(가) 강한 전해질 : 전해질 중 전류가 강하게 흐르는 물질을 말한다.

→ 염산(HCl), 황산(H_2SO_4), 염화나트륨($NaCl$), 수산화나트륨($NaOH$) 등

(나) 약한 전해질 : 전해질 중 전류가 약하게 흐르는 물질을 말한다.

→ 아세트산 (CH_3COOH), 암모니아(NH_3) 등

(5) 리튬이온 전지 4대 핵심소재의 분리막

1) 분리막(Separator)의 개요

전지 내부의 2개의 전극(양극, 음극) 사이는 전기가 통하지 않는 고분자 분리막으로 되어 있어 (+)극과 (−)극이 직접 접촉이 되는 것을 막는다. 만약에 분리막이 없으면 (+)극과 (−)극이 직접 접촉되면서 내부단락(Internal short)이 발생하여 흔히 말하는 쇼트가 일어나므로 전지를 사용할 수가 없게 된다. 분리막(Separator)은 양극과 음극 사이에서 물리적으로 야기되는 전자 접촉을 방지하는 전기적 절연(Electrical insulation)의 역할을 한다. 동시에, 육안으로는 잘 보이지 않는 다공성의 미세한 구멍을 통해서 이온만 쉽게 반대 전극으로 이동시켜 충전과 방전을 제어하는 것도 바로 분리막의 중요한 역할이다. 간단해 보이는 원리 같지만 분리막에는 최첨단 기술이 총집결되어 있다. 일반적으로 분리막은 전기가 잘 통하는 전해액에 푹 젖어 있기 때문에 제때 전기를 잘 차단할 줄도 알아야 한다. 마치 젖은 손으로 콘센트를 만졌을 때 인체에 전기가 흐르지 않도록 하는 것과 똑같은 이치이다. 이를 상상해 본다면 분리막 제조 기술이 얼마나 어려운지 이해할 수 있다. 또한 분리막의 두께는 일반적으로 30μ (= 0.03 mm) 정도인데, 매우 얇으면서도 면은 일정해야 하며 미세 구멍도 고르게 분포되어야 리튬이온이 자유자재로 양극과 음극의 전해질 사이로 순조롭게 오고가기 때문이다. 그리고 배터리를 충전할 때 만충이 되어도 계속 전기를 흐르게 내버려두어 내부 온도가 일정 수준 이상 올라가게 되면, 분리막 표면에 위치한 기공들이 막힘으로써 리튬이온의 이동을 차단하여 내부적으로 쇼트 발생을 방지한다. 또한 분리막은 높은 기계적 강도를 지니고 있어 외부로부터 강한 힘을 받았을 때 배터리 내부에서 발생하는 부산물이나 이물질들을 막아 안전성을 확보하는 역할을 수행하기도 한다.

2) 분리막의 사용조건

① 전기・화학적으로 안정적일 것
  → 내부단락(Internal short)을 발생 방지

② 전기적으로 절연성이 뛰어날 것

③ 분리막 구멍의 다공성이 고른 분포성을 가질 것
  → 구멍이 별로 없거나 들쭉날쭉하면 리튬이온의 이동이 어려움.

④ 충전과 방전 제어를 자체적으로 할 수 있을 것

→ 배터리의 온도가 일정 수준을 넘어섰을 때 분리막 자체적으로 기공을 막아(Shut-down) 리튬이온의 이동을 차단해 안전성을 확보

⑤ 높은 기계적 강도를 지닐 것

→ 외부로부터 강한 힘을 받았을 때 배터리 내부에서 발생하는 부산물이나 이물질들을 막아 안전성을 확보

3) 분리막의 소재

분리막의 소재로는 폴리에틸렌(PE), 폴리프로필렌(PP ; Poly Prophylene) 등과 같이 절연 특성이 뛰어난 고분자 소재가 사용된다. 이 소재들을 연신하여 미세한 기공을 만드는데 그 방식에 따라 건식(Dry Separator)과 습식(Wet Separator)으로 나눌 수 있다. <표 3-1-5 분리막 원단의 표면 및 단면 형상>에서 보는 바와 같이 건식 제조는 단순히 기계적인 힘으로 필름 원단을 당겨 기공을 만드는 방식으로서 제조공정이 간단하여 소재의 원단가격은 저렴하지만 기공 사이즈가 불균일하고 습식에 비해 기계적 강도도 약하다는 단점이 있어 주로 물리적인 부피에서 자유로운 에너지 저장장치(ESS), 전기버스 등에 채용되고 있다. 그리고 습식 제조는 필름에 여러 첨가제(오일 추출물 등)를 추가하여 화학적인 방식으로 기공을 만드는 방식으로서 제조공정이 복잡하여 소재의 원단가격이 비싸지만, 균일한 기공의 사이즈를 만들 수 있고 기계적 강도도 높다는 장점이 있어 주로 소형화, 고용량, 고출력 등의 고사양이 요구되는 IT 기기, 전기차(EV) 배터리에 채용되고 있다.

충·방전에 의한 자기발열이 너무 클 경우(예 : 약 90℃ 이상) 셀(Cell) 내부의 온도상승에 따른 분리막 변형으로 인해 이온의 원활한 흐름이 방해되어 양·음극이 직접 접촉, 내부 단락발생, 열 폭발로 연결되는 경우가 많기 때문에 최근에는 높은 내열성을 가진 소재인 CCS를 많이 채용하고 있는 추세이다. 최근에는 기존의 건식(Dry Separator)과 습식(Wet Separator)에 비해 우수한 이온전도도 및 열적 특성을 얻을 수 있는 CCS 강화막은 다공성 고분자막 표면에 세라믹 입자층을 코팅 작업한 세라믹코팅분리막(CCS ; Cermic Coated Separator)이다.

표 3-1-5 분리막 원단의 표면 및 단면 형상

구분	건식막	습식막	강화막
구조	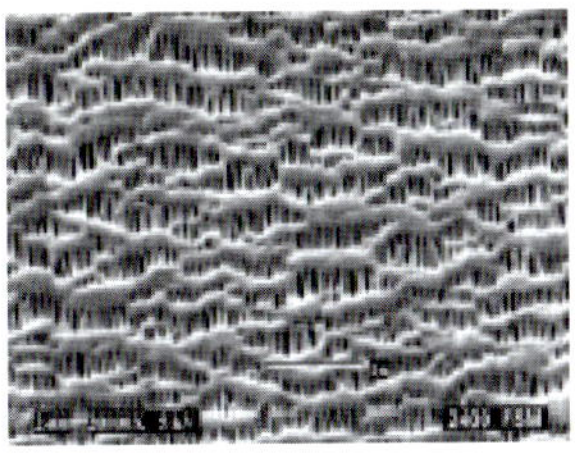	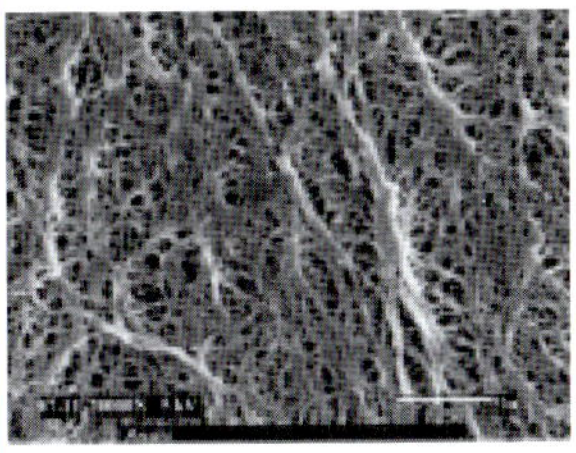	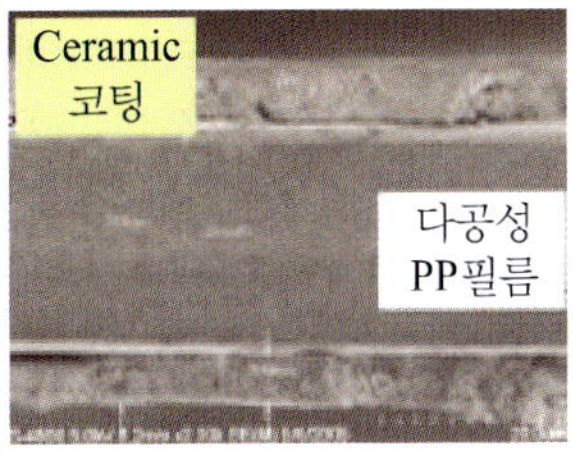
수지	폴리프로플렌 폴리에틸렌	폴리에틸렌	폴리프로플렌 폴리에틸렌
두께	10~25μm	10~25μm	15~25μm
연신	일축(Uni-axial)	이축(Bi-axial)	-
가격	1.0 \$/m^2	1.3 \$/m^2	1.5 \$/m^2
국내업체	씨에스텍	SK이노베이션	LG화학
해외업체	Polypore Ube Industries	Asahi Kasei Toray Tonen	Evonik Degussa Asahi Kasei

※ 출처 : 산업은행, "리튬이온 전지 소재기술 동향 분석 및 전망", 2012

[2] 2차 전지의 제조공정

(1) 제조공정의 개요

2차 전지(배터리)를 제조하는 공정은 생산하는 기업마다 상이하지만, 크게 4단계로 구분하고 있는데, 이는 <그림 3-1-4 2차 전지 제조 4단계별 공정분류>와 같이 단계에 따라 세분화 할 수 있다. 모든 제조공정에는 공정에 따른 필수 장비가 갖춰져야 하지만 2차 전지 제조는 소재개발이나 보유기술 또는 제조공정이 단순하지 않기 때문에 우월한 기술력과 생산시설보유 등 제조생산사 상호간 협업으로 생산 능력을 늘려나가는 방식을 채택하고 있다. 제조공정 1단계인 전극공정(극판공정)은 전체 제조공정에서 약 30%를 차지하고 있으며, 2단계인 조립공정은 약 17%를 차지, 3단계인 화성공정

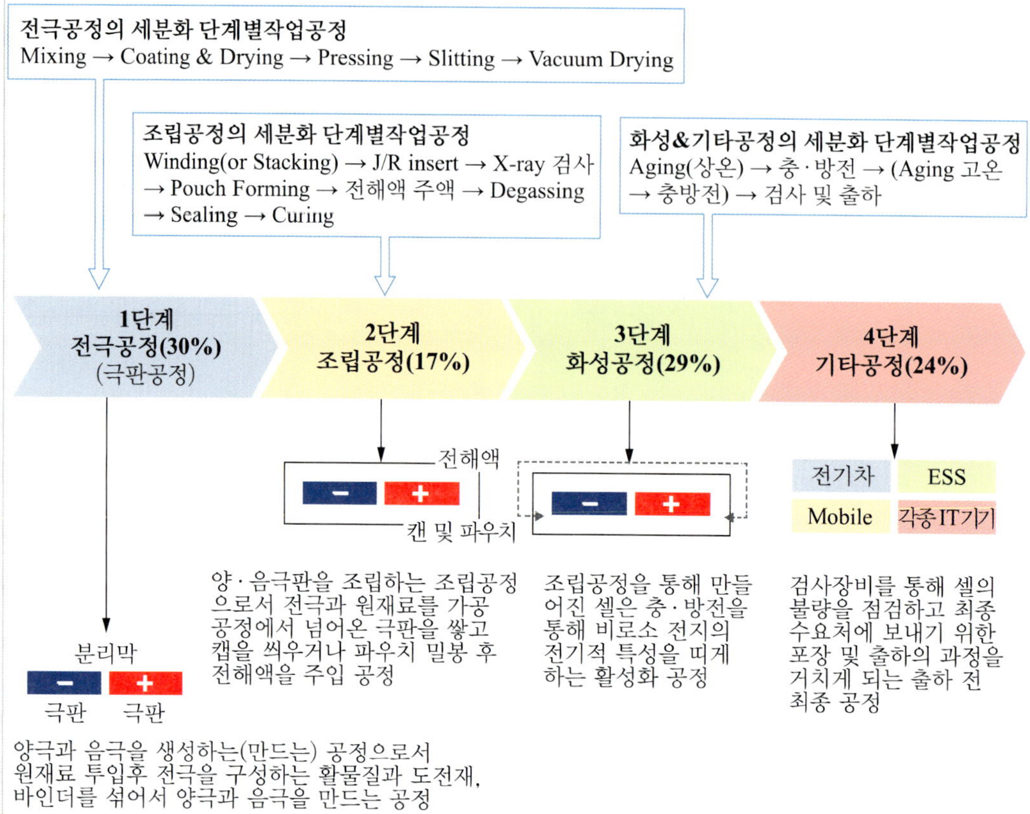

그림 3-1-4 2차 전지 제조 4단계별 공정분류

은 약 29%를 차지하며, 4단계로서 기타공정은 약 24%를 차지하고 있다. 제조사마다 다르지만 4단계의 기타공정을 별도로 표기하지 않고 3단계와 4단계를 통합하여 화성공정으로 표현하기도 한다.

(2) 제조공정 1단계 : 극판공정(전극공정)

제조공정의 첫 단계인 극판공정(전극공정)에서는 양극, 음극, 활물질을 기재에 도포 및 일정 크기로 절단하는 제조공정이다. 따라서 양극과 음극간의 각기 다른 물질로 인한 상호 오염을 방지하기 위해서 양극제조와 음극제조를 완전 분리한 별도 생산라인의 제조장비가 필요하지만, 장비를 충분히 세척할 시간이 있는 설비시설이 갖추어진 파일럿 플랜트는 장비 크기에 상관없이 동일 장비로 양극과 음극을 교대로(번갈아서) 제조하기도 한다.

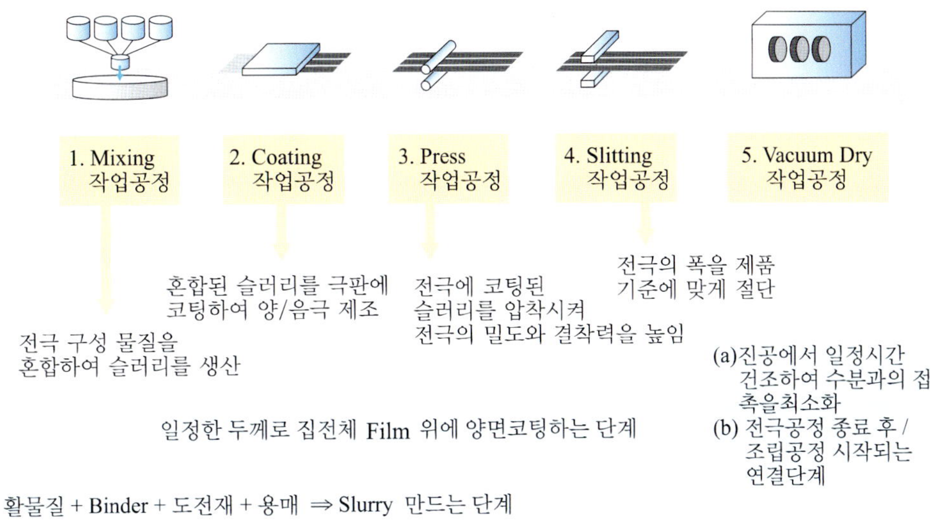

그림 3-1-5 2차 전지 제조공정 중 극판공정의 단계별 작업공정

1) 극판공정의 첫 번째 작업 : Mixing

Mixing작업은 분말가루(파우더) 형태의 활물질(양극, 음극)과 도전재(전도성이 있는, 전기를 잘 흐르게 하는 물질)와 바인더(기재판에 활물질이 잘 붙게 하는 역할)를 일정 비율로 혼합하여 큰 믹서로 섞어서 액체상태의 슬러리(Slurry)로 만드는 과정이다.

2차 전지 배터리는 충・방전을 반복하다보면 활물질의 부피와 구조가 변하게 되면서 발생되는 전극 성능저하로 인하여 전기가 잘 흐르지 않게 되는데, 이때를 대비하여 음극에는 탄소계 첨가물 Carbon Black 등의 활물질을 혼합하여 전도성 감소를 보정해주는 역할을 하며, 양극에는 전도성을 높여주는 역할을 하는 리튬산화물이 혼합된다. 또는 전극의 구조적 안정화를 위하여 고분자(PVDF, SBR, CMC) 첨가물과 각종 첨가제를 섞어 집전체인 알루미늄(양극)이나 구리(음극)에 코팅하기 적합한 액체상태인 슬러리(Slurry) 형태로 만드는 단계가 포함된 작업공정을 말한다.

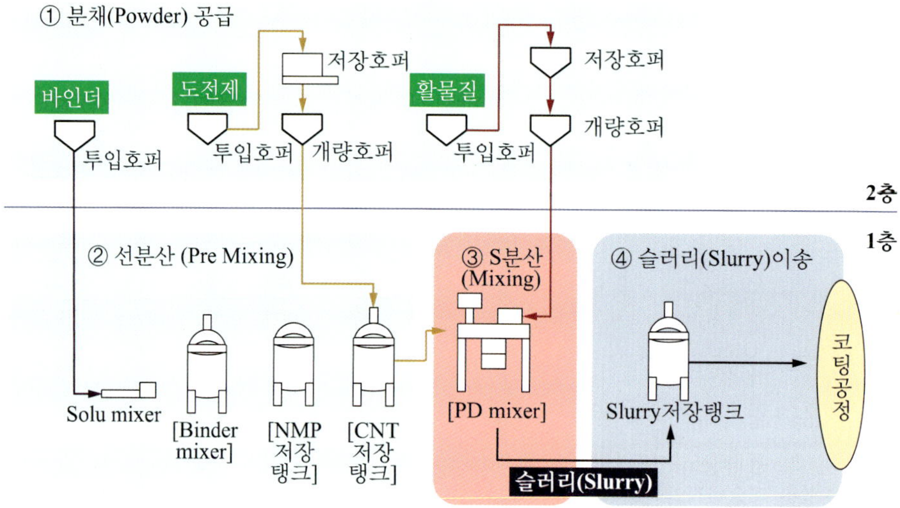

그림 3-1-6 Mixing System 양극공정 도식화

그리고 양극 활물질 중 니켈, 코발트, 망간(NCM) 제조는 일반적으로는 여러 가지 서로 다른 화학 물질들을 수용액 또는 비수용액에서 동시에 침전시키는 '공침법'과 같은 방법으로 합성한다.

또한 투입소재인 양극재, 음극재 각각의 물질들과 전극재료의 용매인 NMP와 함께 불균질혼합물인 현탁액과는 달리 용액 내 어느 지점에서든지 조성이 같은 용액(Solution)들을 파우더 형태로 투입 호퍼에 투입하여 <그림 3-1-6 Mixing System 양극공정 도식화>에 있는 것과 같이 바인더 용액 제조 → 바인더 용액 이송 → 슬러리 제조 → 슬러리 보관 및 이송되는 세분화된 작업과정을 거친다.

극판공정에서의 첫 번째 작업인 Mixing공정의 작업방법에는 2가지가 있다.

① 비수성 공정의 작업방법 : 유기용매를 사용하는 비수성 공정은 용매(NMP)와 바인더(PVDF)가 섞인 것으로서 폴리머 체인이 풀어진 바인더 용액을 제조한 뒤 거기에 분말인 활물질과 도전재(Carbon Black)를 분산시키며 하는 작업이다.

② 수성 공정의 작업방법 : 물을 사용하는 수성 공정은 수계 바인더의 경우 계면활성제인 CMC의 분산이 어려우므로 분말 믹싱법으로 분말끼리 먼저 섞은 후 활물질과 바인더(SBR/CMC)가 섞인 용액에 용매로 탈 이온수(Deionized water)를 넣어 주면서 하는 합제 작업이다.

2) 극판공정의 두 번째 작업 : Coating

일정한 장력으로 금속 집전체 또는 전면 코팅된 전극(후면 코팅일 경우)을 풀어 코터 헤드를 통과시킨 슬러리를 정해진 패턴과 일정한 두께로 집전체 필름 위에 활물질을 코팅하는 단계로서, 바인더(Binder)를 전극에 골고루 배치시켜 균일한 성능과 원하는 수명 확보와 균일성을 위해 공정 안의 진동이 최소화 되도록 한다. 전극이 수평으로 이동하기 때문에 한 번에 양면 코팅이 불가능하므로 제조공정의 설비는 일반적으로 1층과 2층으로 나누어서 먼저 한 면의 전극을 코팅하고 건조공정을 거친 후 다시 코팅 헤드 쪽으로 가져와서 반대편을 코팅하는 방법으로 양면 코팅을 진행한다. 코팅 방식에 따라 Slot die, Doctor blade, Comma roll과 같은 방식이 있다.

코팅 공정에서 리튬이온 배터리 LIB (Lithium-ion battery)는 리튬 원자의 공급원이 한정된 전지이므로 불량률을 최소화로 해야 하며, 음극과 양극의 활물질 용량 비율을 결정하게 되는데 이 비율을 '엔피비율(N/P ratio)'이라고 한다. 엔피비율은 코팅 공정의 아주 중요한 설정 요소로서 이 비율에 따라 성능과 안전성이 좌우되기도 한다. 만약에 엔피비율이 낮으면 용량은 증가하지만 안전성이 악화되고, 엔피비율이 높으면 수명 성능이 향상되기 때문에 각 제조사는 수요처에서 원하는 특성에 맞는 엔피비율을 찾아내어 설계하는 작업이 매우 중요한 과제가 된다. 최소 엔피비율은 대략적으로 1.12이다.

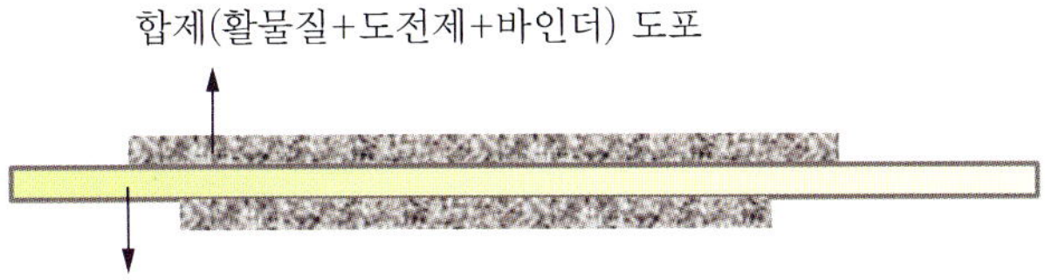

그림 3-1-7 Coating 작업공정 중 기판표면에 활물질이 도포된 모습

코팅 공정은 기판 역할을 하는 Al, Cu foil의 집전체 상에 전극 슬러리를 정해진 패턴과 일정한 두께로 코팅한 후 건조하는 공정으로서 양극(+)의 집전체는 알루미늄 박막으로 사용하고, 음극(−)의 집전체는 구리 박막을 사용하면서 동일한 형태로 양쪽의 극에 Coating공정작업을 진행한다. 그리고 코팅 공정에서 전지 설계에 대한 변수는 <그림 3-1-8 Coating작업공정 중 전지 설계에 대한 변수항목>과 같으며, 이는 <그림 3-1-3 음극재 실리콘을 사용하기 위한 3가지 문제점>과도 같은 항목이다. 그 이유는 사용물질에 따라 달라지기는 하지만 전지의 문제점은 곧 전지의 변수 결정항목으로 연결된 작용을 하기 때문이다.

그림 3-1-8 Coating작업공정 중 전지 설계에 대한 변수항목

코팅 공정에서는 믹싱 공정에서 골고루 섞여 만들어진 투입 주재료들의 슬러리 형태의 합제가 그 형태를 유지할 수 있도록 각 극의 기판 표면에 도포되는데, 코팅되는 간격과 코팅되는 두께의 패턴에 따라 전지의 성능이 달라지므로 균일한 도포 성능이 요구되는 코팅 품질에 대한 설비 중의 롤러의 속도를 안정적으로 제어할 수 있는 기술이 요구된다. 이러한 코팅 공정은 기판(집전체)에 합제들을 도포한 후 롤러에서 이동하는 중에 그 표면에 합제가 기판(집전체)에 완전히 흡착되도록 열풍기를 이용한 따뜻한 바람으로 적절히 건조하는 방식으로 이루어진다.

3) 극판공정의 세 번째 작업 : Pressing

압연(Calendar) 공정이라고도 하며, 압연 롤러로 압력을 가해 극판을 납작하게 압착시켜서 기판(Binder matrix)과 합제의 결찰력을 한층 증가시킨다. 또한 이 Pressing공정에 의해 두께가 줄어들어 더 높은 에너지 밀도를 가지게 되므로 전극의 조직화로 이온들이 더욱 원활하게 이동할 수 있게 한다.

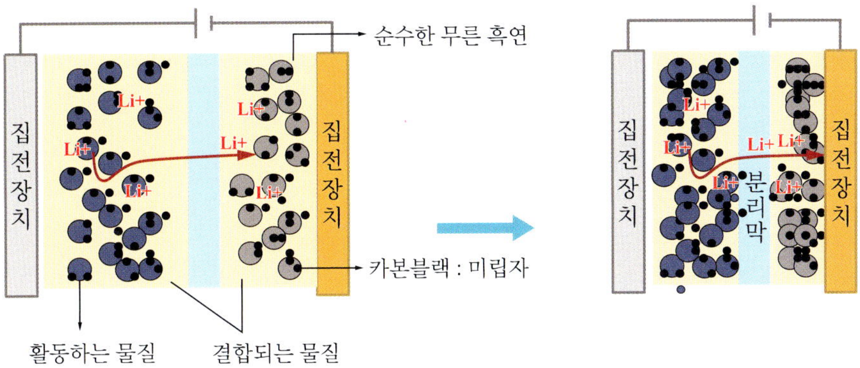

그림 3-1-9 압연작업공정 중 압연 전(좌측)과 후(우측)의 극판 두께의 변화

4) 극판공정의 네 번째 작업 : Slitting

슬리팅(Slitting) 공정은 극판 공정의 마무리 단계로서 롤 프레싱(Roll pressing) 공정을 거쳐 얇게 펴진 넓은 판 모양의 전극판이 나오면 2차 전지 극판을 설계할 때의 전지 규격에 맞게 전극 폭을 자르는 공정이다. 절단공정은 두 가지로 나뉘는데, 먼저 전극을 세로방향으로 자르는 슬리팅(Slitting) 공정을 거친 후에 "V"홈과 탭을 만드는 '노칭(Notching)' 작업으로 이어진다. '노칭(Notching)' 작업은 <그림 3-1-10 슬리팅(Slitting) 공정 중 노칭(Notching) 작업을 한 예시>의 좌측과 같이 규격에 맞게 필요 없는 부분(점선표시)을 제거하기 위해 절단하는 것으로서 우측은 원하는 대로 정리가 된 모습이다. 이때 안정적인 슬리팅(Slitting)을 위해 날의 회전 속도를 균일하게 제어해야 하고, 제조하는 전지의 사이즈를 변경하려면 각 규격에 맞는 칼날로 교체해주어야 한다. 슬리팅 공정을 마친 롤 형태의 전극판은 조립 공정에 들어가기 전에 건조실에서 장시간 수분을 제거해 준다.

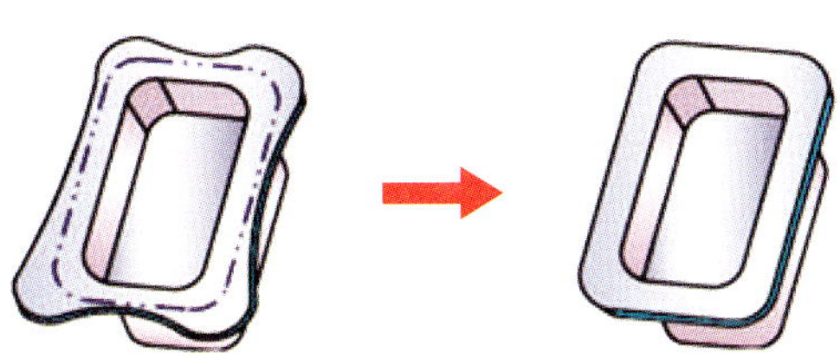

그림 3-1-10 슬리팅(Slitting) 공정 중 노칭(Notching) 작업을 한 예시

(3) 제조공정 2단계 : 조립공정(Assembly Process)

앞의 <그림 3-1-4 2차 전지 제조 4단계별 공정분류>에 있는 것처럼 제조하는 공정의 두 번째 조립공정(Assembly Process)에서는 1단계에서 제작된 극판을 젤리롤 형태로 하여 캔 또는 파우치에 넣어 다양한 전지형태로 조립하는 단계이다. 양극, 분리판, 음극 순서 등으로 하여 여러 겹으로 싸서 알루미늄 캔 혹은 파우치에 삽입하고 전해액을 넣은 후 봉합하여 셀(Cell)로 조립하는 작업으로서, 전지의 형태에 따라 생산하는 기업마다 상이한 프로세스(Process)로 진행되고 있지만 일반적으로 Winding (또는 Stacking) → J/R insert → X-ray 검사 → Pouch Forming → 전해액 주액 → Degassing → Sealing → Curing 작업 순서로 진행된다.

1) 조립공정의 첫 번째 작업 : Winding 또는 Stacking

노칭(Notching) 후 양극, 분리막, 음극의 형태로 제조 타입에 따라 스택 젤리롤(Stack jelly roll) 또는 와인딩 젤리롤(Winding jelly roll)을 형성하는 공정으로서 크게 생산방식과 셀(Cell) 모형에 따른 분류로 구분할 수 있다.

① 생산방식에 따른 분류

(가) Winding 방식(돌려말기, 권취)

원형 전지가 개발된 2차 전지 초기의 조립공정에서 사용하던 방법으로서, 아직까지 테슬라 EV (Electronic Vehicle)에는 원형 전지를 쓰지만 점차적으로 각형 전지로 바뀌게 되고 있는 추세이며, 현재 원형과 각형 전지에 적용되는 공정이다. 음극(Anode) → 분리막(Seperator) → 양극(Cathode) → 또다시 분리막(Seperator) 순서로 차례대로 쌓아서 봉으로 만들어진 원통형의 틀에다 감고 <그림 3-1-11 전지 형태별 Winding 공정>의 좌측과 같이 두루마리 휴지처럼 돌돌돌 말아서 원통 캔에 넣으면 원형(Cylindrical Cell) 전지가 되고, 각진 캔에 넣으면 각형(Prismatic Cell)이 된다. 특히 와인딩(Winding) 과정에서 전극의 두께가 균일하지 않으면 불량이 많이 발생하고, 고출력 방전 시에 열발산이 잘 되지 않아서 국부적으로 전극이 타는 경우가 발생하는 등 전지 성능

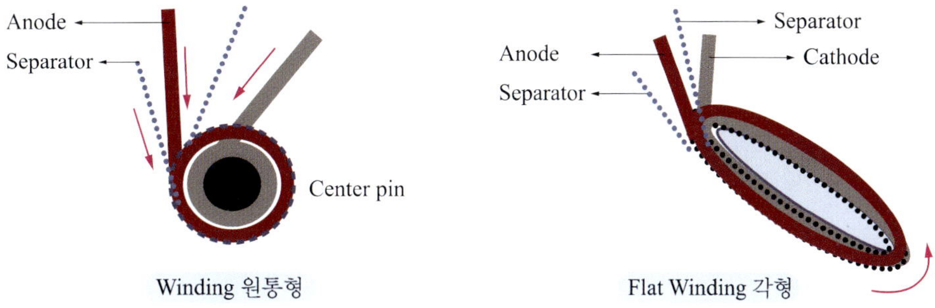

그림 3-1-11 전지 형태별 Winding 공정

에 밀접한 영향을 주기 때문에, 와인딩은 단순히 감아서 젤리롤을 만드는 것이 아니라 성능의 제어기능을 함께 갖고 있는 중요한 공정이기도 하다.

와인딩(Winding) 공정은 제조비용이 저렴하고 공정 속도가 빠르기 때문에 생산성이 높다는 장점이 있으나 충·방전이 반복되면서 젤리롤(Jelly roll)의 형태가 변형될 수 있고, 특히 원통형일 경우에는 캔과 젤리롤(Jelly roll) 사이에 생기는 빈 공간으로 인해 에너지 밀도가 낮아지고 전극 두께의 정확한 균일성이 요구되는 단점이 수반된다. 자세히 설명하자면, <그림 3-1-12 Winding 공정에서 배터리 내부밀도>와 같이 캔 타입(Can Type) 전지의 내부에 촘촘하게 들어간 젤리롤(Jelly roll) 가장 안쪽의 A-a 부분은 동그랗게 원형으로 만들어야 하므로 자연적으로 빈공간이 생기는데 이 빈 공간을 별도의 젤리롤(Jelly roll)로 채우기가 힘들고, 바깥부분인 A-b에는 원형으로 휘어지는 각 때문에 촘촘하게 만들다보니 크랙(Crack) 같은 문제가 발생할 소지가 있다.

전기차에 들어가는 배터리는 <그림 3-1-12 Winding 공정에서 배터리 내부밀도>의 A-1과 같이 1차적으로 일정한 형태의 모듈(Module)에 배터리 셀(Cell)들을 넣고, 이 모듈(Module)을 여러 개 직렬로 연결시켜서 요구하는 기기에 맞춘 용량의 전체적인 배터리 팩(Battery Pack)을 만든다. 이 관점에서 에너지 밀도는 배터리 용량과 성능면에서 밀접한 영향을 받기 때문에 배터리의 내부밀도를 높이는 내부적인 설계가 필요하다. <그림 3-1-12 Winding 공정에서 배터리 내부밀도>의 A-1과

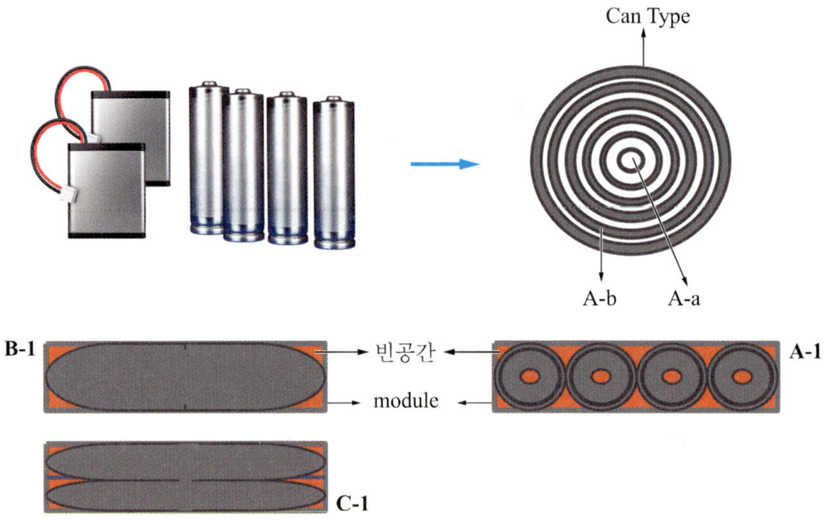

그림 3-1-12 Winding 공정에서 배터리 내부밀도

같이 사각 모듈(Module)에 여러 원형 전지 셀(Cell)을 채우고 나면 모듈 안에 배터리가 차지하지 않는 빈 공간이 많이 발생한다. 이러한 빈 공간의 발생은 실제 에너지를 가지고 있지 않는 "zero"로서 에너지는 "0" 상태가 많아질 수밖에 없다. 사각 모듈(Module)안에 B-1과 같이 타원형의 셀(Cell)을 넣었을 경우에는 에너지를 가지고 있지 않는 "zero" 상태가 사각 모듈(Module)의 네 곳의 모서리에만 생기게 되어 원형 전지 셀(Cell)을 사용하는 것보다 에너지 밀도가 훨씬 높아지게 된다. 한 걸음 더 나아간 기술로는 C-1과 같이 사각 모듈(Module)을 반으로 나누어 사용하는 방법으로서, 절반 크기로 나뉜 타원형 셀(Cell) 2개를 넣어서 사용했을 경우에 빈 공간이 최대한 줄어든다. 현재는 1/4까지 분할한 타원형 셀(Cell) 삽입 기술을 이용해 훨씬 효율적인 내부 밀도를 가진 배터리가 만들어지고 있다.

(나) Stacking 방식(겹쳐쌓기, 적재) / 폴딩(Folding) 방식

양극과 음극 전극사이에 분리막, 즉 양극재 → 분리막 → 음극재 순으로 절연되도록 층층이 번갈아서 차곡차곡 스태킹(Stacking)한 후에 접합(Taping) 작업이 함께 되는 공정이다. 스태킹(Stacking) 또는 폴딩

(Folding) 방식의 특징은 설계 디자인의 변형이 가능하고 배터리 에너지 밀도가 높지만, 와인딩(Winding) 방식의 속도보다 늦기 때문에 생산성이 낮다는 것과 공정이 까다롭고 시간이 오래 걸려 경제성이 떨어진다는 것이다. 각형 배터리 제조방식에서는 와인딩(Winding) 작업방식보다는 스태킹(Stacking) 작업방식을 주로 적용한다. 특히, 각형에서는 회전의 축이 되는 맨드릴(mandrill ; 주축)의 설계는 제조사마다의 고유기술로 되어 있다. LG화학의 경우에는 <그림 3-1-13 Bi-Cell의 Lamination 방식>과 같이 음극, 분리판, 양극을 정렬하면서 쌓은 두 가지 타입의 Bi-Cell을 만든 후 각 타입을 번갈아가면서 전극을 쌓아 붙여 폴딩하는 라미네이션(Lamination) & 스태킹(Stacking) 방식을 사용하고 있고, 삼성SDI와 SK이노베이션의 경우에는 음극과 양극판을 낱장으로 각각 분리한 후 분리판을 Z 형태(지그재그 형태)로 쌓으면서 그 사이에 전극판을 번갈아가면서 쌓는 방식을 사용하고 있다.

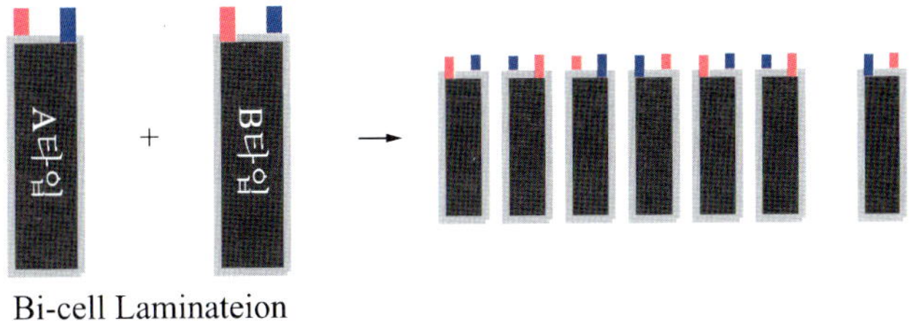

그림 3-1-13 Bi-Cell의 Lamination 방식

② 셀(Cell) 모형에 따른 분류

(가) 원형 전지(Cylindrical Cell)

원형이나 각형 전지에서는 극판에서 일반적으로 와인딩(Winding) 작업방법을 사용하고 있으며, 이를 보통 "권취"라고 한다. 원형과 타원형은 노칭(notching)한 극판을 와인딩(Winding)하여 젤리롤(Jelly Roll) 형태로 만들어서 캔(Can)에 고정되도록 삽입한 후 Can-Cap 용접을 한다. <그림 3-2-14 전극의 무지부 탭(Tab) 부착하는 방법>을 보면, 먼저 초음파 또는 레이저로 캔(Can)에서 나와 있는 양극(Al)과 음극(Cu/Ni)의

전극에 외부와 전류 통로가 되는 Tab을 부착시키기 위해 코팅 처리가 안 된 무지부의 양극과 음극에 Tab을 압착하고, 그 다음에 삽입된 젤리롤이 캔 속에서 움직이지 않도록 캔의 상부를 압연하는 비딩(Beading) 작업공정을 한다. 파우치(Pouch)의 경우에는 바로 외부 사각면에 진공 포장을 하는 것과 유사한 패키징(Packaging)을 한 다음에, 내부의 공기를 빼고 압착하여 측면을 비딩(Beading)과 글램핑(Crimping) 방식(통조림 밀봉방식)으로 압착하여 캔(Can)을 밀봉한다. 그런 후에 젤리롤과 캔의 상태를 X-ray로 검사하고, 검사가 완료된 캔에 밀봉정량의 전해액을 주입한 뒤 (원형과 각형의 잔류가스를 빼주는 디개싱(Degasing) 작업은 하지 않고 바로) 캔을 세정하고 캔의 외장재를 튜빙(Tubing)하면 전지의 조립이 완료된다.

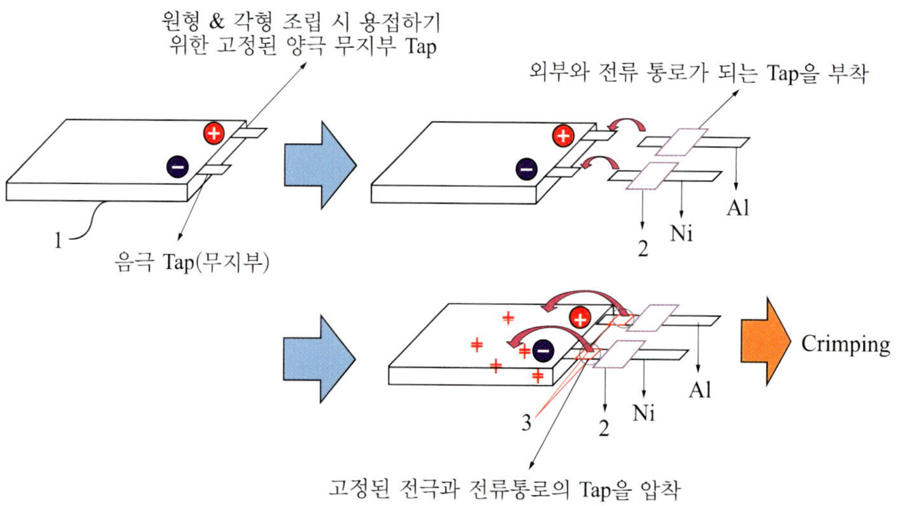

그림 3-1-14 전극의 무지부 탭(Tab) 부착하는 방법
※ 출처 : https://patents.google.com/patent/KR101342696B1/ko

(나) 각형 전지(Prismatic Cell)

각형 전지는 권취(Winding) 또는 스택(Stacking) 공정으로 젤리롤을 만들고, 알루미늄 캔에 탭(Tab)을 용접한 후 젤리롤을 캔에 삽입하고, 캡(Cap)을 용접한 후에 리크 체크(Leak Check) 검사와 X-ray 검사를 통하여 캡(Cap)의 용접 품질과 캔(Can)의 상태를 검사한다. 그런 다음 1차 전해액 주입 후 초기충전 하고, 2차 전해액 주입 후 Ball을 압입하여 주액구를 용접하고 캔을 세정하고 튜빙하여 전지 조립을 완료한다. 마지막으로 또 한 번의 검사를 하게 되는데, 화성공정에서 전지를 충・방전하고 완성된 셀(cell)의 출하 전에 최종적으로 내부저항 및 전압을 측정하여 셀(cell)의 적합성(양호/불량) 여부 선별과 배터리 내부에 이물질이 들어가 있지는 않은지, 배터리 내부 구조가 안정적인지 파악하기 위해 IR/OCV 검사를 진행하여 최종 전지 완성의 틀을 구성한다.

(다) 파우치형 전지(Pouch Cell 또는 폴리머형 전지)

파우치형 전지는 극판공정에서 완성된 양극과 음극의 단판 극판을 분리막 사이에 두고 일정한 두께로 적층(Stacking)하여 젤리롤(Jelly Roll)을 만들어 조립 공정에서 파우치에 삽입하고, 파우치의 상・하단을 밀봉한 후에 전해액을 주입하고, 다시 파우치 측면을 밀봉하여 셀(Cell) 조립(Packaging)을 완료한다. 조립이 완료된 셀은 화성공정을 통하여 1차 충・방전(Formation) 후 파우치 내에서는 발생한 가스를 제거하는 디개싱(Degasing) 작업을 한 후에 또 다시 2차 충・방전(Formation) 후 최종 셀의 성능과 특성을 측정하기 위하여 IR/OCV 검사를 진행하여 전지 제조를 완료한다.

③ 셀(Cell) 모형에 따른 특징

표 3-1-6 셀(Cell) 모형에 따른 특성

구분	공정특성	장점	단점
원형	조립공정에서 젤리롤을 만든 후 원통형 캔에 넣는다.	가격 경쟁력 우세, 난이도 낮은 공정, 표준화된 사이즈, 대량생산 가능, 높은 안정성, 높은 출력	경량화, 소형화 한계(낮은 디자인의 유연성), 짧은 수명(충・방전 반복 시 급격한 성능 저하)
각형	조립공정에서, 젤리롤을 만든 후 사각알루미늄 캔에 넣는다.	가격 경쟁력 우세, 낮은 공정난이도, 높은 안정성, 대량 생산가능	경량화, 소형화 한계(낮은 디자인의 유연성), 짧은 수명, 파우치형에 비해 저출력 & 저밀도, 열방출의 어려움
파우치형	조립공정에서 젤리롤을 만든 후 파우치로 감싼다.	경량화, 소형화 가능(높은 디자인의 유연성), 고용량 & 고밀도, 대면적(열관리 용이)	낮은 안정성, 난이도 높은 공정, 높은 가격

2) 조립공정의 두 번째 작업 : J/R Insert & X-ray 검사공정

젤리롤 인서트(J/R Insert)는 전지 형태로 만드는 단계인 멀티탭 터미널공정으로서 권취가 완료된 젤리롤을 셀(Cell) 용기에 삽입하는 공정을 말한다. J/R Insert를 거친 젤리롤의 삽입상태 및 품질검사, 불량검출을 위한 비전검사 및 방사선 투과 검사기술을 사용하여 X-ray 비파괴검사를 한다. 2차 전지의 내부결함을 검출하는 X-ray 검사장비는 X-ray를 통해 얻은 영상을 처리하여 원하는 검사작업을 수행하는 장비로서, 이 검사작업에서 얻은 영상을 컴퓨터로 처리하여 원하는 결과를 얻는 기술을 '머신비전(Machine Vision, 기계 시각)'이라 하는데 이러한 기술을 이용하여 2차 전지의 각종 불량 발생에 대한 검사를 자동화하여 수행하는 것이다. 따라서 비파괴검사(Non Destructive Testing)기술 중 하나인 방사선 투과검사(RT ; Radiographic Testing)는 물품 속에 결함이 있을 경우 파괴검사로 결함 유무를 바로 확인할 수 있으나 손실(시간, 인・물적)을 최소화하기 위하여 대부분 비파괴검사 방법을 대부분 채택하게 된다.

표 3-1-7 결함검출 대상에 따른 구분의 비파괴 검사종류

표면 결함	육안검사	• 육안 또는 게이지 등을 이용하여 표면의 결함을 측정
	자분탐상검사	• 강자성 재료에 대한 표면의 결함을 검출
	침투탐상검사	• 금속재료 및 비금속재료의 표면 결함을 검출
	전자유도시험	• 봉이나 관의 자동탐상에 유리하며 도체 비접촉으로 고속 탐상
내부 결함	방사선투과시험	• 측정된 두께의 차이를 이용하여 구상결함을 검출하며, 두께의 차이가 없는 라미네이션, 방향성 균열은 검출이 제한적
	초음파탐상시험	• 면상결함에 대하여 방사선투과시험보다 우수하며, 탐상면에 초음파가 수직 입사할 수 있도록 설정에 유의
	투과방사선시험	• X선 투과시험법, R선 투과시험법, 중성자 투과시험법 • 피검재료에 공업용 필름을 부착하고 일정한 거리에서 일정한 강도 및 에너지를 가진 방사선을 일정시간 투과한 방사선이 필름에 감광된 필름을 현상하여 규칙적으로 나타나는 결함을 확인

3) 조립공정의 세 번째 작업 : Pouch Forming

Pouch Cell은 Aluminum 소재의 필름을 Pouch Cell 크기에 맞게 컵 형태로 장비를 통해 성형하여 그 안에 양·음극재와 분리막을 접어서(Folded Cell) 넣는 공정 작업을 말한다. 성형하는 깊이는 적층 수량을 감안하여 Sotpper 조정, Servo Motor 조정의 2가지 방식 중 제조사마다 설계된 Cell 크기와 장비 크기에 따라 선택하지만, 다양한 조건에서의 제작은 기능을 달라지게 만듦으로 선택하여 사이드 씰링(Side Sealing) 공정의 제작을 한다.

4) 조립공정의 네 번째 작업 : 전해액 주액(E/L filling) & Degassing

① 전해액 주액(E/L filling) 공정

전해액을 주입하여 전극을 함침(Impregnation)시키는 E/L Filling 공정을 말한다. 전해액(Electrolyte)은 배터리 내부의 양극과 음극사이에서 분리막을 통해 리튬이온이 이동할 수 있도록 매개체역할을 하는 물질이므로 분리막이 전해액에 함습된 구조를 가질 수 있도록 일반적으로 전해액의 약 20% (리튬염) 정도로 주입하되, 기본적으로는 설계된 최적량의 전해액을 주입한다. 전해질의 구성에 따라 배터리의 성질이 많이 바뀌는 것을 최소화하기 위해 단시간에 젤리롤(Jelly Roll) 형태의 전극에 함습시키도록 하는 것이 바람직하다. 현재 가장 대중적인 전해질인 리튬염($LiPF_6$)에 F전해질인 전해액 첨가제 LiFSi을 추가로 사용할 경우에는 저온에서 방전 억제율이 매우 우수하여 배터리의 수명을 연장해준다. 그리고 기존 전해질 $LiPF_6$에 P전해질인 전해액 첨가제 $LiPO_2F_2$을 추가로 사용할 경우에는 충·방전 반복 시 방전 능력을 유지하게 해주며, 과충전에도 우수한 특성을 보여주므로 고출력 배터리에 사용한다.

▲ 기존 $LiPF_6$ + 첨가제 추가 F전해액(LiFSi) ⇒ 저온방전 억제율 개선
F전해액 LiFSi ⇒ Li (리튬) / F (플루오린) / Si (규소, 실리콘)

▲ 기존 $LiPF_6$ + 첨가제 추가 P전해액($LiPO_2F_2$) ⇒ 충·방전 효율 개선
P전해액 $LiPO_2F_2$ ⇒ Li (리튬) / P (인) / O_2 (산소) / F_2 (불소)

② 디개싱(Degassing) 공정

배터리 내 진공용기나 진공관, 양극, 음극 등에 흡착되어 있는 잔류기체는 자연배기만으로는 제거되지 않으므로 강제로 배출시키는 공정을 말한다. 2차 전지의 제조공정에서는 원형과 각형의 경우 알루미늄의 메탈 케이스에 전지를 넣고 밀봉한 후 전해액을 주입하므로 디개싱(Degassing) 작업이 필요 없지만, 파우치(Pouch)형의 경우에는 알루미늄 필름 파우치에 전극을 넣은 후 케이스에 넣어 패키징(Packaging)과 웰딩(Welding) 작업이 끝난 셀(Cell)을 전해액이 나오는 노즐(Nozzle)을 통해 주입한다. 이런 모든 공정이 끝나고 나서 조립공정에서 1차 충·방전할 때 셀(Cell) 내부에 발생하는 가스를 반드시 제거해주어야 하는데, 이것이 디개싱 공정이다.

5) 조립공정의 다섯 번째 작업 : Sealing & Curing

① Sealing 공정

2차 전지 조립공정으로 제작된 극판을 캔 또는 파우치에 넣어 전지 형태로 만들기 위한 단계에서 폴리머(Polymer)셀의 음극, 양극, 상부, 측면 등과 맞춤 또는 밀봉(접합)하는 공정으로서 상판과 하판을 접합하는 과정에서 패널 내부를 진공 상태로 하여 공기의 유출을 확인하는 것이다. 외부와 완전히 격리시키기 위한 기술(FED)이 요구되며, 밀봉(접합)하는 방법으로는 용제를 사용하는 방법과 열을 이용하는 방법 중 열을 이용하는 방법을 주로 사용하는 이유는 리튬 2차 전지의 신뢰성에 많은 영향을 미치는 물성에 대한 전해액의 누출을 방지하기 때문이다. 일반적으로 진공 상태로 파우치 필름을 긴밀히 접착시켜 두 장의 열가소성 플라스틱의 표면을 열과 압력을 가하여 밀봉(접합)하는 열융착(Heat-Sealing)방법을 많이 사용하고 있다.

② Curing 공정

배터리의 부풀음 방지를 위하여 열처리를 하는 공정을 말한다. 큐어링(Curing) 공정은 전지의 견고성을 향상시키기 위한 것으로서, 제조공정의 첫 번째 극판(전극) 공정 중 맨 처음 작업인 Mixing 후에 전(All) 공정의 주조기판(Grid Plate)에 갖다 붙이는 페이스팅(Pasting)을 하여 생극판을 완성시킨다.

완성된 생극판은 숙성 룸(Curing Chamber)에 넣어 24시간의 양생(Curing)과 20시간의 건조(Drying) 공정과정을 거쳐 극판이 된다. 이 극판에 전기적 성질을 주기 위해 양극에는 1.05 비중의 황산(H_2SO_4)에 과산화 연(PbO_2) 또는 과산화납을 넣고, 음극에는 1.2~1.3 비중의 황산(H_2SO_4)에 연(Pb)을 액 속에 넣어 필요한 용량의 전기를 충전장치를 통해 약 15시간 정도 충·방전한다. 이 과정을 통해 이온화 경향이 큰 납(Pb)은 음극이 되고, 과산화 연(PbO_2)은 양극이 되어 기전력이 발생한다. 이 기전력이 Cell당 약 2 Volt이고 배터리는 6 Cell로 구성되므로 전체적으로 12 Volt의 배터리가 되는 것이다. 이런 작업공정은 일반적으로 납축전지의 큐어링(Curing) 공정에 해당된다.

충전장치를 통해 통전(방전)하는 이유는, 통전(방전)할 때 배터리의 저항이 크고 방열속도가 빠르면 전지의 전극이나 외장케이스 등을 통해 구조적으로 열전도가 잘 되어 발열이 억제되고, 반대로 전지의 저항이 작고 방열속도가 매우 느리면 배터리가 과열될 수 있으므로 원활한 통전(방전) 테스트 후 충전을 하기 위해서이다.

(4) 제조공정 3단계 : 화성공정(기타공정 포함)

제조생산에서의 마지막 공정인 화성공정은 제조사마다 달리 표현하므로 검사 및 보관과 출하 공정을 네 번째로 분류하여 기타공정으로 표현하기도 하지만 여기서는 포함하여 설명한다. 화성공정은 배터리의 충·방전 및 에이징(Aging)을 통해 배터리를 활성화, 불량셀을 선별하는 공정으로서 출하 전 최종검사를 하는 공정이다. 화성공정은 시간별로 다양한 조건에서 충·방전 진행과 방치를 여러 번 반복하는 많은 시간이 소요되는 공정이므로 배터리를 생산하는 제조사마다 상이하다. 고온상태에서 일정 시간 동안 설계대로 전압과 출력이 제대로 나오는지 모듈이 연결된 화면에서 1차로 검사를 하고, 배터리가 활성화 되도록 전기적 신호를 준다. 완성된 셀은 일정한 온도 및 습도 상태에서 숙성작업을 거쳐서 랙(Rack)에 보관 및 안정화하여 제품의 신뢰도를 높인다. 완벽한 모듈을 위한 검사과정인 Aging 공정은 제조사마다 차이가 있지만 일반적으로 Aging 공정 → 충·방전 공정 → 검사 및 출하 공정으로 진행된다. Aging과 충·방전 공정이 진행되는 과정은 시간별로 다양한 조건의 사전 충전(Pre charge)에 의해 다소 차이가 나지만 보편적으로는 <그림 3-1-15 화성공정의 Process>와 같다. 그림의 사이클 시간은 약 140시간 정도로 상당히 많은 시간이 소요되는 화성공정이기 때문에 소요되는 시간을 줄이는 것도 배터리 제소사의 중요한 기술 중의 하나이다.

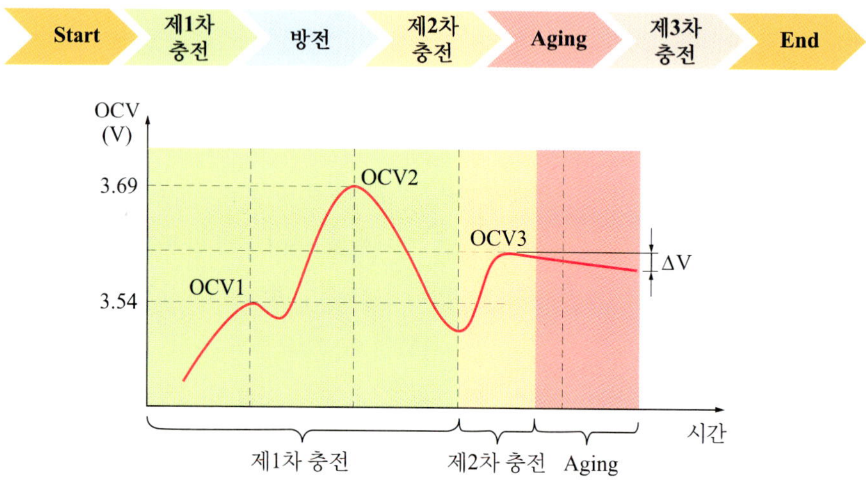

그림 3-1-15 화성공정의 Process

3-2 전지의 용량과 성능

[1] 2차 전지(Cell, Battery)의 용량

(1) 2차 전지(Cell)용량의 개요

1) 할 수 있는 에너지의 양

우리가 하루에도 몇 번씩 확인하는 스마트 폰의 배터리의 용량은 전체 용량 중에 남아있는 비율(%)로 표시해서 보여주지만 일반적으로 배터리의 용량이 얼마만큼의 에너지인지는 모르는 경우가 많다. 보통 스마트 폰 배터리의 용량단위는 4,000~5,000 mAh 용량이며, 전기자동차용 배터리 또는 에너지 저장장치(ESS)의 배터리 용량은 사용 모델에 따라 다르지만 대략 37.9 kWh 또는 1 MWh로 표시한다. [mAh], [kWh], [MWh]는 모두 배터리의 성능을 의미하며, 구체적으로 [mAh]는 1시간 동안 사용할 수 있는 (전류의 세기가 작고 범위가 제한적) 전류량을 표시하고, [kWh]나 [MWh]는 1시간 동안 일을 할 수 있는 (전류의 세기가 크고 범위가 포괄적) 전력량을 표시한다는 점에서 차이가 있다. 일을 한다는 것은 배터리가 장착된 기기, 즉 전기자동차 혹은 스마트폰을 동작시킬 수 있는 에너지의 양을 의미하며, 다음의 예시를 보고 계산식을 이용하여 계산하면 된다.

$$\text{에너지의 양(전력량)} = \text{전류량} \times \text{전압}$$

그림 3-2-1 전지(Cell, battery) 용량단위표시

예시 1

어떤 휴대폰의 배터리 용량이 5,000 mAh이고, 정격전압은 3.86 V라면 배터리가 가진 에너지의 양은 위에 적힌 전력량 위의 식을 이용하여 계산하면 된다. 일반적으로 에너지의 양을 보통 [kcal] 단위의 양으로 사용하므로 1 kcal를 [Wh]로 변환하면 1.16 Wh이다. 따라서,

배터리 용량 5,000 mAh × 정격전압 3.86 V = 전력량 19.3 Wh
➡ 19.3 Wh ÷ 1 kcal / 1.16 Wh = 16.6 kcal가 된다.

예시 2

어떤 친환경 전기자동차의 배터리 성능이 다음과 같이 기재되어 있었다. [kcal]로 환산해 보면,

• 엔진형식 : −	• 배기량 : 정보 없음
• 연료 : 전기	• 에너지용량 : 37.9 kWh
• 1회 충전 주행가능 거리 : 248 km	• 모터최대출력 : 125.0 kW

에너지 용량 37.9 kWh ÷ 1 kcal / 1.16 Wh = 32,672 kcal가 된다.

예시 3

핵을 동력원으로 사용하고 있는 잠수함에서 대체 에너지인 에너지 저장장치(ESS) 1 MWh급으로 교체 장착하고자 할 경우, 1 MWh급으로 가정 하에서 계산해 보면 1 MWh = 1,000,000 Wh 용량이다. 1 MWh 급의 에너지 저장장치(ESS)는 과연 얼마만큼의 크기를 가질 수 있을까? 예시 1에서의 휴대폰의 배터리 용량은 약 19.3 Wh이므로 1,000,000 Wh ÷ 1대 / 19.3 Wh = 51,813으로서 휴대폰은 약 52,000개를 충전할 수 있다. <예시 2>의 전기자동차 1대는 37.9 kWh의 에너지 용량이므로 같은 방법으로 계산해보면 26,385로서 전기자동차는 약 26대 정도를 충전할 수 있는 크기를 가진다.

> 1 W (와트)는 1초당 1 J의 일을 할 때의 일률이다.
> $1\ \text{W} = 1\ \text{J/s} = 1\ \text{N} \times \text{m/s} = 1\ \text{kg} \times \text{m}^2 \times \text{s}^{-3}$

Wh (와트시)는 전력의 양, W (와트)는 단위시간 동안 얼마큼의 일을 할 수 있는지를 측정하므로 Wh는 1시간 동안 얼마의 에너지로 활동하는지 일의 양을 측정하는 것이다. Watt (와트)는 일을 하는 속도, 즉 한 일의 시간에 대한 변화율인 일률을 말하는 것으로서 일반적으로 휴대폰 등에 쓰이는 배터리의 성능을 [mAh]로 표기하며, 얼마의 전류량을 가지고 있는지 나타내는 수치(mA = 0.001 A)로 동일한 정격 전압에 전류량을 곱하면 일의 양이 나온다. 전기차 배터리는 정격 전압이 각기 다르기 때문에 배터리의 용량을 kWh로 표기한다. 즉, 배터리 용량이 30 kWh라고 한다면 30 kW로 1시간 동안 일할 수 있는 용량을 가지고 있다는 의미이다.

2) 배터리 용량과 주행거리

배터리 용량에 따른 주행거리는 필요 불가결한 관계로서 충전의 문제를 어떻게 해소시키느냐 전기차 개발의 핵심이며, 바로 급속충전이 아무리 개발되더라도 한계를 극복하기란 어렵다. 따라서 제조사에서는 한 번의 충전으로 전기차 주행거리를 대폭 증가시킬 수 있는 배터리 개발에 사활을 걸고 있다.

표 3-2-1 국내 시판 전기자동차의 배터리 용량과 주행거리

Image	모델명	제조사	승차인원	최고출력	주행거리	배터리용량
	SM3 ZE	르노삼성	준중형 5인	135 km/h	135 km	26.6 kWh
	SOUL	기아자동차	경승용 4인	148 km/h	148 km	27 kWh
	RAY	기아자동차	경승용 4인	130 km/h	91 km	16.4 kWh
	SPART	쉐보레	경승용 4인	145 km/h	135 km	21.4 kWh
	i3	BMW	준중형 5인	150 km/h	126.8 km	21.3 kWh
	LEAF	닛산	준중형 5인	140 km/h	132 km	24 kWh

3) 2차 전지(Cell)의 내부저항(자기발열량)

전지를 통전시키면 전지 자체로부터 발열이 일어나는 현상을 자기 발열이라고 말한다. 옴의 법칙은 도선에 흐르는 전류의 세기(I)는 전압(V)에 비례하고 저항(R)에 반비례한다는 것으로서 다음과 같은 식으로 표현한다.

$$\text{전류의 세기} = \frac{\text{전압}}{\text{저항}} \Rightarrow I = \frac{V}{R}$$

예를 들어, 어떤 가정에서 가정의 규율(규칙)을 너무 엄격하게 설정해두면 사춘기 자녀는 반항(저항 'R')을 하고 아이의 반항에 부모의 의견(전류의 세기 'I')은 다소 누그러지는 약함을 보이기도 하는 것(반비례 현상)처럼, 같은 전압이 걸리더라도 회로에 연결된 도선의 종류나 모양 등에 따라 전류의 세기가 달라지는데, 그 이유는 물질의 종류와 모양에 따라 전류의 흐름을 방해하는 정도가 다르기 때문이다. 이처럼 전류의 흐름을 방해하는 정도를 '전기저항' 또는 '저항'이라고 하며, 전압이 일정한 경우 저항이 클수록 전류의 세기는 약해지므로 전류의 세기는 저항에 반비례한다. 또한 전지는 내부저항을 가지고 있다.

저항은 물질에 전류가 흐르기 어려운 정도를 나타내는 것으로서 전류가 통했을 경우의 단위 시간당 발열량은 전류값[A]의 제곱 × 저항값[Ω]이 된다. <그림 3-2-2 전지(Cell)의 내부저항(자기발열량)>에서 단위시간당 발열량 P는 통전 전류값을 I로 하면 $P\,[\mathrm{W}] = I^2 \times (r + R)$라고 표현할 수 있다. 또한, <그림 3-2-2 전지(Cell)의 내부저항(자기발열량)>에 기재된 문자를 사용하여 나타내면 $E_0 = I(r + R)$

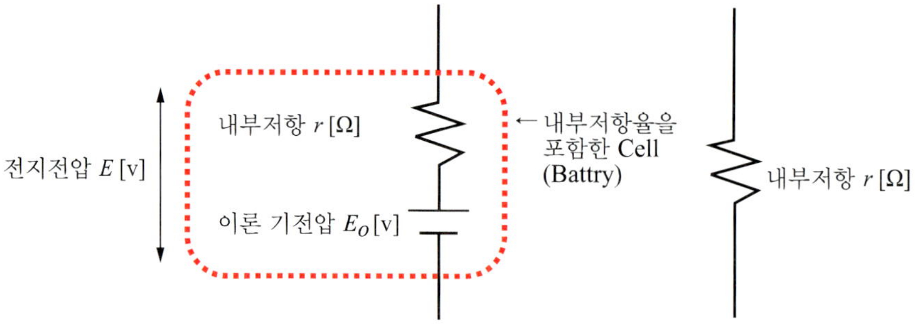

그림 3-2-2 전지(Cell)의 내부저항(자기발열량)

이기 때문에 $I = E_0/(r+R)$로 쓸 수 있다. 따라서, $P\,[\mathrm{W}] = E_0^2/(r+R)$로 식을 변형할 수 있는 것이다.

예시 4

<그림 3-2-3 저항과 전류의 관계 예시>에서와 같이 파이프의 지름, 길이, 내면 상태에 따라 물이 흐르는 양이 달라지듯이 전선의 굵기, 길이, 재질에 따라 전류가 흐르는 상태와 저항은 달라지며, <그림 3-2-4 저항과 물질과의 관계 예시>와 같이 물질의 전기저항은 재질, 형상, 온도 등에 따라 변하고, 변하는 형태도 모두 다르다.

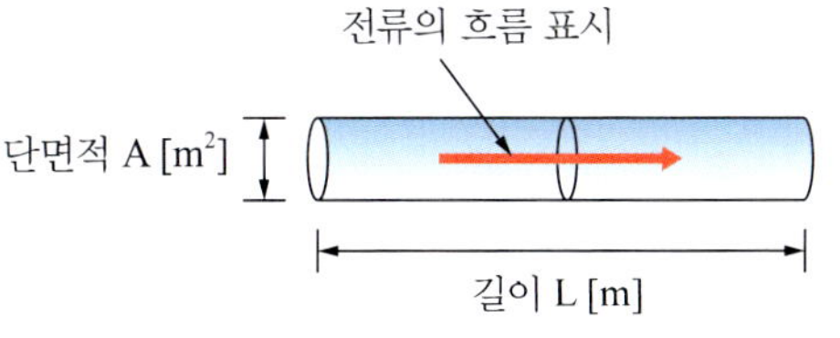

그림 3-2-3 저항과 전류의 관계 예시

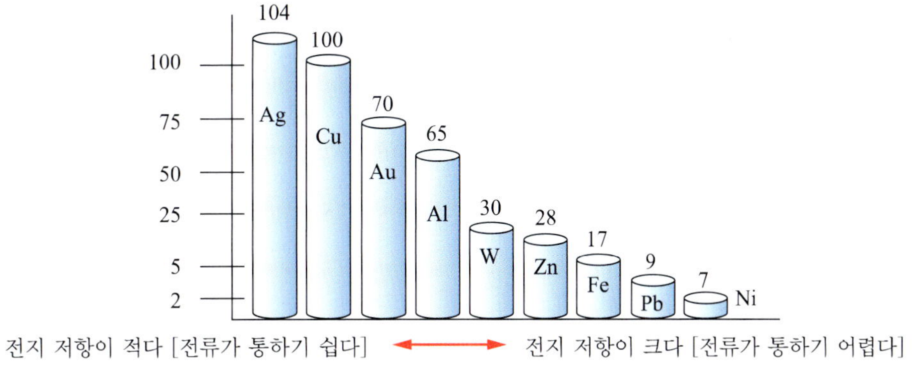

그림 3-2-4 저항과 물질과의 관계 예시

4) 통전 시의 전지 온도변화

전지의 온도변화는 발열량뿐만 아니라 방열량도 고려해야 하므로 곧 열량의 수지로 결정된다.

전지의 온도변화 T는 다음과 같이 표시되는데, 전지의 열전도가 전지 중에서 균일하다고 가정하면 다음과 같은 식으로 성립된다.

$$mc\Delta T = \text{열량수지}$$

여기서, m : 전지의 질량[g]
c : 전지의 전체 비열[J/(g·K)]
T : 전지의 임의 부위에서의 온도변화(열량의 수지 = 발열량 − 방열량)

통전 시 전지의 저항이 크고 방열속도가 빠른 경우라고 하더라도 전지의 전극이나 외장 케이스 등 구조적으로 열전도가 좋아 방열속도가 그 이상이라면 발열이 억제되지만, 반대로 통전 시 전지의 저항이 크고 방열속도가 매우 느린 경우에는 발열이 잘 되지 않아 전지가 고온이 되는 경우가 있으므로 전지에서 발생되는 자기발열은 장·단점을 동시에 가지고 있다. 예를 들어, 0℃ 이하의 저온에서는 25℃ 이상의 상온에 비하여 전지의 저항이 높아지는 경향이 있으므로 용도에 따라서 국소적인 온도 발열이 일어난다. 한랭 지역에서는 자기 발열 덕분에 서서히 저항이 낮아지면서 제품이 작동 하는, 즉 전지의 구조적인 라미네이트 셀(Laminate Cell ; 두께방향으로 생긴 층상의 균열이나 벗겨진 결함) 등에 의한 경우가 있다. 또한 일반적으로 전지에 대응하고 있는 충전기에 의해 통상적으로 전지의 안전성이 손상되지 않는 범위에서 가능한 한 빨리 충전할 수 있는 설계로 되어 있다. 따라서 <그림 3-2-3 대응 충전기로 전지 A와 B를 사용할 경우>를 참고한다면 전지 A와 B의 충전구는 같은 형태로서 어느 충전기도 대응할 수 있는데, 전지 B에 A대응 충전기를 사용할 경우에는 충전 속도가 늦어지는 단점이 있지만 안전성이 손상되지 않는 정도로 사용할 수는 있을 것이며, 전지 A에 대해 B대응 충전기를 사용할 경우에는 대응 충전기로는 2 A로 충전하면 될 것을 20 A로 충전하므로 시간당 자기발열량은 방열을 무시한 단순계산으로 한다면 10배가 된다. 그러므로 전류값 I는 전지의 저항 R 때문에 비정상적으로 발열하여 전지의 작동온도가 전지의 설계의 범위를 벗어나므로 안전상에 손상되는 위험성이 발생할 수도 있으며, 또한 저온에서 급속 충전을 실시하면 리튬금속이 부극(−극) 표면에 석출되는 전식현상도 일어날 수도 있다. 전식의 발생으로 석출된 리튬(Li)금속의 양이나 모양에 따라 분리막(Separator)을 뚫을 가능성도 있다. 자기 발열이 너무 큰 경우인 100℃ 이상에서 분리막(Separator)이 수축되면서 관통되어 정극(+극)과 부극(−극)

간 내부 단락이 발생하여 열폭발 반응이 일어날 수도 있으며, 고온이 되는 시간이 많아지는 만큼 열화가 진행되기 쉽다는 단점도 있다. 따라서 서로 대응하지 않는(맞지 않는) 충전기를 사용하지 않도록 주의가 필요하다.

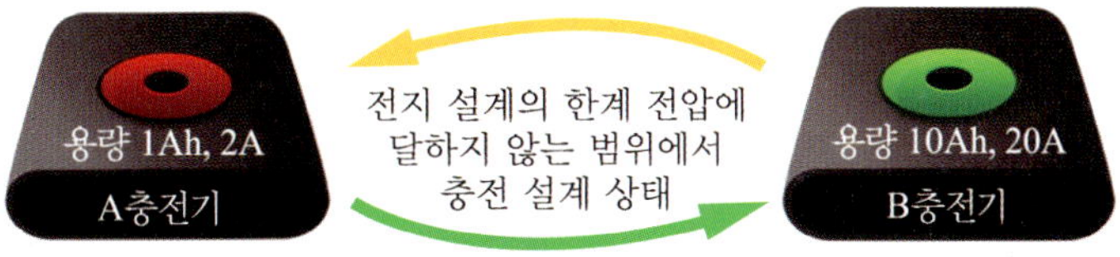

그림 3-2-5 대응 충전기로 전지 A와 B를 사용할 경우

(2) 2차 전지 Cell의 용량과 규격

앞의 셀(Cell) 모형에 따른 분류에서도 설명했듯이 2차 전지는 형태(모형)에 따라서 원통형, 각형, 파우치형으로 나눌 수 있다. 초기에는 기존 1차 전지 시장을 대체하는 개념이었기 때문에 규격에 맞는 원통형 전지 위주로 투자가 이루어졌다. 원통형의 경우 가격이 저렴하고 생산 난이도가 낮지만, 부피가 크고 셀 하나당 높은 에너지를 낼 수 없다는 단점이 있어 테슬라를 제외한 전기차 제조사는 동력전지로 쓰지 않는 추세이다.

1) 2차 전지 Cell의 종류와 규격

배터리의 종류는 셀을 패키징 하는 방식[2]에 따라 결정된다. 이 중에서 원통형과 파우치형(폴리머)이 일반적으로 많이 사용되며, 파우치형(폴리머)은 용도에 따라 제작되므로 특정한 여러 규격이 별도로 없지만 원통형은 일반적인 규격이 있으며, 원통형의 직경 × 지름으로 표시되고, 표시된 규격이 그 배터리의 명칭으로 통한다.

① 원통형 배터리

(가) 배터리 소재를 원통으로 패키징 하는 형태로서 가장 전통적인 방식

2) 3-1절 [2] (3) 제조공정의 두 번째 조립공정 참고

(나) 적층 방식 : 배터리 소재를 감아서 만든 젤리롤(와인딩)

(다) 규격 종류(지름/길이 mm) : 18650 (18/65), 21700 (21/70), 46800 (46/80) (혁신 기술로 에너지 밀도 향상시킨 테슬라 원통형 배터리 46800)이 있다.

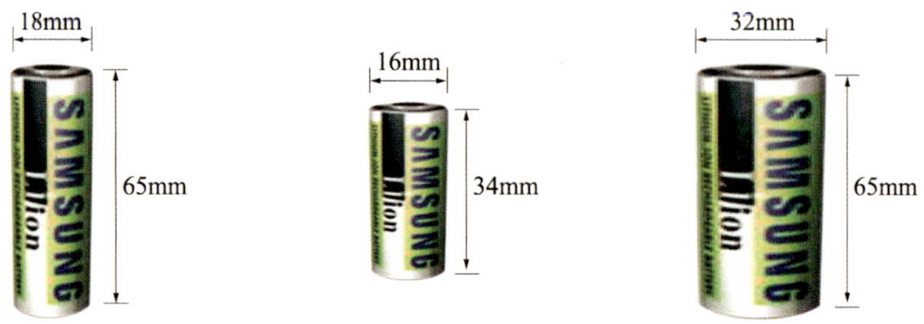

①18650원통형 소형전지 ②16340원통형 소형전지 ③32650원통형 중형전지

그림 3-2-6 원통형 2차 전지의 규격

<그림 3-2-6 원통형 2차 전지의 규격>의 ①의 경우에는 지름(직경)이 18 mm이고 길이(높이)가 65 mm이므로 '18650 전지'라고 부르는데, 가장 대중적인 리튬이온 전지로 다양한 용도에 널리 사용되며, 용량은 최대 3A 정도이다. ②의 경우에도 지름(직경)이 16 mm이고 길이(높이)가 34 mm이므로 '16340 전지'라고 부르고, 리튬이온 전지 중 가장 작은 크기로 전류 용량도 작은 편이라서 면도기 등에 사용되며, 용량은 1 A 이하이다. ③의 경우에는 지름(직경)이 32 mm이고 길이(높이)가 65 mm이므로 '32650 전지'라고 부르고, 18650 전지에 비하여 지름(직경)이 커진 제품으로서 용량도 훨씬 더 커진 6 A 이상이다. 또한 원통형 배터리의 경우 규격이 있지만 생산되는 회사마다 지름(직경)과 길이(높이) 측면에서 ± 오차는 있다. 일반용으로 사용되는 원통형 2차 전지의 종류에 따른 규격은 10340배터리부터 32350배터리까지 약 40가지 정도로서 사이즈는 다르지만 전압은 모두 3.7 V 정도로 동일하며, 내부저항도 80 Ω로서 동일하다. 그리고 기존의 2170원통형 배터리를 탑재했던 테슬라 자동차에 현재는 특별한 규격의 중・대형 46800배터리를 사용하고 있다.

보호용 2차 전지

비보호용 2차 전지

그림 3-2-7 보호형(좌측)과 비보호용 2차 전지(우측)
※ 출처 : www.coupang.com

또한 원통형 리튬이온 2차 전지는 일반 건전지처럼 원통형으로 길게 생겼지만 실제로는 AA 건전지보다 사이즈가 훨씬 크다. 원통형 리튬이온 2차 전지는 <그림 3-2-7 보호형(좌측)과 비보호용 2차 전지(우측)> 좌측과 같이 배터리 내부에 보호회로(과충전방전 보호장치)가 부착된 것을 '보호회로형 배터리'라 하며 보호회로가 미부착된 것보다 사이즈가 크며, 개당 가격도 비싼 편이다. 우측은 KC인증(국가통합인증마크)을 받은 2차 전지인데, 우리나라에서는 최근 보호회로가 장착되지 않으면 KC인증을 해주지 않기 때문에 KC인증이 없는 것은 국내에서는 유통하지 못하게 되어있다. 이 KC인증 때문에 같은 크기(예 ; 18650배터리)의 배터리라고 하더라도 중국산보다 국산이 2~3 mm 정도 더 큰 것을 볼 수 있다. 이는 국산이 정상인 것으로, 중국에서는 배터리를 제조할 때 규격에 맞춰 처음부터 비보호 배터리로 제조가 되기 때문에 랜턴이나 이동식 선풍기 등을 우리나라에 수출할 수 없게 되자 배터리셀을 조금 더 깎아내고 보호회로를 장착하여 18650 규격에 맞추어 국내기관에서 인증을 받았고, 그 인증표시를 우측의 배터리와 같이 표시하게 된 것이다.

② 각형 배터리

(가) 외형은 배터리 소재를 알루미늄 사각 케이스에 패키징한 형태로 업그레이드

(나) 적층 방식 : 배터리 소재를 쌓은 뒤에 돌돌 말아 젤리롤을 와인딩 기법

을 이용

(다) 특징 : 알루미늄캔을 사용하므로 충격에 강하지만, 내부는 공간효율이 낮아 에너지 밀도 저하

③ 파우치형 배터리

(가) 배터리 소재를 부드러운 필름으로 패키징한 형태(가장 진보된 방식)

(나) 적층 방식 : 라미네이션, 스태킹/Z-스태킹 방식

(다) 특징 : 쌓아올린 배터리 소재로 내부공간 효율이 좋아 에너지 밀도가 높지만, 공정이 복잡하여 대량생산은 불리

(3) 2차 전지 Cell의 밸런스(Balance)

1) 배터리 BMS와 PCM의 기능

NIU 인텔리전트(Intelligent ; 많은 배터리들이 하나처럼 움직이는) 배터리 팩(Pack)에는 170개의 리튬이온 기술 Cell이 담겨져 있으며, 이 Cell들은 배터리를 관리하는 시스템인 BMS가 충·방전을 통해 동력을 받거나 전달할 때 수많은 전지의 Cell들이 서로 연결되어 마치 한 몸처럼 움직이게 된다. 그리고 BMS를 통해 전압, 전류, 온도를 모두 동시에 실시간 모니터링(Monitoring) 할 수 있는 핵심 Load Balancing의 배터리 팩(Pack)이 된다. 휴대폰 배터리는 Cell이 하나로 되어 있기 때문에 굳이 Cell Balance가 필요 없으므로 일반적으로 배터리를 보호하는 회로 시스템인 PCM (Protection Circuit Module)이 장착되어 기본 보호기능인 과충전 또는 과방전 보호기능만 할 수 있지만 kWh, Mwh 용량단위로 사용할 만큼의 에너지가 많이 필요한 배터리 팩(Pack)에는 배터리를 관리하는 시스템인 BMS (Battery Management System)에는 <그림 3-2-8 BMS에 있는 여러 기능>과 같은 기능들이 통상 내장되어 있다. BMS와 PCM은 배터리를 보호한다는 기능적 측면에서는 같지만 BMS에 조금 더 부가적인 기능들이 포함되어 있다고 볼 수 있다. 따라서 일반적으로는 셀밸런싱(셀 균등 충전) 기능이 있는 것을 'BMS'라고 부르지만 제조사에 따라 'PCM'이라고 분류하기도 하므로 배터리 팩(Pack)제조사의 설명서를 참조하여 적용(사용)하는 것이 가장 바람직하다.

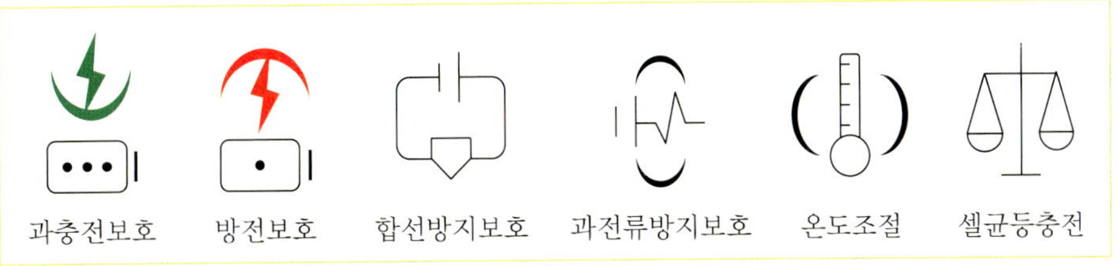

그림 3-2-8 BMS에 있는 여러 기능

2) PCM에 있는 기본 보호회로의 4대 기능

① 과충전보호기능

(Over Charge Protection Voltage : 4.25 ~ 4.35 V_{Max})

외부로부터 입력되는 충전전압 및 전류로 인하여 배터리 전압이 상승하면, 전지 전압을 검출하여 모듈에 설정된(보호 전압) 전압과 충전전압 이상으로 과충전 시 화학반응이 시작되면서 가스와 열이 발생됨에 따른 배부름현상과 폭발이 이어지지 않도록 차단 및 해제하는 기능

② 과방전보호기능

(Over Discharge Protection Voltage : 2.50 ~ 3.00 V_{Min})

외부로 소비되는 전류에 의하여 전지의 전압이 서서히 방전(2 V 이하)되면 회복불능 상태로 전지가 손상되므로, 이를 방지하기 위하여 사전에 전지전압을 검출하여 모듈에 설정된 과방전전압 이하로 전지가 방전되지 않도록 차단 및 해제하는 기능

③ 과전류차단기능

(Over Current Protection/Detection current : 1.5 ~ 3 A 소형셀 기준)

외부 기기의 오동작이나 실수로 인한 과전류로 인해 전지나 보호회로가 손상되는 것을 방지하기 위해 일정 이상의 전류가 흐르면 차단되는 기능

④ 단락보호기능

(Short Protection/Detection Condition : 외부회로 단락)

배터리의 외부에서 +, − 단자 단락(Short)시 배터리 용량의 20배 정도의

전류가 순간적으로 흐르므로, 배터리나 보호회로가 손상되는 것과 단락으로 인한 화재로부터 보호하기 위한 기능

3) BMS에 있는 보호회로의 확장기능

차세대 전력망(Smart Grid)의 에너지 저장장치(ESS)나 전기자동차의 BMS에는 <그림 3-2-9 BMS의 확장기능>과 같은 기능들이 추가적으로 더 포함되어 있다.

① 통신 기능

유무선 통신을 이용해 모니터링한 배터리의 정보를 전송하거나 제어

② 모니터 기능

배터리의 모든 정보, 충·방전상태, 전압, 온도, 내부압력, 입·출력 상태 등을 감시

③ 계산기능

배터리 스스로 잔량, 시간, 총에너지량, 사용 충·방전 이력 등을 계산하여 재충·방전 제어

④ 기본보호 및 셀밸런싱기능

기본 보호기능인 과충전 또는 과방전 보호기능 + 셀밸런싱(셀 균등 충전)기능

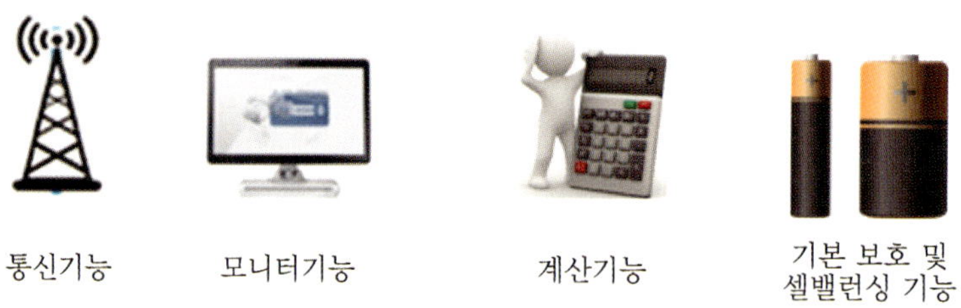

그림 3-2-9 BMS의 확장 기능

4) 배터리 연결방법에 의한 Cell Balance

① 병렬(Parallel) 연결충전 시

전지 1 cell당 3.7 V 3 A라고 하면, 5 Cell을 <그림 3-2-10 전지의 병렬연결에 따른 Self Cell Balance>와 같이 충전기에 연결하여 충전할 경우에는 각각의 전지(Cell) 스스로가 Self Cell Balancing을 할 수 있으며, Cell을 연결한 수만큼 전압(V)은 그대로이면서 전류(A)만 높아지게 되므로 3.7 V 3 A × 5 cell = 3.7 V 15 A가 나온다.

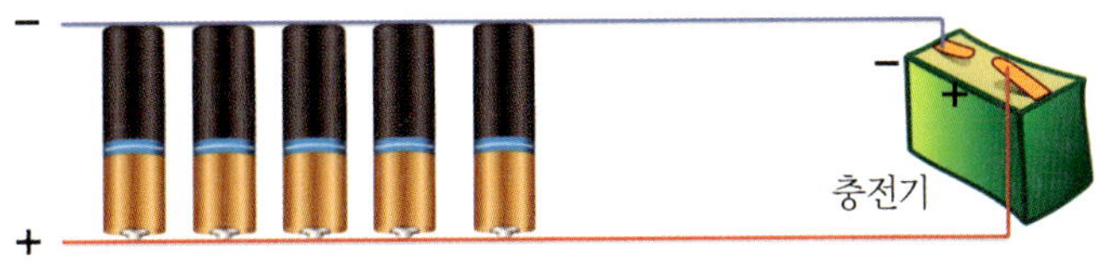

그림 3-2-10 전지의 병렬연결에 따른 Self Cell Balance

② 직렬(Series) 연결 충전 시

전지 1 cell당 3.7 V 3 A라고 하면, 5 Cell을 <그림 3-2-11 전지의 직렬연결에 따른 Self Cell imBalance>와 같이 충전기에 연결하여 충전할 경우에는 각각의 전지 스스로는 Self Cell Balance가 안되기 때문에 Cell을 연결한 수만큼 전압(V)은 높아지고 전류(A)는 그대로가 되므로 3.7 V × 5 cell = 18.5 V 3 A가 나온다.

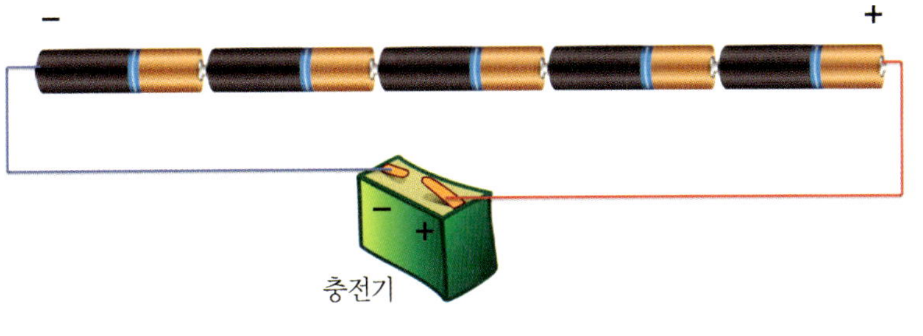

그림 3-2-11 전지의 직렬연결에 따른 Self Cell imBalance

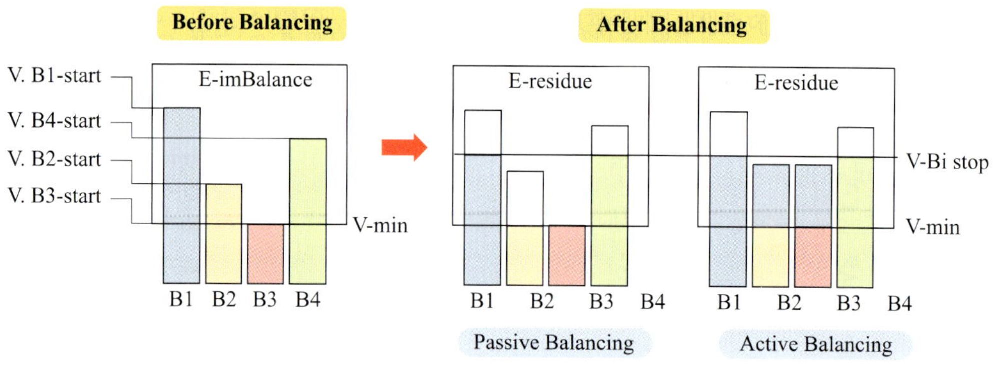

그림 3-2-12 전지의 직렬연결에 따른 충전현상

직렬연결에 따른 충전 불균형 현상이 생기게 되어 <그림 3-2-12 전지의 직렬연결에 따른 충전현상>의 좌측 Before Balancing과 같이 B1의 Cell은 충전이 제대로 잘 되고 B2, B3같은 Cell은 제대로 충전이 안 되는 일이 발생한다. 이런 현상이 있음에도 불구하고 계속해서 충・방전하여 사용한다면 결국 나중에는 B2, B3같은 Cell들은 아예 사용 불능상태가 되어 결국 전체 Cell에서 전류가 제대로 나오지 않으므로 많은 전류가 요구되는 기기의 배터리 팩(Pack)에는 <그림 3-2-6 BMS의 여러 기능들>에 있는 셀 균등 충전 기능이 있는 BMS를 사용하여 Cell Balance를 해주어야 한다. 따라서 직렬연결로 인하여 생기는 Cell imBalance를 BMS를 사용하여 <그림 3-2-13 전지의 직렬과 BMS를 연결사용>과 같이 하면 <그림 3-2-12 전지의 직렬연결에 따른 충전현상>의 우측 After Balancing의 Active Balancing (V－Bi stop)과 같이 모든 Cell에 균등하게 충・방전이 되면서 전지(배터리)의 수명을 연장할 수 있다. 연결되는 배터리 수량과 충전 용량(전류)에 따라 다양한 BMS 모듈(Module)이 있으므로 사용용도에 맞는 성능(Spec)을 확인하여 사용해야 한다.

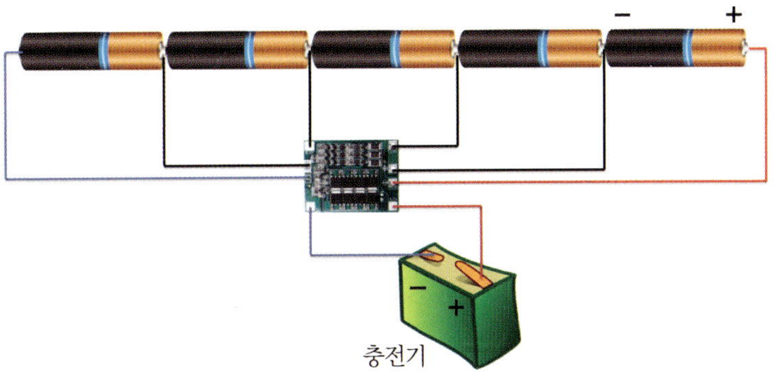

그림 3-2-13 전지의 직렬과 BMS를 연결 사용

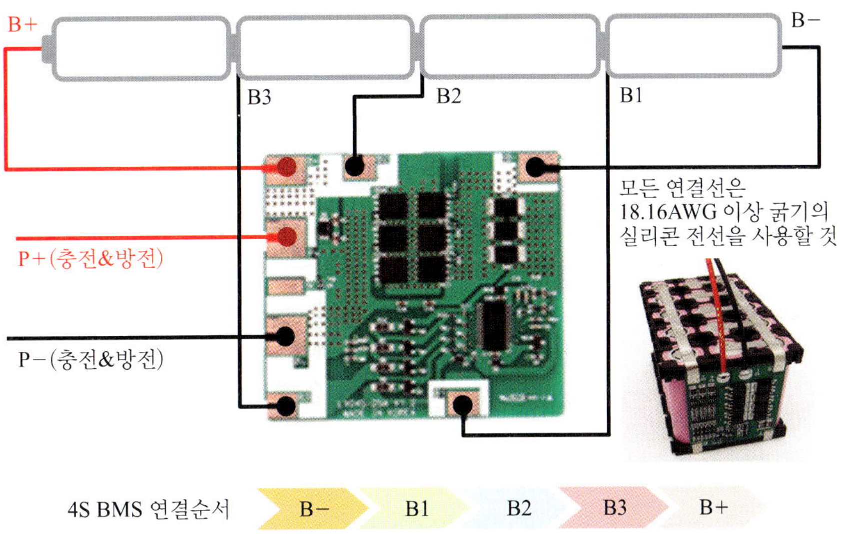

그림 3-2-14 4S BMS 결선도(좌측) & BMS 적용 배터리팩(우측)의 예
※ 출처 : https://blog.naver.com/notenter9/222438081760

[2] 전지(Cell, Battery)의 성능과 수명

(1) 배터리의 성능과 수명

일반 차에서 가장 중요한 부분은 「엔진」이라고 할 수 있는데 그 이유는 「엔진」이 차의 대부분을 결정하기 때문이며, 마찬가지로 전기차에서 가장 중요한 부분은 「배터리」라고 할 수 있는 것도 전기차의 「배터리」가 전기차의 수명과 성능을 대부분 결정하기 때문이다. 일반 차의 「엔진」은 차체가 노후하여 폐차될 때까지 수명을 함께 하지만, 전기차에서는 차체는 멀쩡하게 새 것 같더라도 배터리에 '수명'이라는 것이 있기 때문에 운행할 수 없는 경우가 있다. 우리는 휴대폰 배터리를 통해서 충・방전을 반복하게 되면 배터리 수명이 떨어진다는 것을 잘 알고 있지만 배터리는 어떻게 사용하느냐에 따라서 그 수명은 더 길어지기도 하고 급격히 짧아지기도 한다. 따라서 전기차량 가격의 절반 이상을 차지하는 배터리의 특성을 잘 알고 주행가능거리를 잘 유지하면서 사용하면 조금은 더 오랫동안 탈수가 있다. 배터리의 수명을 늘려서 잘 사용하는 방법에는 다양한 의견들이 존재하지만 전기차를 만드는 제조사에서 제공하는 정보가 가장 정확하리라 본다. 최근 한국의 H자동차에서 전기차 배터리의 수명을 최대화하는 5가지 방법을 발표하였다.

(2) 전기차 배터리 수명을 최대화하는 5가지 방법

1) 방법 1 : 배터리 충전량을 20% 이하로 떨어지지 않게 할 것

현재 시중에 판매되는 전기차의 배터리 대부분은 리튬이온 배터리(Lithium-ion battery)이다. 배터리 크기에 비해 많은 용량을 담을 수 있기 때문에 스마트 폰이나 노트북 같은 전자기기에 많이 사용하는 배터리 형태이다. 리튬이온 배터리 수명에 가장 큰 영향을 주는 것은 '방전심도'(D.O.D ; Depth of Discharge)이다. 방전심도(D.O.D)가 100%이면 완전히 방전된 것을 뜻하고, 40%이면 40%가 방전되고 60%는 남아 있다는 것을 의미한다. 배터리의 충전상태를 나타내는 잔존용량(S.O.C ; State of Charge)의 다른 표현법이기도 하지만 방전심도(D.O.D)는 배터리의 방전량을 나타낸다고 볼 수 있고 잔존용량(S.O.C)은 충전량을 나타낸다고 볼 수 있다. 일반적으로 휴대폰 배터리는 잔존용량(S.O.C)으로 표시된 것을 보고 충전을 하는 경우가 대부분이므로 충전량을 %표시와 같은 수치로 하는 반면, 전기차 등에 사용되는 배터리는 그림 및 수치와 문자로 표시되며 제조사에 따라 표시방법이 다르다.

예를 들어, 쉐보레의 전기차에는 다음 <그림 3-2-15 전지(Cell, Battery)의 D.O.D & S.O.C의 이해>에서 보는 것처럼 원통형 배터리 모양과 비슷한 그림으로 충·방전을 표시하고 있다. 방전심도(방전깊이, D.O.D)는 Ah와 백분율 두 가지 수치표현방법을 사용할 수 있으며, 방전심도(D.O.D)가 100%를 기록한 횟수가 많을수록 배터리의 수명도가 급격히 떨어지게 될 확률이 높다. 리튬이온 배터리(Lithium-ion Battery)의 경우에는 약 500회 정도는 완전 방전과 완전 충전이 가능하다고 한다. 또한 전기차의 경우 완전히 방전된 후에 완전히 충전하는 경우는 극히 드물기 때문에 D.O.D가 평균 50%라고 보면 충·방전 횟수가 약 1,500~2,000회까지 늘어나기 때문에 주행가능거리보다 훨씬 많은 거리를 주행할 수 있다는 것이다. 즉, 배터리가 50% 아래로 떨어지기 전에 미리 충전하는 것이 바람직하다는 말이다.

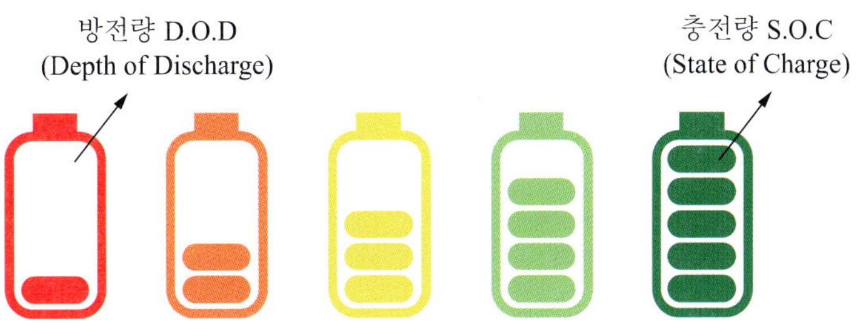

그림 3-2-15 전지(Cell, Battery)의 D.O.D & S.O.C의 이해

2) 방법 2 : 매일 자주 충전할 것

매일 자주 충전해야 한다는 것은 앞의 방법 1에서 설명한 방전심도(D.O.D ; Depth of Discharge)와 관련이 있다. 배터리를 사용하고 나서 배터리가 비어있는 상태로 오랜 시간을 방치하면 배터리의 수명이 더 줄어듦으로 방전심도(D.O.D)를 높이기 위해서 그리고 배터리의 수명을 늘리기 위해서 배터리를 많이 사용하고 난 후에 자주 충전해준다. 그리고 급속 충전보다는 완속 충전기로 매일 자주 충전하는 것이 최상의 방법이기도 하다. 완속충전방식은 전기 자동차에 탑재된 충전기를 이용하여 전기 자

동차를 재충전하는 방식으로서 한국전력의 계통 전원으로부터 교류의 전원을 공급받아 완속충전기를 거쳐 차량 내에 탑재형 충전기에서 직류로 변환된 후에 전기자동차의 배터리를 충전하는 시스템이다. 우리나라의 경우 7 kW급의 완속충전기가 표준모델로 지정되어 있으며, 차량에 따라 3~6 kW급 용량의 탑재형 충전기가 적용된다. 만약 3 kW급 충전기를 이용한다면 완충까지 약 8~10시간 정도의 시간이 소요되고, 6 kW급의 충전기를 이용하면 약 4~5시간 정도가 소요되므로 전기자동차를 3~4시간 이용하기 위해서 약 10시간 정도 충전해야 한다면 아무리 전기차가 친환경적이라고 해도 완속충전으로는 전기차를 도저히 이용할 수 없을 것이다. 따라서 일반적으로 급속충전 사용을 선호하는데 급속충전은 <그림 3-2-16 전기차 내부구조 및 충전과정>과 같이 전기자동차에 장착된 배터리에 차량 밖에 설치된 고출력의 급속충전기를 이용하여 직접 충전하는 방식으로서 한국의 표준형태는 초기에는 50 kW급으로 이용할 경우 약 1시간 소요되었지만 근래 들어서는 100 kW급의 급속 충전기를 이용하여 충전을 수행할 경우 20~30분 내에 차량을 80% 잔존용량(충전상태, S.O.C ; State of

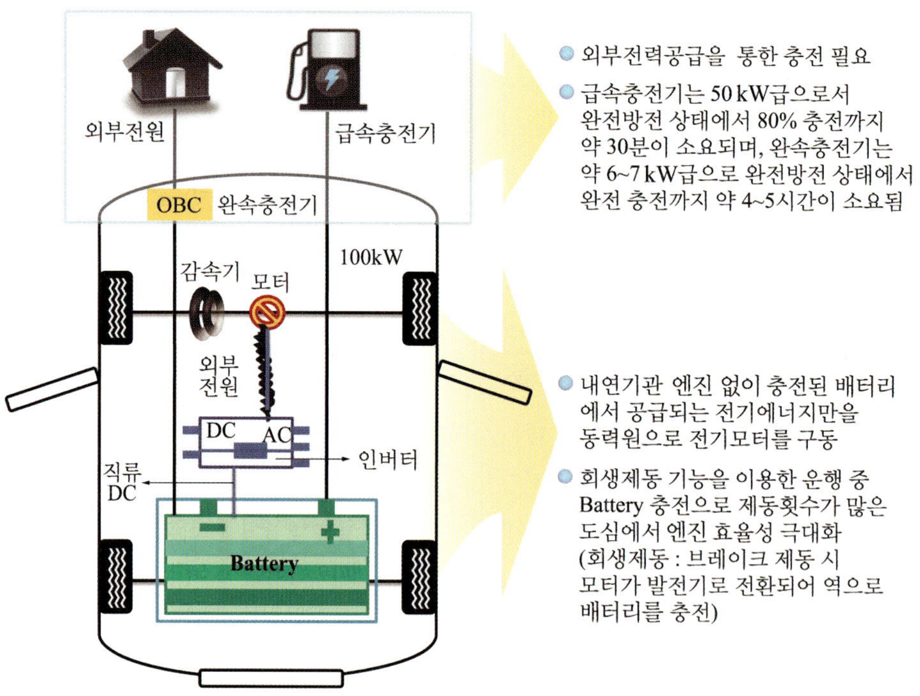

그림 3-2-16 전기차 내부구조 및 충전과정

Charge)까지 충전할 수 있다. 하지만 통상의 충전보다 전류 양을 증가시키기 때문에 축전지의 온도가 올라가는 등 부하가 걸리고 축전지의 수명이 짧아지는 단점이 있다.

국내에서 사용되고 있는 충전기 종류는 <그림 3-2-17 국내에서 사용되는 충전기의 종류>와 같다. 충전방식은 현재까지는 고성능의 배터리로 구성된 대용량 에너지 저장장치(ESS)로부터 전기에너지를 공급받는 방식을 택하고 있으며 <그림 3-2-18 에너지 저장장치(ESS)로부터 전기에너지를 공급받는 방식> 중의 ④번 V2G (Vehcle to Grid) Fast Charger 방식으로 일반적 충전방식이 아니라 에너지 저장장치(ESS)와 양방향 전력변환장치 기술을 갖춘 '보조배터리'라고 이해하면 될 것이다. 휴대폰에서 일반적으로 사용되는 규격화되어 만들어진 보조배터리가 아니라 차량 내에서 전력계통(한국전력)의 통신망이 장착된 배터리 쪽과 전력계통(한국전력)의 통신망 쪽과의 양방향 모두 전송이 가능한 전력변환장치와 기술이 필요한 충전방식이므로 아직 활성화로 이어지지는 않고 있다.

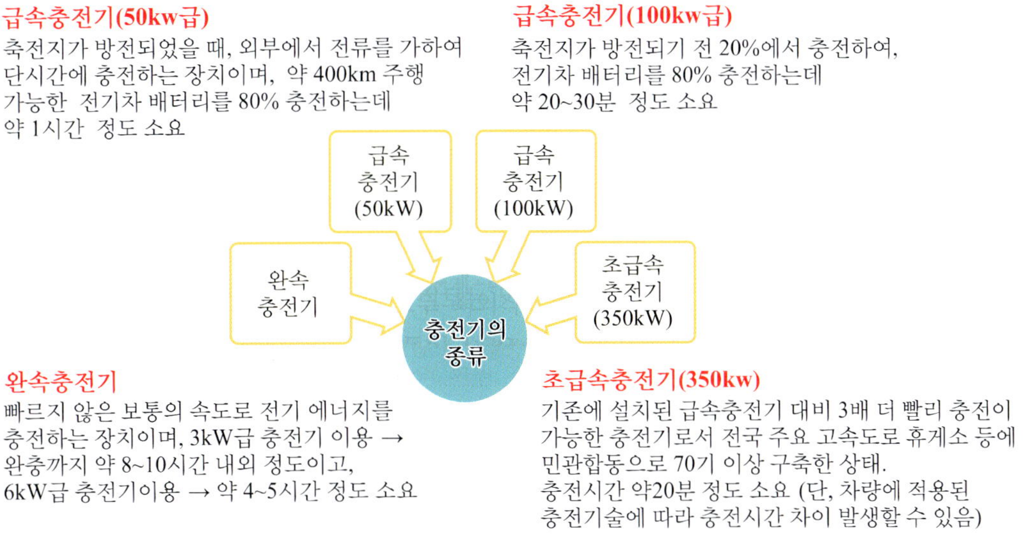

그림 3-2-17 국내에서 사용되는 충전기의 종류

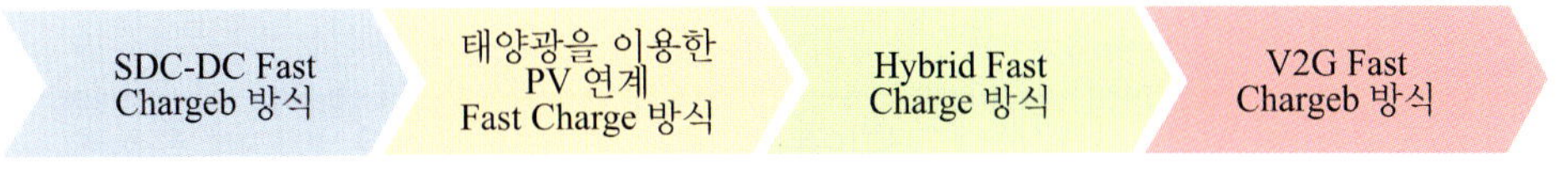

그림 3-2-18 에너지 저장장치(ESS)로부터 전기에너지를 공급받는 방식

3) 방법 3 : 장시간 과속을 피할 것

전기차의 배터리를 가장 빠르게 소모하는 방법은 과속을 유지하는 것으로, 예를 들어 100 km/h 정도로 밟으면 순간 전비가 하나도 안 나오는 것을 알 수 있다. 그만큼 과속은 배터리를 순간적으로 빠르게 소모시킬 뿐만 아니라 D.O.D 수치의 속도를 높이게 된다. 과속을 하게 되면 배터리 자체의 고온 발생과 더불어 배터리 수명에 가장 치명적인 열화현상까지 빠르게 발생하여 배터리 성능을 저하시키는 원인이 되기 때문에 장시간의 과속과 급가속을 하지 않는 것이 배터리 수명을 연장시키는 최상의 방법이기도 하다.

참고

전기차 연비는 1 kWh당 주행할 수 있는 거리(km)를 기준으로 산출한다. 1 kWh의 에너지는 스마트폰 1개를 1년 남짓 사용할 수 있는 양이며, 20 W 형광등 2개를 24시간 동안 가동했을 때의 에너지 수준이다.

4) 방법 4 : 장시간 주차 시 여름에는 그늘, 겨울에는 햇볕에 주차할 것

전기차는 특히 계절에 민감하므로 여름에 햇볕이 내려쬐는 장소에 주차하면 높아진 차량 내부온도와 함께 배터리 내부온도 역시 상승하게 된다. 뜨거워진 차 내부온도를 낮추기 위해 에어컨을 강하게 틀면 배터리가 빠르게 소모되는 동시에 배터리 열화현상을 급격하게 진행시켜 배터리 수명이 단축된다. 반대로 겨울에 햇볕이 없는 응달에 주차하면 낮아진 차량 내부온도와 함께 영하까지 내려가는 지역에서는 차량 내부온도를 높이기 위해 장시간 또는 강하게 Heating을 하게 된다. 이 경우에 에어컨보다 더 빠르고 많이 소모되는 배터리 사용량 때문에 Heating 사용을 자제하는 것이 배터리 수명 연장에 최상의 방법이기도 하다. 보통 배터리의 최적온도가 15℃ 전후이다.

5) 방법 5 : 최대 80%만 충전할 것

리튬이온 배터리(Lithium-ion Battery) 관련 논문이나 환경부의 전기차 관련 자료집을 찾아보면 배터리 사용온도를 20℃로 고정시키고 충전 시작점과 충전 완료지점에 따라 배터리 열화정도와 수명 차이가 크다는 것을 말해주고 있다. 예를 들어, 25% 예치충전을 지적하여 100% 충전이 끝난 경우에 약 3,600회 충전을 하면 배터리가 80%까지 열화되는 것에 비하여 65%에서 충전을 시작하여 75%에서 끝내는 것은 약 9,000회 정도 충전이 가능하며, 배터리의 열화정도도 90% 이하로 떨어지지 않는다는 것이다. 충전속도도 영향이 크기 때문에 대부분의 배터리 경우 80% 충전부터는 배터리 보호를 위해 충전속도를 자체적으로 낮추게 된다. 특히 급속충전기로 계속 충전할 경우에는 배터리를 100% 채우는 것은 시간, 효율, 수명 등 여러모로 좋지 않은 영향을 끼치므로 가급적이면 한 달에 한 번 정도는 20% 정도 남아 있을 때까지만 배터리를 사용하고 완속충전으로 100%까지 채워주는 것이 리튬이온 배터리의 Cell Balancing을 위해 권장된다. 배터리의 구조는 하나의 큰 덩어리가 아니라 수십~수백 개의 작은 배터리들로 형성되어 있기 때문에 동일 작업조건의 생산과 동일 환경에서 사용을 할지라도 팩(Pack) 안에 있는 배터리 셀들이 균일하게 충·방전되는 것이 아니므로 균일한 조성이 최적의 성능을 이끌어낸다고 한다. 즉, 최종 제작된 팩(Pack) 안에는 다수의 모듈(Module)과 수많은 셀(Cell) 그리고 BMS (Battery Management System)와 냉각장치, 온도 센서, 전압 측정기, 절연 플레이트 등으로 구성된 부가적 장치가 설치되어 배터리를 최적의 상태로 유지할 수 있도록 자체적 관리하는 시스템으로 되어 있지만, 환경적 또는 사용요소에 의해 배터리 내부 물질의 돌발적 이상발생은 항상 잠재되어 있는 것이다.

전기차의 배터리를 예로 들어보면 BMW i3에는 배터리 셀이 총 96개 탑재된다. 셀 12개를 하나의 모듈로 묶고, 8개의 모듈을 또 다시 묶어 하나의 팩(Pack) 형태로 만들어진다.

그림 3-2-19 전기차용 배터리 구성도

3-3 전지의 안전관리

[1] 배터리의 관리법

(1) 초창기의 배터리 형태

2차 전지의 초창기에 사용된 휴대폰이나 노트북 배터리는 니켈-수소(Ni-MH), 니켈-카드뮴(Ni-Cd) 등을 사용한 배터리로서, 완전 충전(100%)된 상태 또는 완전 방전(0%)되지 않은 상태에서 충·방전을 반복하면 충·방전이 반복된 그 위치에서 기억물질이 생성된다. <그림 3-3-1 배터리의 충·방전 곡선>과 같이 처음에는 정상상태의 배터리 A와 Memory Effect가 있는 배터리 B는 차이 없는 용량의 곡선을 보이다가 Memory Effect가 있는 배터리 B는 기기가 동작할 수 없는 방전종지전압으로 빠르게 용량이 줄어드는 상태를 보였으며, 배터리 A와 배터리 B가 같은 용량이 남아 있다고 할지라도 배터리 B는 사용할 수 있는 시간이 단축된다. 즉, 새 전지의 100% 충전 상태에서 60% 사용으로 40% 남아 있을 때 100% 충전을 하게 되면 남아있던 40%는

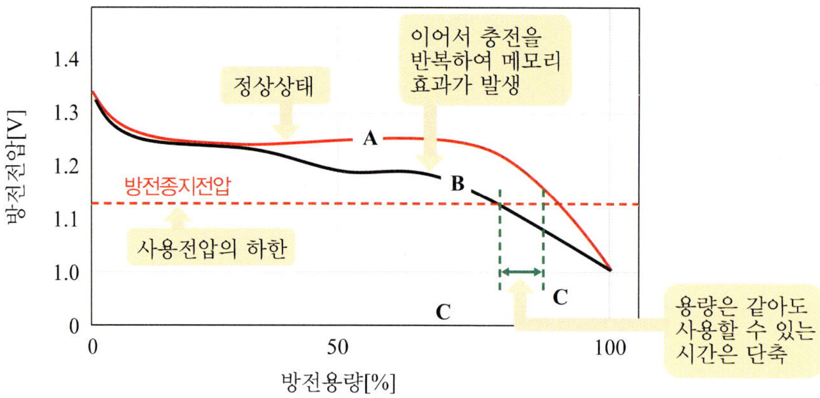

그림 3-3-1 배터리의 충·방전 곡선

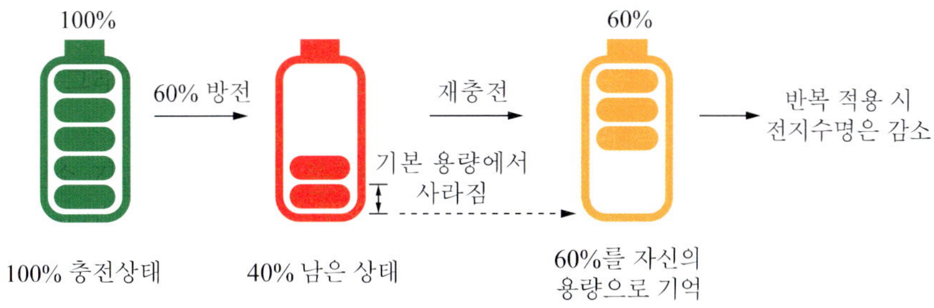

그림 3-3-2 배터리의 Memory Effect

사라지고 60%를 배터리 자신의 기본용량으로 기억하여 최대 용량이 줄어들게 한다. 배터리 잔량에서 충・방전하게 되면 잔량 부근에서 작동전압이 크게 떨어지면서 배터리 용량의 한계를 기억하는 <그림 3-3-2 배터리의 Memory Effect>에서와 같이 메모리효과(Memory effect)가 발생하여 배터리의 열화가 빠르게 진행하는 특성을 갖고 있다.

초창기 배터리 형태를 벗어난 이후 휴대폰이나 노트북에 장착되는 리튬이온(Lithum-ion) 배터리는 액체 전해질을 사용하기 때문에 주로 원형으로 제작되었고 1차 건전지가 삽입되는 곳(제품)에 리튬이온(Lithum-ion) 배터리도 나란히 삽입 가능하도록 생산되었다. 그러나 사용 시 충・방전 반복에 의한 수명감소와 간편하게 한 손으로 들고 다니기에는 너무 크고 부담스러운 휴대폰의 두께 때문에 사용이 저조했다. 또한 사용 후 폐기처분에서도 리싸이클링(Recycling) 할 수 있는 여러 환경적 요소가 그렇게 높은 편은 아니어서 지속적인 원형 배터리 생산이 이루어지지 않았다.

이후 점차 고체 젤타입(Solid Gel type)의 전해질을 적층하여 사용함으로써 '리튬이온폴리머(Lithum-ion Polymer) 배터리'의 장점을 이용하여 용도에 따라 사각형 타입 또는 얇은 판 형태의 슬림형의 다양한 타입으로 자유롭게 배터리를 가공할 수 있게 되었다.

(2) 효율적인 배터리 사용법

일반적으로 배터리가 사용되는 노트북, 스마트폰, 카메라, 청소기, 휴대용 등에 해당되는 전자기기는 물론 모든 무선기기, 더 나아가 전기차까지 모든 리튬이온과 폴리머전지에 적용되는 배터리는 사용하면 할수록 총 충전량이 점점 떨어질 수밖에 없다. 초기 배터리 용량 대비 떨어진 용량의 비율을 “배터리 웨어율”이라고 부르며, <그림 3-3-3 배터리의 웨어율(완충기준 사용시간)>과 같다.

배터리의 웨어율이란, 새로 구입한 휴대폰이나 노트북의 완충기준으로 충전했을 경우 하루 8~10시간 사용 가능하지만 1년이 지나면 대략 6~8시간 사용 가능하고, 충전하는 횟수가 늘어나 2년이 지나면 완충을 해도 하루에 4~6시간 사용 가능하므로 충전을 더 자주 해야 하는 느낌을 받을 수 있다. <그림 3-3-3 배터리의 웨어율(완충기준 사용시간)>과 같이, 2년 후 처음 구입했을 때에 비해 절반으로 떨어진 배터리 상태를 “배터리 웨어율 50%”라고 표현하는데, 이 배터리의 웨어율은 모든 사용자에게 공통적으로 해당되지는 않으며 모든 사용자들의 사용 범위와 사용량, 사용환경이 다 다르기 때문에 정확하게 수치화 할 수는 없다. 배터리 웨어율을 덜 떨어지게 하면서 효율적으로 사용하려면 <그림 3-3-4 배터리의 플래토(Plateau) 구간>을 참고하여 사용하면 도움이 될 것이다.

배터리의 플래토(Plateau) 구간이란, 배터리가 완전방전인 0%가 되기 전 20%부터 완전충전인 100%가 되기 전 80%까지의 구간을 말하는데, <그림 3-3-4 배터리의 플

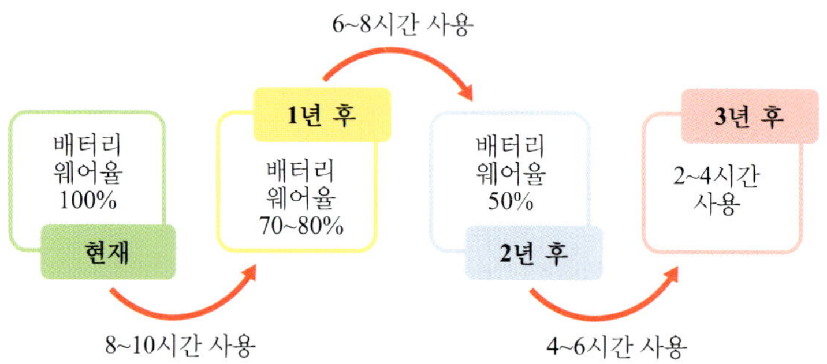

그림 3-3-3 배터리의 웨어율(완충기준 사용시간)

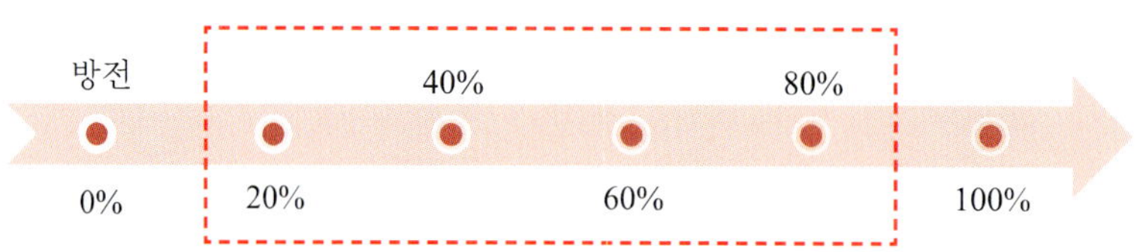

그림 3-3-4 배터리의 플래토(Plateau) 구간

래토(Plateau) 구간>의 점선으로 표시된 부분이라고 이해하면 된다. 따라서 이 구간만 사용하게 되면 배터리 리싸이클 주기가 늘어나고, 플래토 구간을 사용하지 않았을 때에 비하여 오래 사용이 가능하다.

[2] 리튬이온 전지의 고장 종류와 현상

(1) 리튬이온 전지(폴리머 포함) 고장 종류

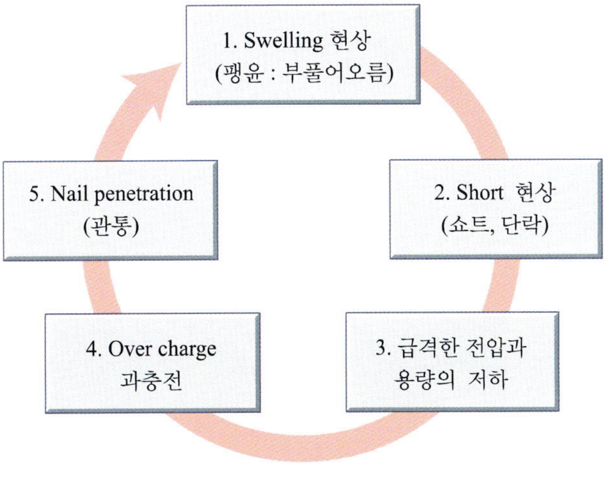

그림 3-3-5 리튬이온 전지(폴리머 포함) 고장의 종류

(2) 리튬 2차 전지(폴리머 포함) 고장 현상

1) 스웰링(Swelling) 현상

스웰링(Swelling) 현상은 배부름 현상으로 배터리가 빵빵해지는 것을 말하는데, 어떤 물질이 용매를 흡수해 부푸는 현상으로서 '팽윤현상'이라고도 하며 리튬이온 배터리보다 리튬폴리머 배터리에서 더 강하게 발생된다. 사실 배부름 현상 자체는 리튬이

온(Li-ion)과 리튬폴리머(Li-Polymer) 양쪽에서 모두 발생하지만, 리튬이온(Li-ion)전지는 일반적으로 단단한 금속캔으로 외장포장이 되어 있다 보니 내부 압력이 커져도 캔이 어느 정도 버텨주는 것일 뿐이고, 리튬폴리머(Li-Polymer)는 외장이 알루미늄 포일(Aluminium Foil) 같은 재질로 포장되어 있어 내부압력이 조금만 증가해도 금방 빵빵해지기 때문에 눈으로 보일 정도가 된다. 일단 한 번 스웰링(Swelling) 현상이 발생한 배터리는 복구가 불가능하고, 갑자기 전원이 꺼지는 등 성능도 많이 떨어지고 화재나 폭발의 위험도 증가하기 때문에 예방만이 적절한 방법이다.

과거에는 휴대폰을 구입하면 배터리를 2개 지급하여 교체할 수 있게 하거나 부풀어 오른 배터리가 발생하면 제조사의 고객센터에서 교체(교환)하는 경우가 있었지만, 최근의 휴대폰들은 슬림형의 디자인, 무게 감소, 원가 절감 등의 이유로 일체형 배터리(내장 고정형)가 대부분으로서 만약 <그림 3-3-6 정상배터리와 스웰링(Swelling) 현상의 배터리와의 비교>에서의 우측과 같이 배터리가 부풀어 오르면(Swelling) 케이스까지 부서지는 사례가 발생하므로 배터리 제조사 입장에서는 휴대폰 기계까지 물어주어야 하는 문제가 발생하는 불량의 유형이다.

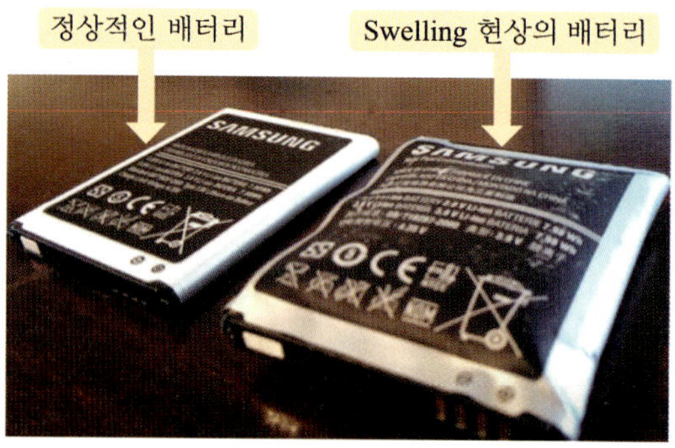

그림 3-3-6 정상배터리와 스웰링(Swelling) 현상의 배터리와의 비교
※ 출처 : https://blog.naver.com/bulblight/222465020385

배터리는 제조공정의 여러 과정을 거쳐 배터리로서, 완성된 배터리들은 최초 충전을 하면 전해질이 분해되면서 SEI층이 생성되어 발생되는 가스를 제거하는 방법으로 두 가지가 있다. 첫째로, 파우치 배터리(Pouch Battery)는 파우치의 크기를 크게(넉넉하게) 한 상태, 즉 늘어날 것을 대비하여 여유 공간(Free space)을 넉넉하게 한 상태

(예 : 전기줄을 축 늘어지게 하는 이유, 철도의 레일 간격을 띄우는 이유 등과 유사)에서 전해액을 주입하고 난 뒤, SEI층이 생성되면서 발생한 가스를 <그림 3-3-7 크기를 크게 한 파우치 배터리 모양(우측) & Cutting할 부분>과 같이 점선표시 좌측에 기다란 직사각형 모양의 공간으로 모은 후 디게싱(Degassing) 작업해준 뒤에 배터리의 크기에 맞게 자르는 Cutting과 Packing 공정을 진행한다. 둘째로, 전해질이 분해되면서 SEI층이 생성되면서 발생되는 전해질의 특성 때문에 가스 발생을 억제하는 기능이 있는 전해질 첨가제를 사용하기도 하는데, 첨가제의 함유율은 5% 이내로서 전해액 원가의 40%를 차지하는 High Cost의 핵심적인 물질을 사용하기도 한다.

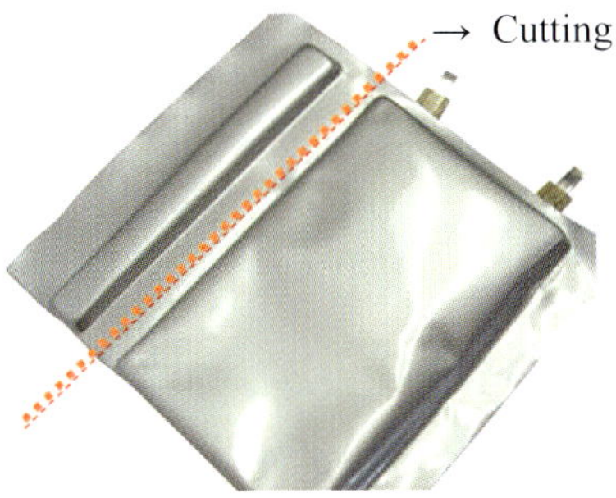

그림 3-3-7 크기를 크게 한 파우치 배터리 모양에서 Cutting할 부분
※ 출처 : https://blog.naver.com/bulblight/222465020385

2) 쇼트(단락 ; Short) 현상

쇼트(Short) 현상은 양극과 음극이 접촉하여 화재가 일어나는 현상으로서 양극과 음극 접촉 시 바로 불이 나기 때문에 매우 위험하다. 우리가 항상 갖고 다니고 있는 휴대폰의 배터리가 내장형이 아닌 착탈식일 경우 배터리 한쪽 측면에 휴대폰과 연결되는 3개 또는 4개의 노출단자 중에서 (+)가 외부의 무엇인가(동전, 금속막대, 금속 젓가락, 철사 등)와 직접적으로 연결된다면 바로 쇼트(Short) 현상이 발생된다. 이런 쇼트(Short) 현상이 위험한 이유는 양극과 음극 사이에 다른 곳으로 돌려 버릴(사용할) 부하가 없으므로 매우 큰 전류가 배터리 내부로 흐름으로서 단락(Short)이 되기 때문이다. 그리고 앞선 조립공정의 첫 번째 작업인 Winding 또는 Stacking 공정에서 와인딩 젤리롤(Winding jelly roll)을 형성하는 공정에서도 <그림 3-3-8 굽어지는 부

분에서의 하자발생>과 같이 원형으로 굽어지는 각도 때문에 곡선으로 굽어지는 부분 안쪽 면 A에는 주름이 생기고, 굽어지는 바깥쪽 면 B에는 당김현상으로 재료가 얇아지면서 Crack (갈라짐)이 발생하여 누설전류와 리튬 석출이 발생하므로 위험이 커진다.

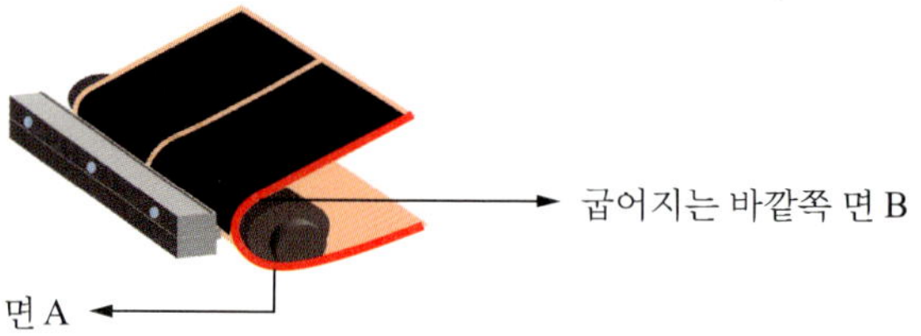

그림 3-3-8 굽어지는 부분에서의 하자발생

<그림 3-3-9 정상 Cell (좌측)/휘어지는 부분에서 Short 가능(우측) 지점>의 좌측처럼 음극(Graphite)이 길고, 극끼리 서로 직접 접촉되지 않도록 중간에 분리막(Separator)이 있는 것이 정상적이며, 우측그림의 가로 점선으로 표시된 부분인 Curve Section으로서 1의 분리막과 2의 음극재료 막들이 양극재 $LiCoO_2$ 있는 쪽으로 굽히면서 감기는 것은 Roll을 형성하는 공정에서 발생되는 하자현상이다.

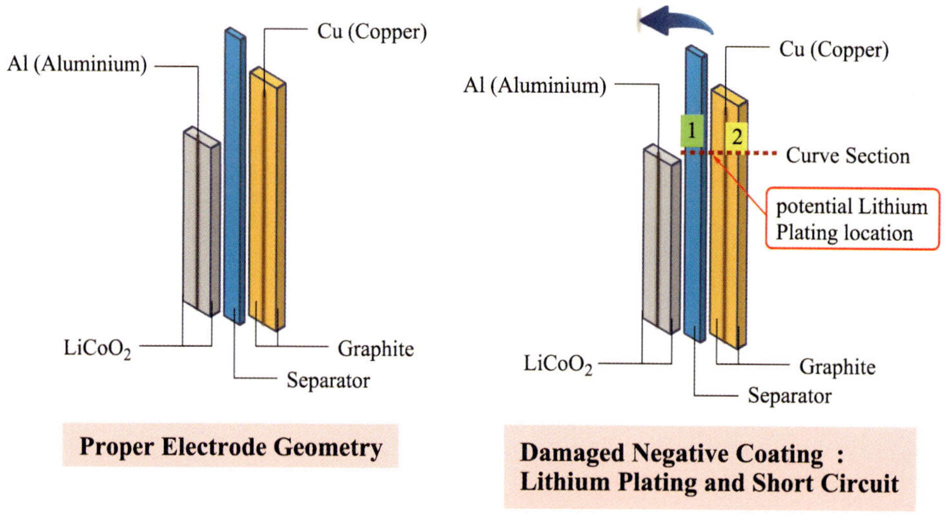

그림 3-3-9 정상 Cell (좌측) / 휘어지는 부분에서 Short 가능(우측) 지점

3) 급격한 전압과 용량의 저하 현상

<그림 3-3-10 전압과 용량의 저하 현상>에서 보는 바와 같이, 배터리 C는 처음에는 정상배터리 A에 비해 서서히 용량이 떨어지는 것처럼 보이다가 어느 순간에 용량이 급격하게 떨어지면서 나중에는 더 이상 충전이 안 되는 현상이 발생하는데, 용량이 급격히 감소하는 배터리를 분해해 보면 분리막 표면에 열을 받아 생긴 듯한 흑점이 발견되는 경우가 많다고 한다. 흑점 주위에 있는 양극, 음극, 분리막 등을 좀 더 자세히 분석해보면, 보통 금속성 미세입자는 극판 내부에 들어 있는 경우가 많은데 이 입자가 누설 전류를 발생시키는 것이다. 구리가 양극 극판에 침투되어 전류 누설이 일어나면서 음극에서 구리가 석출되는데, 배터리가 출고되기 전에 불량을 걸러내는 방법은 화성 공정에서 Process별 전압 차이를 확인하여 일정한 전압이 떨어지는 배터리를 불량으로 구분하고, 양극 음극 소재 사이에서 자석으로 검출되는 금속 이물질들은 '전자석탈철기'로 구분해낼 수 있다. 자석으로 검출되지 않는 금속도 다른 검출기를 통해 검출할 수는 있지만, 제거는 쉽지 않아서 원천적으로 이물질이 들어가지 않게 관리하는 것이 핵심이다.

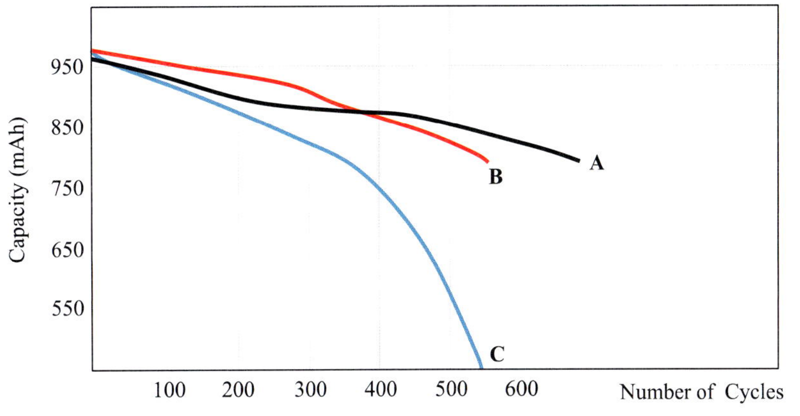

그림 3-3-10 전압과 용량의 저하 현상

4) 과충전(Over charge) 현상

과충전은, 배터리가 견딜 수 있는 최대 용량 이상의 전류가 유입되면서 SEI층이 파괴되고 전해질이 분해되어 리튬이 석출되는 현상으로 인해 양극과 음극이 맞닿는 내부 쇼트(단락 ; Short) 발생과 가스방출이 빠르게 발생하여 고장 나는 현상을 말한다. 따라서 과충・방전이 일어나게 되면 구리(Cu)전극이 분해되어 구리(Cu)석출도 생기게 되므로 이러한 현상을 방지하기 위해서는 별도의 장치인 PCM (Protection Circuit Module) 또는 CMC (Cell Monitoring Controller) 또는 BMS (Battery Management System)가 필요하다. PCM, CMC, BMS는 배터리의 설계 당시 정해진 전압의 상・하한 용량을 넘거나 부족함 없이 충전기를 작동시키게 하여 배터리의 안정적인 동작지원과 그 외의 안전관리까지 역할을 한다.

5) 관통(Nail penetration) 현상

관통은 전지 테스트 항목 중 가장 만족시키기 어려운 항목이다. 외부에서 뾰족한 물체가 배터리 쪽으로 들어오면 양극, 음극, 분리막, 전해액의 나열된 순서가 깨지면서(뾰족한 부분이 들어가는 만큼 접촉되는 물체 부분은 일그러진다) 양극과 음극은 접촉상태가 되고 쇼트(단락; Short)로 인하여 발화가 일어난다. 관통 현상을 방지하기 위해서는 배터리의 외부를 단단한 재질로 만들고, 배터리의 내부는 관통하기 어려운 재질 또는 단단한 전고체 방식으로 하는 것이 좋을 것이다.

3-4 폐전지의 리사이클링

[1] 폐배터리의 관리(Management of Waste Batteries)

(1) 폐배터리의 발생규모

전기차와 내연기관 차량에서 공통된 역할을 하는 장치는 바로 내연기관 차량의 연료탱크(Fuel Tank)와 연료, 전기차를 움직일 수 있도록 하는 배터리(Battery)가 에너지로서 공통된 역할을 하고 있다고 말할 수 있을 것이다. 내연기관 차량은 디젤, 휘발유 또는 가스 등이 다 타더라도 기름탱크 사이즈가 줄어드는 일은 없지만, 전기차의 경우는 충・방전을 통해 계속 사용하다가 어느 일정 시기에 가서는 차량의 연료인 배터리를 교체해야 할 때가 온다. 배터리 자체가 충전으로 채울 수 있는 한계치에 다다르면 에너지 밀도의 최대치가 점점 낮아져서 전기차 배터리로서의 역할을 다한 것이 되므로 교체가 필요해지는 것이다. 현재 대부분의 전기차가 적용하고 있는 리튬이온 배터리(Lithium-ion Battery)의 경우에는 사용환경에 따라 차이가 있기는 하지만 보통 500회 전후로 충전을 하면 성능이 떨어지므로 평균 주행거리 15만~20만 km가 되면 교체를 해야 된다고 하므로 일반적으로 1년에 평균 2만 km를 운행한다는 가정 하에서 8~10년 정도 되면 처음 배터리의 수명보다 약 20~30% 정도 감소한다고 볼 수 있는 것이다. 예를 들어, H자동차 전기차 SUV를 대입하여 계산해보자. 배터리 완충 후 사계절 평균 400 km 주행이 가능하다고 기준을 잡으면 배터리의 30% 감소는 약 120 km 정도가 감소되어 주행가능거리는 280 km가 된다. 이렇게 수명이 감소한 전기차 배터리는 Pack을 점검하여 Module 안에 있는 그 많은 Cell들 중에 수명이 줄어든 Cell들을 골라서 교체하기가 힘들고 새로 교체하지 않은 Cell들은 또다시 사용시간에 따라 용량과 수명의 편차가 발생할 수밖에 없기 때문에, 배터리를 통째로 교체하는 것이 여러 경비와 시간 면에서도 편리하다. 하이브리드 자동차(HEV ; Hybrid Electric Vehicle)의 경우에는 부담스러운 배터리 교체비용 때문에 장착된 배터리가 제대로 역할을 하지 않아도 함께 사용하던 연료인 디젤, 휘발유 등으로 사용할 수 있지만, 오로지 배터리만이 연료로 사용되는 전기차의 경우에는 시간이 지날수록 점점 더 교체된 폐배터리들이 쌓일 수밖에 없게 된다. 그 이유는 정부 보조금을 받아 구입한 전기차 배터리의 소유권은 차량을 운행할 때는 차주에게 부여되지만 폐차해서 등록이 말소되면 폐배터리 재사용 및 재활용 촉진을 위하여 지자체(지방자치단체)가 모든 폐배터리를 수거하고 보관하게 되는 현행 대기환경보전법상 지자체에 넘어가기 때문에 반납이 규정되어 있기 때문이다. 따라서 현재 지자체(지방자치단체)에 보관된 전기차 폐배터리는 약 200여개가 되지만 에너지경제 연구원에 따르면 2030년에는 약 8만개 이상으로 증가될 예정이라고 한다. 이것은 오직 국내에만 해당되는 일이고, 전기차가 가장 많은 중국의 경우 2020년 한해 20만 ton의 배터리가 나왔으며, 5년 뒤에는 35만 ton 규모에 이를 것으로 추정된다고 한다. 또한 <그림 3-4-1 세계 향후 10년간 폐배터리 발생 예상규모>와 같이 세계시장에서 향후 폐배터리 발생량 규모는 2020년 기준 28 GWh에서 2025년에 290 GWh로 약 10배 정도로 높은 폐배터리량이 나왔으며 10년 뒤에는 약 28배 정도로 높은 폐배터리량이 쏟아져 나올 것이라는 추정치를 내놓았다.

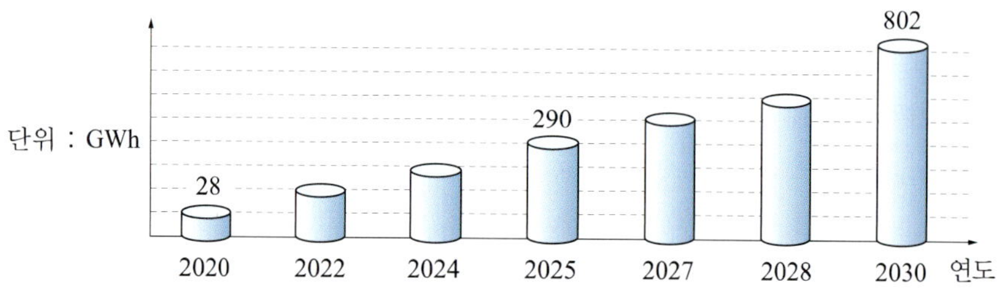

그림 3-4-1 세계 향후 10년간 폐배터리 발생 예상규모
※ 출처 : SNE리서치 · 메리츠증권 리서치센터 – 폐배터리 발생량(추정치)

(2) 폐배터리 발생에 따른 환경적 현황

1) 폐배터리의 발생과 처리에 따른 환경적 요소

전기차 NMC계 리튬 2차 전지는 산화코발트(Co_3O_4), 리튬(Li^+), 망간(Mn), 니켈(Ni) 등을 1% 이상 함유한 혼합물로서 급성독성(흡입) 및 수생환경유해성(만성)으로 인해 '유독물, 관찰물질' 지정으로 편입시켜 환경부 고시 제2017-76호 '유독물질 및 제한물질 금지물질'로 분류 지정하고 있기 때문에, 배터리로서 수명을 다한 폐배터리 또는 수리불능의 고장이나 차량사고 등의 이유로 폐차를 하게 될 경우 배출되는 폐배터리들은 바로 매립할 수 없다. 따라서 함부로 매립하거나 폐기로 방치하면 토양오염을 발생시키는 등 환경을 더 오염시킬 수 있는 상황이 발생할 수도 있다.

전기 자동차는 배기가스를 배출하지 않아 친환경적이기는 하지만 핵심 부품인 배터리는 주기적으로 교체해야만 하는 소모품이므로 세계 각국 전기차 생산이 급증하면서 전기차에서 나오는 폐배터리 역시 막대한 양의 폐기물로 발생하게 되어 우리나라뿐만 아니라 세계 각국에서도 전기차 폐배터리의 처리가 사회적 문제로 대두되고 있다. 폐배터리들을 재활용하여 자원화 시키는 것이 가장 좋은 방법이기는 하지만 폐배터리 회수 후 처리 공정을 거쳐 재사용이나 재활용할 수 있는 설비가 뒤따라야 하므로 그에 따른 기술개발 투자와 상용화를 위해 여러 기업들이 상당한 노력을 기울이고 있는 현황이다.

표 3-4-1 폐배터리 분해단계에 따른 장 · 단점

구분	해체 난이도	장점	단점
배터리 팩	용이	• 해체 비용 저렴 • 해후 단순조립으로 ESS 생산가능	• 특정 모듈 및 Cell 불량 시 성능 저하
배터리 모듈	보통	• 해체 비용 저렴 • 재활용 용도에 따른 제한적 재구성 가능	• 모듈 내 일부 Cell 불량 시 성능 저하
배터리 셀	어려움	• 불량 Cell에 대한 대처 가능 • 다양한 형태의 ESS 구성용이	• 모듈 해체시간 및 비용 증가 • 모듈 해체 시 화재위험 증가

※ 출처 : 환경부(2018), '전기차 폐배터리 재활용 방법 및 기준마련 연구', KDB산업은행, 케이프투자증권 리서치본부

2) 2차 Battery Solution

전기차 배터리 수명이 30% 감소했다는 것은 70%는 아직 사용할 수 있다는 의미도 된다. 다시 말하면, ton단위의 무거운 전기차를 움직이는 용도로는 부적합하지만 다른

전자제품에 전기를 공급하기에는 충분한 배터리라는 것이다. 예를 들면, H자동차의 SUV 전기차 배터리 용량은 64 kWh인데 배터리 수명이 30% 감소된다고 해도 별다른 다른 고장이 없는 전기차라고 하면 약 44.8 kWh는 다른 용도로 활용하여 쓸 수가 있다는 것이다. 이런 용량을 가진 배터리를 가정집에서 이용한다는 가정 하에서 계산을 해보면, 한 사람이 하루 평균 사용하는 전력이 대략적으로 3 kW 정도라고 할 경우 30% 감소된 1개의 전기차 폐배터리로 약 15명 정도가 하루 필요한 전기를 공급받을 수 있고, 폐배터리 10개로는 약 150명 정도가 사용할 수 있다. 만약 한 가정집에 대략 4명이 생활한다고 하면 1개의 전기차 폐배터리로 약 38곳의 가정집에서 사용가능할 수 있다는 계산이 되므로 전기의 저장 및 활용은 엄청난 부분에서 대체 가능하다.

이처럼 폐배터리를 재사용 또는 재가공하여 다시 활용하는 것을 '2차 Battery Solution'이라고 하며 다양한 형태로 재가공 사용할 수 있다. 이미 몇 년 전부터 2차 Battery Solution이 활발하게 진행되는 해외사례를 보면 어떻게 활용되는지 알 수 있다.

3) 2차 Battery Solution 해외의 사례

영국에서는 '스마트 허브스(Smart Hubs)'라는 프로젝트를 통해 1,000개의 2차 폐배터리를 모아서 14.5 Mwh의 에너지를 저장할 수 있도록 만든 뒤 태양광 패널과 연결하여 재생에너지를 더 넓게 활용함과 동시에 에너지 효율을 높여 약 1,695가구(주택)에 하루 종일 충분한 전력을 공급할 수 있게 하였다.

프랑스에서는 ABS (Advanced Battery Storage) 프로젝트를 통해 50 Mwh 규모의 에너지 저장소를 르노 공장에 설치했다. 그리고 독일의 BMW는 스웨덴의 에너지회사와 협력하여 함부르크(Hamburg)에 2 MWh 규모의 에너지 저장시설을 건설하였으며 2,600개의 배터리 모듈을 통해 피크시간(Peaking time)대에 에너지를 공급하는 형태로 만들어졌다.

또한 독일 화학기업인 뒤젠펠트는 리튬이온 배터리를 분쇄물질과 전해질 중 하나만 남을 때까지 분쇄기로 분해하여 파쇄된 재료로부터 흑연, 망간, 니켈, 코발트, 리튬 등을 얻는 기술을 개발했다.

[2] 폐배터리의 리사이클링(Recycling of Waste Batteries)

(1) 폐배터리의 산업의 성장성

현재 2차 전지 산업은 폭발적인 성장을 거듭하고 있다. 세계적으로 친환경 정책이 확산되면서 전기차 시장도 활성화되다 보니 당초 예상했던 것보다 산업의 성장 속도가 훨씬 가파름에 따라 <그림 3-4-2 세계 배터리 재활용 시장성장 예상규모>와 같이 점점 대규모의 폐배터리가 발생되고 있으며, 아울러 폐배터리 재활용에 대한 관심도 또한 높아지고 있다. 글로벌 시장조사업체인 네비컨트리서치에 따르면, 2019년 기준 약 1조 7천억 원이였던 폐배터리 재활용 세계시장은 2025년이 되면서 무려 약 7배인 13조 5천억 원까지 성장했으며, 2030년에는 약 11배인 20조 1천억 원까지 폐배터리를 처리하는 산업성장의 규모가 커질 것으로 예상하고 있다.

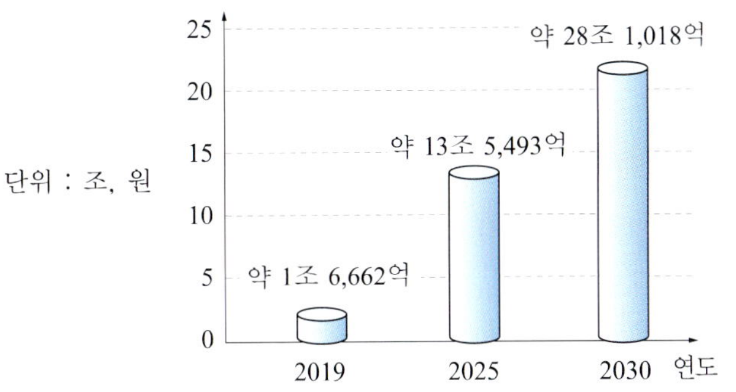

그림 3-4-2 세계 배터리 재활용 시장성장 예상규모
※ 출처 : 현대자동차 홈페이지 UBESS 로드맵 / cpro95.tistory.com/432

(2) 폐배터리 관리변화의 유동성

원재료 수급 및 폐기물 감소 방안으로 폐배터리 리사이클링(Recycling)이 대두되고 있는 것은 맞지만, 지금까지 생산 및 판매 주력에 더 힘을 쏟았던 우리나라에서는 리튬이온 배터리(Lithium-ion battery)가 폐기된 이후의 회수 및 관리체계가 미흡한 상황이다. 특히 전기차 폐배터리(보조금 지급대상)의 경우, '대기환경보전법'에 따라 지자체(지방자치단체)에 반납하도록 하고 있으나 반납 이후 관리체계가 <그림 3-4-3 전기차 폐배터리의 관리상 문제점>과 같이 명확하지 않다. 전기차 폐배터리는 잘못 관리할 경우 폭발 위험성이 높기 때문에 수송 및 처리에 있어 안전성이 요구되는데 최근 정부에서 폐배터리 재활용(Recycling) & 재사용(Re-use) 사업화를 위해 인프라 조성과 제도 마련을 추진하고 있으며, 환경부 역시 관련 법령을 개정해 폐배터리의 민간 유통경로를 확보했다.

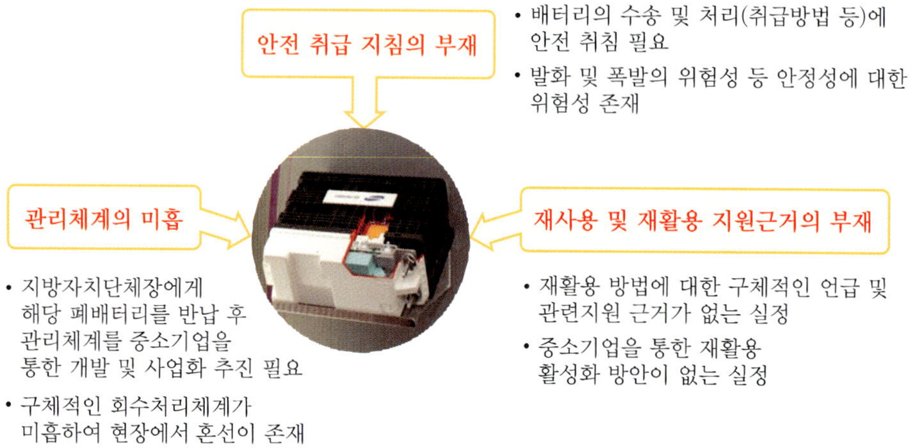

그림 3-4-3 전기차 폐배터리의 관리상 문제점

기존에는 대기환경보전법에 따라 폐배터리를 지방자치단체에 반납해야 했으나 2021년 등록된 전기차부터는 반납의무를 폐지했다. 또한, 현재는 사실상 지자체가 폐배터리를 민간에 매각할 수 없도록 금지되어 있었으나 2022년부터 민간 매각의 허용을 추진 중이므로 폐차장에서 회수된 폐배터리를 민간에서 바로 유통할 수 있게 되는 것이다. 다시 말해, 그 동안은 배터리에 대하여 재활용(Recycling) & 재사용(Re-use) 지침 부재로 인해 지자체가 배터리를 민간에 팔지 못한 채 떠안고 있어야 했지만 이제 반납 의무가 사라지면 폐차 후 폐배터리 소유권도 민간(사용주)으로 넘어간다는 말이다. 그간 배터리의 재활용(Recycling) & 재사용(Re-use) 지침이 부재였던 이유는, 전기차 보급 초기에는 폐배터리의 경제적 가치가 크지 않았고 환경오염과 화재발생 위험도 있었기 때문에 공공에서 관리하는 방안만 제시하고 있었으나, 공공에서 관리할 지침도 정확하지 않은 상태에서 폐배터리 누적량이 방대해지고 폐배터리 활용성이

가시화하고 안정성 확보를 위한 기술이 개발되면서 민간에 개방하게 되었다. 2020년 등록된 전기차가 폐차되기까지 향후 약 10년간은 정부가 폐배터리 유통을 주도하여 환경부에서 전국 4개 권역(경기・충남・전북・대구)에 미래폐자원 거점수거센터를 구축하였으며, 시범운영을 거쳐 민간 매각이 허용되는 2022년부터 본격 운영하고 있다. 거점수거센터는 폐배터리를 회수하고 잔존용량 등 성능을 평가하는데, 수거하여 보관된 폐배터리는 민간에게 매각을 하되 매각대금은 정부와 지자체로 돌아가도록 하는 시스템으로 처리되어 있다. 이는 세계적인 현상으로서 유럽 역시 자동차 판매사가 폐배터리 폐기의 책임을 떠맡고 있었으나 최근 정부 주도의 강력한 정책에 시동을 걸고 있다. 한편, 최대 전기차 시장 중 한 곳인 중국은 폐배터리 연관 산업이 가장 발달한 국가로서 폐배터리 리사이클 업체들이 배터리 제조사와 협력하여 회수하여 이를 재활용하고 있다.

(3) 폐배터리의 가치를 높이는 재활용 솔루션

'UBESS (Used Battery Energy Storage System)'는 전기차에서 수명을 다한 배터리를 에너지 저장장치(ESS)로 재활용하는 시스템으로서 전 세계 유수의 기업들을 중심으로 폐배터리 재사용과 재활용 기술이 연구되고 있다. 배터리 재활용 산업은 배터리 재사용(Re-use)과 배터리 재활용(Recycling)으로 분류된다. 배터리 재사용(Re-use)은 폐배터리를 해체하지 않고 그 상태를 평가해 ESS, UPS 등으로 용도를 변경해 사용하는 것으로서 전기차에서 수명을 다한 배터리라고 하더라도 그 내부에는 에너지를 충분히 저장할 수 있는 용량이 남아 있어 더 활용이 가능하므로 배터리의 잔여 용량을 에너지 저장장치(ESS)로 재사용하는 시스템인 'UBESS (Used Battery Energy Storage System)'를 통해 잔존 용량을 감안하여 배터리를 재사용하면 전력비용절감과 전력공급안정 등의 효과를 볼 수 있다. <그림 3-4-4 재활용하는 전력계통의 UBESS 사용처>는 UPS를 통해 안정적으로 교류 전력을 공급하는 '비상용 전원장치 및 무정전 전원장치'를 말한다.

배터리 재활용(Recycling)은 <표 3-4-3 폐배터리 리사이클의 개략적 과정(경제성이 높은 습식 기준)>과 같은 내용의 산출물을 얻는 과정에서는 해체설비 시설과 공정이 필요하다. 폐배터리 산업의 핵심은 배터리의 주요 원료이자 고부가 가치가 높은 희토

그림 3-4-4 재활용하는 전력계통의 UBESS 사용처

류의 회유금속인 코발트(Co), 니켈(Ni), 망간(Mn), 리튬(Li)을 회수하여 판매하는 것이며, 해당 회유금속들은 2차 전지 양극활 물질의 핵심 소재로 수요에 비해 매장량이 제한되어 있거나 추출의 난이도가 높고, 매장 및 생산이 지정학적으로 일부 국가에 편중되어 있기 때문에 국제시세가 산업 성장(전기차, 노트북, 휴대폰, 각종 전자기기의 배터리)에 큰 영향을 미친다. 또한 추출과 관련된 기술 역시 Business Player마다 그 수준이 상이하기 때문에 이에 따른 부가가치 역시 상이하며, 비록 똑같은 자원을 회수하더라도 단순 인산리튬이나 니켈보다 탄산리튬이나 황산니켈 등을 추출할 수 있다면 사업의 수익성이 더욱 강화되는 식이다. 현재 세계적으로 폐전지를 활용하여 주요 회유금속의 회수가 가능한 업체는 <표 3-4-2 국내 · 외 폐배터리 재활용업체 현황(Full Recycling 업체기준)>과 같으며, 중국에서 재활용을 통한 회수금속을 가장 많이 생산하고 있다. 일본의 재활용업체들은 주로 배터리 제조사의 스크랩(Scrap)을 처리하는 수준이라고 볼 수 있다.

표 3-4-2 국내 · 외 폐배터리 재활용업체 현황(Full Recycling 업체기준)

업체명	위치	Capa (Co 생산량)	원료/회수금속
성일하일텍(주)	Korea	1,000 Ton/y	스크랩, 배터리/Co, Ni, Li, Mn
유미코어(UMiCORE)	Belgium	1,000 Ton/y (처리)	스크랩, 배터리/Co, Ni
화유코발트(Huayou Cobalt)	China	20,000 Ton/y	스크랩, 배터리/Co
거린메이(GEM)	China	5,000 Ton/y	스크랩, 배터리/Co, Ni, Li, Mn
닝보브룬프(BRUNP)	China	3,000 Ton/y	스크랩, 배터리/Co, Ni, Li, Mn
코스모	Japan	–	배터리 제조사 스크랩 처리

※ 출처 : 성일하이텍(주), 케이프투자증권 리서치본부

결국 산업의 근간인 스크랩(Scrap), 폐배터리에서 추출과 관련된 기술, 해체 및 회수하는 설비장치와 공정도 현 시점에서는 산업의 핵심적 경쟁력이 있다는 것으로 볼 수 있다. 그리고 건식과 습식으로 나뉘는 배터리의 처분에 따른 재활용 방식은 <표 3-4-3 폐배터리 리사이클의 개략적 과정(경제성이 높은 습식 기준)>과 같은 산출물을 획득할 수 있다.

표 3-4-3 폐배터리 리사이클의 개략적 과정(경제성이 높은 습식 기준)

구분	공정	세부내용	산출물
전처리	전지 방전	방전을 통한 폭발위험 제거	
	파쇄	분쇄기를 통한 파쇄	
	비중선별	자석 및 무게로 분리막 및 양·음극 등으로 분류	
후처리	$CoSO_4$ (황산코발트), Mn(망간) 회수	황산용액으로 용융	황산코발트, 황산망간
	Ni (니켈) 회수	전해공정으로 니켈회수	니켈
	Co (코발트), Li (리튬) 회수	각 용융용액으로부터 고체 상태의 고순도 소재 회수	코발트, 리튬

(4) 폐배터리의 재활용 공정기술

폐배터리의 재활용 단계는 크게 4가지로 나눌 수 있는데 ① 폐배터리를 반입 및 입고하여 ② 안전하게 선별하고 방전을 실시한 후 ③ 습식제련 공정을 통해 ④ 양극활물질에서 Co, Ni, Mn, Li의 분리 회수와 더불어 배터리의 주요 원료인 고순도 금속을 회수하여 ⑤ 다시 2차 전지의 기본 원료로 순환하는 과정을 거친다. 대부분 건식공정을 채택하고 있으나 한국의 성일하이텍(주)과 벨기에의 유미코어 기업에서는 습식과 건식 2가지 공정을 함께 채택하고 있다.

	습식처리공정 성일하이텍(주), GEN사, Brunp사	건식+습식처리공정 Umicore사
공정도	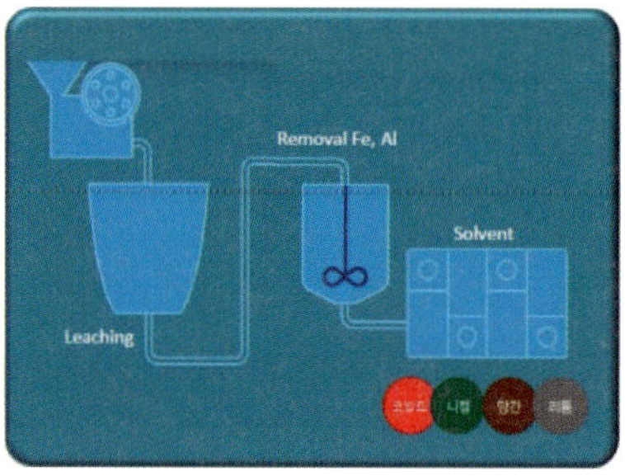	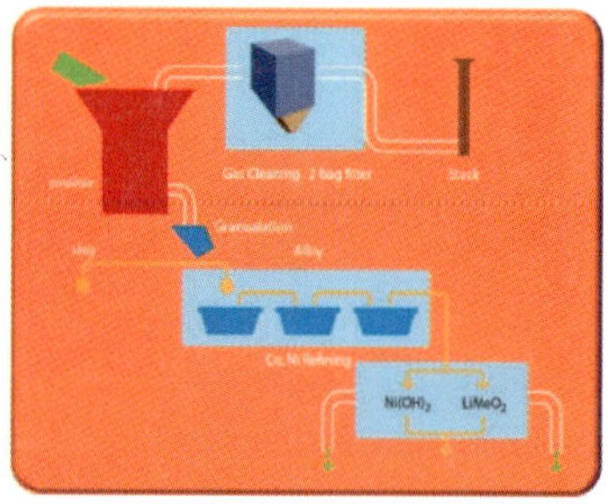
회수금속	코발트, 니켈, 망간, 리튬	코발트, 니켈
전처리 공정	필요함	필요하지 않음
설비비	낮음	높음
처리용량	소용량 처리 가능	대용량 처리에 적합

그림 3-4-5 국내·외 폐배터리에서 추출관련 기술(Trend)
※ 출처 : 성일하이텍(주), 케이프투자증권 리서치본부

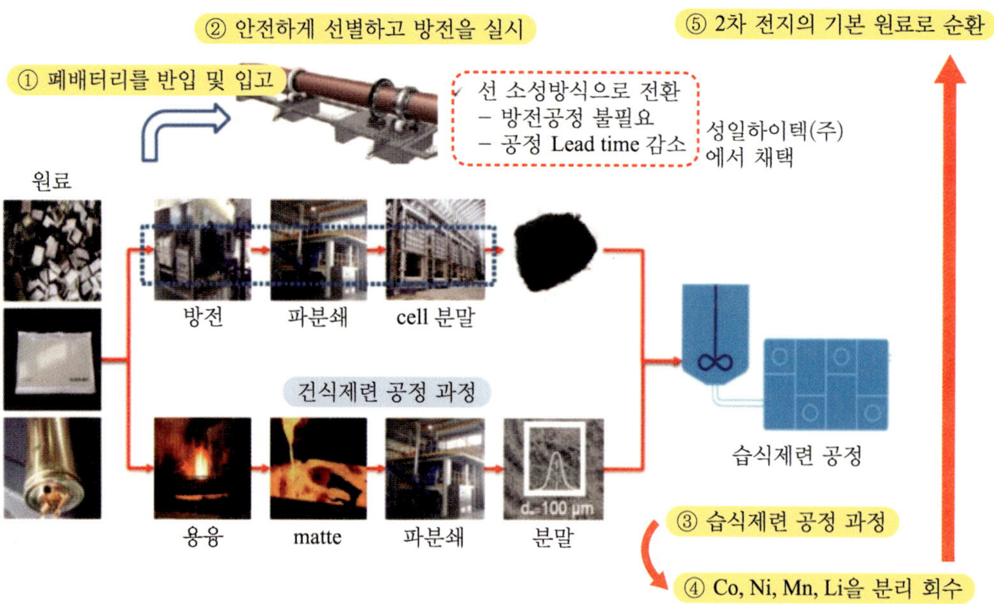

그림 3-4-6 2차 전지 재활용 공정기술
※ 출처 : 성일하이텍(주), 케이프투자증권 리서치본부에서 부분적 발췌

3-5 전지의 사용용어 해설

ㄱ	
가역반응	본래의 물질에서 생성물이 생기는 반응과 생성물에서 물질이 생기는 반응이 동시에 일어나는 화학반응을 말한다.
가역적[可逆的]	물질의 상태가 한 번 바뀐 후 다시 원래의 상태로 돌아갈 수 있는 것
가용합금	주석(232℃)보다 녹는점이 낮은 합금으로서 대부분의 이들 물질은 주석·비스무트·납 같은 녹는점이 낮은 금속의 혼합물이다. 가융합금은 열에 의해 합금이 녹으면 자동적으로 물을 뿌리는 안전 살수기의 땜납으로 쓰이거나 전류가 과도하게 흐를 때 전기회로를 차단하는 퓨즈에 쓰인다. 대부분의 가융합금들은 90~100℃에서 녹도록 만든다.
개로전압 (Open Circuit Voltage)	전지가 외부회로와 전기적으로 연결되어 있지 않았을 때의 무부하 전압을 말한다.
고분자 물질	고분자 첨가물질의 종류 (가) PVDF (Polyvinylidene fluoride) : 폴리비닐리덴 플로라이드라고 불리는 불소계 고분자 물질 (나) SBR (Styrene Butadiene Rubber) : 스티렌부타디엔루버 고무계열
고율 방전 (High Rate Discharge)	배터리의 용량보다 높은 전류로 방전하는 것을 말하며, 보통 납 배터리의 경우 전류를 1시간 이상으로 행하는 방전을 의미한다. 기존 2차 전지의 경우 −20도 이하에서 고율 방전기 전지의 용량이 급격히 감소하며, 특히 영하 40도 이하에서는 일반형 리튬이온 전지의 경우 0.5C 방전 시 용량이 급격히 떨어져서 작동 전압이 감소한다.
교반기(stirrer)	휘젓는 일을 하는 기계적으로 행하는 장치
교류 (Alternating Current)	방향과 크기가 주기적으로 변하는 전류로서 AC라고 표기한다.
교호 충·방전 방식 (Cycling Service System)	충전과 방전을 교대로 반복하여 사용하는 방식
과방전 (Deep Discharge)	축전지를 정해진 종지전압 이하까지 방전하는 것
과산화연 (Lead Peroxide)	화학기호 PbO_2로 이산화연이라고도 하며 납 배터리의 양극활물질을 말한다.

ㄱ	
기판 (Grid)	배터리의 극판에 발라져 있는 활성물질을 지지해주고 전기를 전도해주는 납합금판
구현	구체적인 모습으로 뚜렷이 나타나게 하는 것
그리드(Grid)	전자관에서 전자나 이온의 흐름을 조절하기 위해 장치한 전극
공칭전압 (Normal Voltage)	전지전압 표시에 이용되는 표준전압
개질장치 또는 개질기 (Refomer)	(가) 연료전지가 요구하는 수소를 많이 포함하는 가스로 변환하는 장치 (나) 열이나 촉매의 작용에 의해 탄화수소의 구조를 변화시켜 옥탄값이 낮은 가솔린의 내폭성을 높이는 일 또는 장치
갯씽 (Gassing)	충전 종료 전에 물이 전기분해 되면서 가스(수소, 산소)가 활발히 발생하는 상태
과충전 (Over charge)	완전충전 이후에도 계속하는 충전을 말한다. 과충전 시 GAS발생 등에 의해 전해액이 빠르게 감소되며 배터리의 수명이 짧아지는 원인이 된다.
계면활성제	성질이 다른 두 물질이 맞닿은 경계면에서 두 물질과 동시에 달라붙어 물질의 표면장력을 약하게 해 두 물질이 잘 섞이게 하는 물질
권취 공정 (Winding)	젤리롤(Jelly Roll)을 만들기 위하여 전극에 Tab을 부착하고 분리막을 삽입시켜 감은 후 테이프로 고정하는 작업공정
국부전지 (Local Cell)	배터리의 극판에 불순물이 부착되어 국부적으로 전위차가 있는 부분이 발생하는 것을 말하며, 자기방전의 원인 중 하나이다.
균등충전 (Equalizing Charge)	여러 개의 배터리를 한 조로 하여 장시간 사용하는 경우 자기방전 등으로 충전상태가 불균일하게 되는데, 이것을 균일하게 하기 위한 충전을 말한다.
극성 역전 (Reversal)	배터리를 강제 방전한 경우 단전지 전압의 +, −가 역전되는 것이다. 여러 개의 단전지로 된 전지의 방전말기에 용량이 적은 단전지는 전극하는 경우가 있기 때문에 전지, 축전지의 정상적 극성이 변화되면서 배터리 수명을 극단적으로 줄이는 경우가 있다.
극판 (Plate)	양극과 음극 활물질에 도전제, 바인더를 혼합한 기본의 양극판(Al)과 음극판(Cu)
극판군(Element)	배터리에서 양극판과 격리판이 조립된 음극판의 집합체
극판 버클링 현상 (Buckled Plate)	전조 내에서 극판성장에 의하여 극판이 휘어지는 것
강도 (Strength)	물체의 강한 정도. 재료에 하중이 걸릴 경우, 재료가 파괴되기까지의 변형저항(예 : 철은 물체 전체가 받는 힘이 있어 부러지거나, 깨지거나, 휘거나 늘어나는 정도)

ㄱ	
급속충전 (Quick Charge)	급히 용량을 회복시키기 위하여 고전류로 단시간에 충전하는 방법으로 자주 실시하여서는 안 되며, 일반적으로 급속 충전기를 사용한다.
결정	내부 구조를 이루는 원자나 분자 혹은 이온(ion) 등이 공간에서 주기성을 가지고 규칙적으로 배열된 격자를 이루는 고체 물질로서 고체 물질 전체가 하나의 결정구조를 이루는 경우 단결정(single crystal), 작은 크기의 여러 결정자(crystallite)가 그레인 경계(grain boundary)를 형성하며 모여 있는 경우 다결정(poly crystal)이라고 하며, 이와는 대조적으로 내부 구조가 규칙성 없이 배열된 물질을 비정질(amorphous)이라고 한다.
결정구조	원자가 3차원적으로 공간을 차지하고 있는 규칙적인 배열 상태를 말하며, 결합의 방향성과 조밀하게 공간을 채우기 위해 요구되는 기하학적인 조건을 만족하는 구조이다.
경도 (Hardness)	굳기의 정도. 단단하고 무른 정도(예 : 유리는 웬만한 물질로 긁으면 잘 긁히지 않는 성질을 가지고 있다. 경도 ↑ 강도 ↓)
결착력	양・음극재와 추가 삽입물질들이 서로 엉겨서 다른 곳으로 이동하지 않게 밀착(결속)되는 힘
극판성장 (Plate Growth)	보통 양극판에서 Grid 물질이 산화에 의해서 생기는 스트레스 때문에 기존 치수보다 커지는 것을 말한다. 이것은 보통 고온이나 과충전에 의해서 발생된다.
검출기 (Detector)	프로세스 변량, 예를 들면 유량, 수위, 수질, 압력 등 물리량을 검출하고, 기계적・전기적・물리적인 변량으로 변환하는 기구를 말한다. 기기분석에서는 출력신호를 나타내는 장치로서 기체크로마토그래피는 기체공급장치－시료주입부－오븐－검출기－자료처리장치 등으로 구성된다. 질량분석기(GC-MS)의 검출기로는 불꽃이온화 검출기(FID), 열전도도 검출기(TCD), 전자포획 검출기(ECD), 질소/인 검출기(NPD), 불꽃광도 검출기(FPD), 주기적방전 검출기(PDD), 황분석 검출기(SCD) 등이 있다.
겔 (Gel)	콜로이드 용액이 일정한 농도 이상으로 진해져서 튼튼한 세망조직을 만들어 굳어진 것
GEL 배터리	배터리 내부의 전해액이 GEL 형대로 되어있어 전해액의 비중편차를 제거한 누액이 없는 배터리이다. 설치 후 상온에서 24개월 보관이 가능하며 수평, 수직배열이 가능하고, 통신용에 많이 쓰이며, 공간 활용도가 뛰어난 장점이 있다.
결찰력	기판과 합제에 각각 도포된 내용물들이 압연작업과정에서 서로 통하지 않게 각각 밀착되어 붙어있는 힘을 말한다.

ㄴ	
노칭 공정 (Notching)	소폭으로 절단된 전극을 Cell 형상에 맞춰 필요 없는 부위를 잘라내는 공정, 즉 원하는 형상을 얻기 위하여 소재의 가장자리로부터 절단하는 작업 노칭 (Notching) 공정 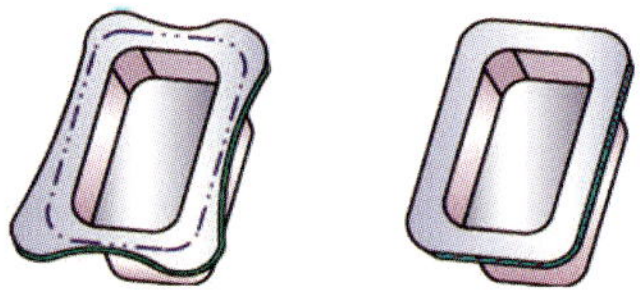 (좌)필요없는 부분을 제거(점선 표시를 절단) 후 (우)원하는 모습
나프탈렌 (Naphthalene)	화학식은 $C_{10}H_8$이며, 콜타르(coaltar)에서 얻어진 은백색의 결정성 탄화수소이다. 일반 물(찬물)에서는 불용성이나 뜨거운 물, 알코올, 에탄올, 에테르, 클로로포름 및 벤진에서는 용해된다. 일반적으로 재래식 화장실에서 파리 등 유해한 벌레를 쫓는 방충제 또는 살충제의 성분으로 쓰인다.
나프타 (Naphtha)	원유를 분별 증류할 때, 약 30～200℃의 범위의 끓는점에서 얻어지는 탄화수소의 혼합물이다.
니즈 (Needs)	요구, 욕구라는 뜻 [예 : 공복을 채우고 추위를 막는 등의 단순한 욕구나 결합되어 있는 것을 채우고 싶다는 생각 욕구를 총칭한다. 필요, 필수품 등이 여기에 해당되며, 이것이 충만하게 되면 욕구 레벨도 원츠(Wants)로 고도화해 간다]
니크롬 (Nichrome)	니켈에 크롬이나 철, 망간 따위를 섞어 만든 합금

ㄷ	
도전재	전극에서 활물질 입자간 또는 금속 집전체와의 전자전도도의 향상을 목적으로 소량의 첨가하는 미세분말의 탄소
동막	배터리 내부의 열을 외부로 방출하는 역할을 한다.
단락 (Short)	단락(短 : 짧을 단, 絡 : 이을 락) = short circuit 우리가 사용하는 전선은 초전도체가 아니므로 전선에는 작은 저항이 있으며, 전류는 저항이 작은 쪽으로 흐르게 되어 있다. 전선끼리 회로가 접촉이 되면서 옴의 법칙($I = V/R$)에 의해 순간적으로 엄청난 전류가 흘러 스파크와 불꽃이 동시에 발생하는 것을 말한다.
단별충전 (Step Charge)	정전류 충전의 일종으로 충전 중 전류를 단계적으로 낮추어 행하는 충전을 말하며, 충전시간을 단축시키는 데 유효하다.
단자전압 (Terminal Voltage)	1대의 전지의 양극과 음극단자 간의 전압
단원자	한 종류의 원소만으로 이루어져 있으면서 고유한 화학적 성질을 가진 물질(예 : Fe, Cu, Ag, Au, Hg 등)
단품전지 (Cell)	축전지를 구성하는 개개의 전지를 의미하며, Cell의 공칭전압은 납 축전지의 경우 2.0 V, 알칼리 축전지의 경우 1.2 V이다.
Double Hull	1개의 압력 선체 외부에 전체적으로 또 다른 1개의 압력 선체가 쌓여 이루어진 특수선박(LNG)이나 잠수함의 선체 구조
디게싱 공정 (Degassing)	배터리 내에 축적된 또는 발생된 가스를 배출하는 작업을 말한다.

ㄹ	
라미네이트 (Laminate)	박판, 적층 플라스틱이나 강판 등의 두께방향으로 생긴 층상의 균열이나 벗겨진 결함 또는 벌어지거나 깨졌을 때 그 사이에 붙이는 박층으로 이루어진 아주 얇은 세라믹
라미네이팅 공정 (Laminating)	Notching된 단위 극판(각각의 극)을 합착하는 것을 라미네이션 공정이라 한다. 예를 들어, 신분증이나 각종 인쇄물의 표면에 필름을 입혀 코팅처리를 함으로써 미려한 광택이 나게 하고 수명을 길게 하는 기법을 말하며, 이때 사용하는 필름을 라미네이팅 필름이라고 한다. 광고 포스터 등으로 용도가 더욱 확대되고 있다.
라듐 (Ra ; Radium)	• 라디움(독일어 Radium)은 화학 원소로 원소기호는 Ra, 원자번호는 88이다. 알칼리 토금속에 속하는 원소 중에서 가장 무거운 원소이고 안정동위체는 존재하지 않는다(천연상태에서는 4종류의 동위체가 존재한다). • 은과 같은 흰색 계통 금속으로 방사성이 매우 강하다. 26개 이상의 동위원소가 있는데, 모두 방사성을 띤다. 라듐은 주로 우라늄과 토륨광석에 미량 들어 있다. • 프랑스의 물리학자인 퀴리 부부와 공동 연구자인 G. 베몽이 1898년에 우라늄 광석인 피치블렌드에서 라듐을 발견했다. 질량수는 226.025u, 녹는점 973 K (700℃, 1292°F), 끓는점 2000 K (1737℃, 3159°F), 밀도는 실온에서 약 5.5 g/cm^{3}이다.
리크 체크 (Leak Check)	각형 전지의 전해액 주입 전 헬륨가스를 이용하여 캔의 누액여부를 검사하는 작업공정
랙 (Rack)	제어반, 패널 및 랙 용어로서 원격 조작되는 시스템을 감시, 측정, 제어하기 위한 집합부품을 설비하기 위한 레일 또는 강재로 만들어진 틀
레귤레이터 전압 (Regulator Setting Voltage)	레귤레이터의 설정전압을 말한다. 자동차의 레귤레이터의 설정전압은 12 V 형의 경우 14.4 V 정도이다
로딘 (Lodine)	요오드 또는 아이오딘이라고도 부른다. 비금속이며, 흑색에 가까운 결정성 고체로서 의약품, 유기화합물 합성, 염료 제조, 분석화학, 사진에 쓰인다. 화합물에서 요오드의 산화수는 보통 −1 (요오드화물), +5 (요오드산염), +7 (과요오드산염)이다. 요오드는 대부분의 금속 및 약간의 비금속과 쉽게 결합하여 요오드화물을 만든다. 요오드이온은 강한 환원제로 쉽게 전자 하나를 방출한다. 요오드이온은 무색이지만, 요오드화물 용액에서 요오드화물은 공기 중의 산소에 의해 산화되어 요오드로 유리되므로 갈색 용액이 된다.
롤프레스 (Roll Press)	금속 호일(foil)과 전극필름의 접착력을 증대시키고 전극필름의 밀도 증대를 위하여 전극을 Pressing하는 공정

□	
만충전압	배터리가 가지고 있는 용량의 충전한계 상태의 전압(예 : 휴대폰을 충전하기 위해 전기를 꽂아두면 일정시간에 의해 100% 표시되는 전압)
믹싱 (Mixing)	활물질과 바인더(Binder)를 용액에 녹여 코팅 슬러리(Slurry)를 만드는 공정, 즉 양극과 음극의 슬러리(Slurry)를 제조
메모리효과/기억효과 (Memory effect 또는 Lazy battery effect)	2차 전지에서 방전이 충분하지 않은 상태에서 다시 충전하면 전지의 실제 용량이 줄어드는 효과를 말한다. 즉, 30% 남아있는 상태에서 충전하면 70%를 기억하게 되므로 수명이 단축되는 현상을 일컫는다. 이는 니켈계 배터리(Ni⁻)에서 가장 많이 발생되며, 이런 문제로 인해 리튬이온 전지가 Ni계 전지보다 비싼데도 수요자가 많은 이유 중의 하나이다.
메탄올 (Methanol)	분자식은 CH_3OH로서 나무를 분해 증류해 얻었으나, 오늘날에는 촉매를 사용해 일산화탄소와 수소를 직접 반응시켜 얻거나 천연가스의 메탄으로부터 만든다. 순수한 메탄올은 화학합성에 있어서 매우 중요하다. • 메탄올 유도체는 합성염료 · 수지 · 의약품 · 향수 등 많은 화합물 제조 • 메탄올은 염료로 사용하는 디메틸아닐린이나 합성수지로 쓰이는 포름알데히드로 전환되기도 하며 자동차 부동액, 로켓 연료, 유기용매로 사용 • 옥탄가가 높아 완전 연소되므로 자동차 휘발유의 주요 대체연료로 쓰인다. • 목재건류에 의해 얻어지는 메탄올은 주로 공업용 에탄올(에틸알코올)을 제조에 사용 무색의 액체로 끓는점 64.96℃, 어는점 −93.9℃이고, 공기와 섞이면 폭발성 혼합물이 되며 밝은 빛을 내지 않고 탄다. 또한 매우 유독해서 마시면 실명하거나 죽는다.
메탈 (Metal)	금속, 즉 쇠붙이를 일컫는 말로서 굳기와 광택이 있고, 열이나 전기를 잘 전하며, 늘어나고 펴지는 성질이 큰 물질을 통틀어 말한다. 원광석을 녹여서 뽑아내는데 오늘날 알려진 금속은 약 70여 가지이다. 또한 금속은 비중에 따라 나누어지는데, 비중이 4.5보다 작은 것을 경금속이라 하고 그 이상인 것을 중금속이라 한다. 경금속은 알루미늄 · 마그네슘 · 나트륨 등과 같은 금속이며, 중금속은 철 · 구리 · 납 등과 같은 금속을 말한다. 녹슬거나 잘 변하지 않고 산출량이 적은 금 · 백금 · 은 등의 금속은 귀금속이라고 한다.
밀리암페어시 (mA · h)	일반적으로 핸드폰 등에 쓰이는 배터리의 성능으로 표기하며, 얼마의 전류량을 가지고 있는지 나타내는 수치(mA = 0.001 A)로서 동일한 정격 전압에 전류량을 곱하면 일의 양이 나온다. (예 : ① 충전식 배터리 중 AA 원형배터리 = 2,500 mA · h ② 충전식 배터리 중 AAA 원형배터리 = 1,000 mA · h) $Ah = (3600s)(A) = 3600s\left(\frac{C}{s}\right) = 3600c$

ㅁ	
모노크로메터 (Mono chromator)	스펙트럼 폭이 좁은 부분으로 분리하는 계기
모듈 어셈블리 (Module Assembly)	셀을 모아 모듈로 조립하는 것
모싱 (Mossing)	배터리를 장기간 사용함에 따라 양극 활물질이 극판 상부의 음극 스트랩으로 전이하여 음극 활물질로 변환되는 것을 말하며, 전기적 쇼트를 일으키는 원인이 된다.

ㅂ	
바인더 (Binder)	활물질과 도전제 등이 용매에 잘 분산되게 하고 활물질을 집 전체에 결착시키는 용액
비딩 공정 (Beading)	전해액 누수를 방지하는 공정으로서 젤리롤이 캔 속에서 움직이지 않도록 캔의 상부를 압연하는 작업공정
비상용 예비전원 (Emergency Power Source)	일반 전력 또는 조명용 전원이 정전된 경우, 이를 대신하는 예비전원을 의미한다. 비상용 전원으로는 고정용 배터리(UPS)가 사용되고 있다.
비전해질 물질	순수한 물, 설탕물, 알코올을 물에 녹인 알코올 수용액 등 전기가 통하지 않는 물질
배터리 모듈 (Battery Module)	배터리 셀(Battery Cell)을 외부의 충격, 과열, 진동 등으로부터 보호하기 위하여 일정한 개수로 묶어 프리임에 넣은 배터리 조립체(Assembly)
배터리 셀 (Battery Cell)	전기에너지를 충·방전하여 사용할 수 있는 리튬이온 배터리의 기본단위로서 양극, 음극, 분리막, 전해액을 원통형 또는 사각형의 알루미늄 케이스에 넣어 만든 것
배터리 팩 (Battery Pack)	전기차에 장착되는 배터리시스템의 최종 형태로서 배터리 모듈에 BMS (Battery Management System), 냉각 시스템 등 각종 제어 및 보호 시스템을 장착하여 완성된 것
보수율 (Maintenance Factor)	배터리를 설계하는 경우, 필요로 하는 용량(배터리의 크기)을 산출할 때 사용년수나 사용조건의 변화에 따라 배터리 용량의 변동을 보상하며, 소정의 부하특성을 만족시키기 위하여 사용하는 보정 수치
보유 용량 (RC : Reseve Capacity)	배터리를 27℃에서 25 A (암페어)로 방전하여 종지전압 10.5 Volt (Cell당 1.75 V)까지 도달하는데 걸리는 분단위의 시간)

ㅂ		
보충전 (Auxiliary Charge)		주로 자기방전을 보충하기 위하여 행하는 충전으로서 배터리 전압을 약 6개월 간격으로 조사하여 전압(O.C.V)이 12.5 V 이하이면 보충전을 하여야 한다.
부동태	정의	활성인데도 불구하고 대단히 느린 속도로 부식되는 상태를 부동태화 되었다라고 한다.
	화학적	금속 또는 합금의 전기화학적 거동이 현저하게 불활성인 귀(noble)한 금속의 전기화학적 거동에 접근할 때는 부동태이다. 이에 속하는 금속은 대부분 전이금속이고 화학적 부동태의 생성원인은 불용성 보호피막이 생성됨으로써 전위가 귀한 방향으로 이동되기 때문이다.
	기계적	금속 또는 합금이 열역학적으로 부식의 경향이 크더라도 실제 부식이 되는 속도가 느리면 부동태이다. 이는 다소 기공성이 있는 염의 층(layer)이 생성되어 발생한다.
	금속	활성영역의 부동태 영역은 용액의 산화력이 조금만 증가해도 부식속도는 급격히 증가하고, 산화제를 더 첨가시 부식속도가 급격히 감소하지만 부동태 영역의 시작에서는 산화제를 더 첨가에도 부식속도는 거의 변화가 없다.
		통과영역의 부동태 영역은 산화제의 농도가 매우 높아지면 부식속도는 다시 활성으로(부동태 통과영역) 되돌아가는데 부동태 상태는 비교적 불안정하여 파괴될 수도 있다. 따라서 부동태는 부식을 줄이는 하나의 방법이지만 대단히 조심해야 한다. 용해 속도가 감소하는 이유는 이점에서 피막이 형성되기 때문이며, 부동태 통과 영역이 생기는 원인도 부동태 피막이 파괴되기 때문이다.
부동충전 (Floating Charge)		충전기에 배터리와 부하를 병렬로 접속하여 항상 배터리에 정전압이 흐르게 하고, 이를 충전상태로 하여 정전시 또는 부하 변동시에 배터리로부터 부하로 전력을 공급하는 방식을 말한다.
부동충전전압 (Floating Charge Voltage)		부동충전에 필요한 전압을 말하며, 최적 부동충전전압은 배터리의 신구, 사용방법 등에 의하여 변하기 때문에 어떤 일정치로 나타내는 것은 곤란하다. 일반적으로 전해액 비중(25℃ 기준) 1.215의 경우 2.15 V/Cell, 1.240의 경우 2.18 V/Cell을 채용하고 있다.
부식 (Corrosion)		일반적으로 납 축전지에서 많이 발생하며 양극(+)과 음극(−) 부위 또는 주변에 황산염이 축적되는 것을 말한다. 부식은 케이블과 축전지의 극간에 전기적 접촉을 나쁘게 만든다.
부하(Load)		시스템(직류일 경우 +, −극)에 접속된 기기에 의해 사용되는 전력
부하시험기 (Load Tester)		실제 엔진시동 상태 하에서 수행할 수 있는 능력 및 모든 상태를 결정하기 위하여 배터리에 전기부하를 걸어 전압 변화를 측정하는 기구

<table>
<tr><th colspan="2">ㅂ</th><th></th></tr>
<tr><td colspan="2">뷰렛
(Burette)</td><td>정량분석에서 액체 또는 기체의 부피를 측정하는 실험장치로서 기체는 뷰렛에서 유체와 교환되면서 수집되며, 기체의 양은 교환된 유체의 부피로 측정한다.</td></tr>
<tr><td colspan="2">브릿징
(Bridging)</td><td>극판의 할물질이 진동이나 장기간 사용에 의해서 극판으로부디 탈락되어 전조 하부에 축적됨으로서 전기적인 쇼트를 일으키는 현상</td></tr>
<tr><td colspan="2">비중계
(Hydrometer)</td><td>전해액 비중(전해액 속의 순수 황산의 양)을 측정하는 부자형의 기구로서 배터리의 충전상태를 알 수 있다.</td></tr>
<tr><td colspan="2">비중조정
(Adjustment of Specific Gravity)</td><td>완전 충전 후의 전해액 비중이 규정치가 되도록 고비중 황산이나 정제수를 첨가하여 조정하는 것을 말한다(MF 배터리는 해당사항 없음).</td></tr>
<tr><td colspan="2">박리 현상</td><td>어떤 것의 표면이 떨어져 나가는 현상으로서 부식성 물질이 혼입되어 막에 응력이 생겨 산화막이 파괴되고 응력의 반복작용 때문에 재료 내의 결함부분 등에서 미세한 균열이 발생하여 일부 또는 전부 분리되는 현상을 말한다.</td></tr>
<tr><td colspan="2">분광기</td><td>파장 스펙트럼 중의 좁은 영역을 분리시키는 장치로서 분광 사진기의 초점면에 검출기 대신 제2의 슬릿(slit)을 두고, 그곳을 통한 특정의 좁은 파장 대역의 광을 분리해서 검출기나 실험 대상물 위에 재집광(再集光)하기 위한 장치를 말한다. 파장을 변화시키기 위해서는 보통 회절격자 또는 프리즘(prism)을 회전시킨다.</td></tr>
<tr><td colspan="2">분리막
(Separator)</td><td>배터리 내부의 양극과 음극의 활물질이 서로 섞이지 않도록 분리해주는 막(칸막이)</td></tr>
<tr><td rowspan="2">분리막
종류</td><td>리튬이온
배터리
분리막</td><td>(Lithium-ion Battery Separator)
리튬이온 배터리의 4대 구성요소 중 하나로 배터리 내부의 양극과 음극의 직접적 접촉을 차단하여 전기적 단락을 방지하고, 이온의 통로를 제공하는 필름형태의 폴리올레핀 계열의 미세다공성 막이다. 현재 리튬이온 배터리에 주로 사용되는 분리막에는 폴리에틸렌을 원료로 하는 습식 분리막과 폴리프로필렌을 원료로 하는 건식 분리막이 있다.</td></tr>
<tr><td>습식 분리막</td><td>(Wet Separator)
기본 필름에 첨가제를 추가하여 화학적으로 기공을 만드는 방식으로서 기공 사이즈의 균일성이 높고, 강도가 높아서 주로 소형화, 고용량, 고출력 등의 고사양 배터리에 채용되고 있다.</td></tr>
</table>

ㅂ		
분리막 종류	건식 분리막	(Dry Separator) 기계적인 힘으로 필름을 당겨 기공을 만드는 분리막으로서 제조가 용이하고 가격이 저렴하지만, 기공사이즈의 균일성이 떨어지고 기계적 강도가 약하여 물리적인 부피에서 자유로운 ESS 등에 채용되고 있다.
	원단 분리막	(Bare Film Separator) 분리막에 별도의 화학처리를 하지 않은 분리막으로서 습식 분리막, 건식 분리막 등이 해당된다.
	코팅 분리막	(Coated Separator) 원단 분리막에 Ceramic 등으로 코팅 작업한 분리막으로서 원단 분리막보다 더 높은 내열성을 지니고 있는 분리막이다.
	세라믹 코팅 분리막	(Ceramic Coated Separator) 다공성 고분자막 표면에 세라믹 입자층을 코팅 작업한 분리막으로서 범용 원단 분리막보다 우수한 이온전도도 및 열적 특성을 얻을 수 있어 주로 CCS로 불리고 있다.
비수계 전해질		반응성 양자(H^+)나 물을 포함하지 않는 액체 전해질
볼트 (Volt)		전지 내 전류를 흐를 수 있게 하는 힘 또는 전기의 강도(세기)를 뜻하는 전압을 나타내는 단위로서 완전 충전된 배터리의 전압은 2.1 V이다. (예 : 가정집에서 사용하는 전압은 220 V, 용접기 사용은 380 V … 등) 전압이 맞지 않을 경우에는 기기가 파손된다.
반고체 전지 (Semi-Solid battery)		기존의 액체상태 전해액 대신에 반죽(걸쭉한)상태의 반고체 전해질을 사용함으로써 에너지의 밀도와 출력 및 안정성을 높인(향상시킨) 형태의 전지
방전 (Discharge)		배터리에 축적되어 있는 에너지를 부하(저항)를 통해 뽑아내는 것 또는 사용하여 소비되는 것
방전심도 D.O.D (Depth of Discharge)		방전 깊이로 완전히 충전된 배터리에서 사용된 배터리 용량의 백분율, 즉 배터리 용량 중 남아있는 용량
방전지속시간 (Discharge Duration Time)		배터리를 규정 종지전압까지 방전하였을 때의 시간을 말한다. 일정한 전류로 방전하는 것이 보통이지만 정저항 방전, 정출력 방전을 행하는 것도 있다.
방전종지전압 (Cut-off Voltage of Discharge)		방전을 중지하여야 하는 전지의 단자전압으로서 방전전류, 극판의 종류 또는 전지의 구조 등에 의하여 다르다.
범용		여러 분야나 용도로 널리 쓰는 것을 말한다.

ㅂ	
병렬회로 (Parallel Circuit)	전류가 한 방향 이상으로 흐르는 회로로서 배터리의 병렬연결은 모든 전지의 +극은 +극끼리, -극은 -극끼리 연결하는 방법이다. 단자전압은 배터리 1개의 전압과 같으며 내부저항은 r/n이다.
불활성 기체 (Noble gas)	화학적으로 매우 안정하여 반응성이 없는 원자 상태의 기체(각 주기 끝에 있는 원소들, 즉 18족 원소들)
병진운동 (Translational Motion)	분자는 절대 온도에 비례하는 강도로 불규칙적인 열운동을 시행하고 있다. 이 열운동에는 분자의 직선 운동, 회전 운동 및 분자를 구성하는 원자의 상대 운동인 진동의 3개가 있고, 직선 병행이동을 하고 있는 운동을 병진운동이라 부른다. 병진 운동은 x, y, z의 3축 방향으로 운동이 가능하기 때문에 3개의 자유도를 가진다.
폐배터리 재활용 기업 유미코어 (UMICORE)	벨기에 기업 유미코어는 배기가스 정화 촉매, 2차 전지용 배터리 소재, 배터리 재활용 등의 분야에서 성장성이 높다. 호보켄(Hoboken) 설비에 e스크랩을 투입해 금, 은, 동, 백금 등의 귀금속과 니켈, 팔라듐 인듐 등의 희소금속을 추출하는데, 최근에는 호보켄 설비를 증설해 처리 능력을 확장하였다. 리튬이온 배터리 재활용 플랜트를 설립하여 니켈과 코발트도 회수하고 있다.
Ballast Tank	흘수 조정을 위하여 마련된 탱크로서 2중 선저(船底) 내, 선수(船首), 선미(船尾)에 있는 창고 속의 탱크가 이용된다. 해수가 자유로이 출입하고 흘수에 의하여 직접 수압을 받지 않는 탱크이며, 잠수함의 경우 압력 선체 외부에 설치하여 잠항 및 부상 시 사용한다.
BMS	(Battery Management System) 전기차 배터리 매니지먼트 시스템으로서 하이브리드 차에서도 배터리의 충·방전을 주행 상태에 맞춰서 관리하는 것
BCI	(Battery Council International) 국제 축전지 위원회
V2G Fast Charger 방식	양방향 전력 변환 기술을 갖춘 시스템으로서 친환경차를 전력망과 연결해 차량의 유휴전력을 이용하는 기술인 V2G (Vihecle to Grid)에서 파생된 개념인 V2L은 전기차 등 친환경차의 외부로 전력계통(일반 전원)을 공급하는 기술을 일컫는다. 즉, 에너지 저장장치(ESS)를 갖춘 전기차에 주 배터리가 아닌 '보조배터리'로 사용하는 방식인 셈이다.
VRL 배터리 (Valve Regulated Lead Acid)	무보수 밀폐형 배터리라는 뜻으로서 UPS 배터리나 전동 휠체어 배터리 등 산업용에 주로 사용된다.

ㅅ	
사활	죽기와 살기라는 뜻으로, 죽음과 삶의 갈림이 될 만한 중대한 문제를 비유적으로 이르는 말
서보 모터 (Servo motor)	• 서보 기구에서 증폭한 편차신호를 구동력으로 삼는 위치, 속도 수정용 동력원 • 서보는 추종한다, 따른다는 의미로서 명령을 따르는 모터를 서보 모터라고 한다. • 자체적으로 속도를 정밀하게 통제할 수 있는 모터 시스템
세퍼레이터 (Separator)	축전지의 격리판 또는 배터리의 분리막을 지칭하며, 리튬이온 2차 전지의 정극과 부극의 전기적 단락을 방지하는 중요한 기능을 담당한다. 큰 전기 에너지를 안전하게 충·방전하기 위한 핵심물질의 소재이다.
Side Sealing	파우치 안에 넣은 Folded Cell과 파우치를 밀봉하는 공정
CCD	빛 신호를 전기 신호로 변환시켜 화상을 얻는 센서로서, 이를 다시 빛 신호로 바꾸어 영상 표현 장치를 통해 보여 주는 가장 대표적인 장치가 디지털카메라이다.
스마트 그리드 (Smart grid)	• 기존 전력망에 정보 기술을 접목한 지능형 전력망 • 전력 공급자와 소비자가 양방향으로 실시간 정보를 교환하여 에너지 효율을 최적화하는 차세대 전력망이라는 뜻으로서 전력회사의 통합제어센터와 발전소, 송전탑, 전주, 가전제품 등에 설치된 센서가 쌍방향으로 정보를 교환하며 전력을 주고받음으로서 효율적 전력의 생산과 소비가 가능한 시스템을 말한다. • 에너지 효율을 최적화하기 위해, 즉 전력을 효율적으로 사용하기 위해 고안된 에너지 저장장치(ESS)나 자동차에 BMS 기능 외에 추가적으로 더 포함되어 있다.
스택 (Stack)	개질기에서 들어오는 수소와 공기 중의 산소로 직류 전기와 물, 열을 발생시키는 것을 말한다. 스택 모양과 종류에 따라서 다양한 종류의 연료전지가 개발되고 있다.
스토퍼 (Sotpper)	멈추는 기구 또는 사람(예 : 출입문 아래에 부착하는 기구)
스트레인 (Strain)	물체가 외부의 힘을 받았을 때 생기는 형태와 부피의 변화
스티렌부타디엔루버 (SBR)	(Styrene Butadiene Rubber) 천연고무(NR)와 기본적으로 닮았으나 내마모성이 더 좋은 고무

ㅅ	
스폿용접 (Spot welding)	동의어는 점 용접이라고 하며, 2장의 금속판을 전극으로 하고 그 사이에 단시간 단락전류를 흘리면 전극 사이의 접촉 저항에 의한 발열로 인해 용융 상태에 이르며 이 전극의 가압으로 용융 부분을 형성하는 방법을 말한다.
스크랩 (Scrap)	배터리, 차량 부품, 건물 부속, 잉여 물질 등 제품 제조와 소비를 통해 남은 재활용 가능한 물질들로 구성된다. 폐기물과 달리 스크랩은 금전적인 가치가 있다.
쇼트	배터리 Cell에서 발생하는 전기적 회로의 단락을 의미한다. 정상적인 방전율보다 큰 방전율을 초래하고 어떤 부하에서는 Cell전압의 감소를 야기한다.
시간율 (Hour Rate)	전지의 충·방전 전류의 크기를 표시하는 용어로서, 전류 i로 방전하고 방전종지전압에 도달할 때까지의 시간을 t라 하면 이 방전을 t시간율 방전이라 하고, i를 t시간율 방전전류라고 한다.
설정전압 (Predetermined Voltge)	부동충전 또는 정전압 충전 등에서 미리 사용조건을 고려하여 정한 충전 전압
셀(Cell)	전기에너지를 충전·방전하여 사용할 수 있는 리튬이온 배터리의 기본 단위
설페이션 (Sulfataion)	납 배터리의 활물질이 과방전 또는 장기 방치 등에 의해서 백색의 결정성 황산연(충전해도 원래의 상태로 돌아오기 어려운 불환원성 물질)으로 되는 것으로서 용량이나 방전전압의 원인이 된다.
싸이클 서비스용 축전지 (Cycle Service Battery)	충전, 방전을 교대로 바꾸어 사용하는 축전지로서 전기차 및 전기 자동차, 골프카 등이 있다.
수소흡장합금 (수소흡수합금)	수소와 반응하여 수소화합물의 형태로 수소를 대량으로 흡수하는 합금으로서 온도나 압력만 바꾸어도 수소의 흡수 및 방출을 가역적으로 되풀이할 수 있다. 따라서 수소의 저장·수송에 이용할 뿐 아니라 수소를 방출할 때의 가스 압력과 반응할 때의 열 등을 에너지원으로 이용할 수 있다. 수소흡장합금으로서는 철-티탄계합금 외에도 란탄-니켈계합금, 마그네슘-니켈계합금 등이 있다.
수산화칼륨 (KOH)	무기화합물의 하나인 포타슘 하이드록사이드(Potassium Hydroxide)는 수산화나트륨(NaOH)과 함께 무색의 고체로 대표적인 강염기이며, 염기성이 너무 강해 피부를 태울 수 있다. 화학적 특성은 수산화나트륨과 비슷하다.
수지상	여러 가닥으로 뻗어 나뭇가지와 같이 된 형상
석탄의 등급 (Coal Rank)	탄화 정도에 의한 분류로서 석탄의 분류를 위해서는 탄화 정도와 구성물질을 기본 요소로 이용하고 있다.
석출현상	고용체 속에 있는 성분이 고용체 밖으로 빠져나오는 현상

ㅅ	
산화 (Oxidation)	어떤 물질이 산소와 결합하거나 수소를 잃는 화학과정으로서 화석연료의 연소과정이나 철에 녹이 생기는 현상을 예로 들 수 있다. 용액상태의 이온 화학에서는 전자 밀도가 줄어드는 과정, 즉 원자가 전자를 잃는 것으로 정의하며, 산소는 전기 음성도가 높기 때문에 산소와 결합하여 분자를 형성하게 되면 전자밀도가 줄어들게 된다. 대기는 많은 부분이 산소로 구성되어 있어 내재적으로 자연 산화력이 있다고 볼 수 있다. 보통 대기오염물질들의 광화학 분해는 산화도가 증가되는 방향으로 일어나며, 결과적으로 어떤 분자에서 수소원자가 감소한다. 메탄(CH_4) → 포름알데히드(HCHO) → 포름산(HCOOH) → 이산화탄소(CO_2)의 화학변환과정을 산화의 예로 들 수 있다.
삼원계 배터리	기본적으로 니켈과 코발트를 합성하여 만드는 LCO에 추가로 다른 원소를 합성하여 만든 것으로, 세 가지 원소가 양극활물질에 포함된다.
슬리팅 공정 (Slitting)	전극을 셀(Cell)의 규격에 맞게 재단하여 자르는 공정
승화성 물질	분자 간 결합력이 비교적 약하여 보통의 온도에서도 액체상태를 거치지 않고 고체에서 바로 기체가 되기 쉬운 물질을 말한다. 나프탈렌, 드라이아이스, 아이오딘 등이 이에 해당한다.
솔라워치	태양광 충전이 가능한 시계
Slot Die	수소 연료전지의 MEA 박막, 전해질막 코팅에 쓰이며, 2차 전지에서 코팅 공정에서 양극활, 음극활 물질이 균일하게 도포되게 해주는 역할을 한다.
용액 (Solution)	불균질혼합물인 현탁액과는 달리 용액 내 어느 지점에서든지 조성이 같다. 영어에서 'solution'이라는 용어는 주로 액체상태인 경우에 사용하지만 고체 또는 기체에 대해서 사용하기도 한다.

ㅇ	
아세틸렌블랙	진공상태의 내화용 연소실에서 800℃까지 예열한 아세틸렌 기체를 열분해시켜 얻는다. 건전지처럼 전기전도도가 커야 하는 물질에 이용된다(사용분야 : 배터리, 고무 컴파운딩, 고무벨트, 폴리머 컴파운딩, 타이어 브레더, 전선).
이온결합	서로 다른 전하 양이온과 음이온들이 서로를 강하게 전기적으로 끌어당김을 말한다.
에너지 저장장치 (ESS)	(Energy Storage System) 에너지 저장시스템이라고도 불리는 ESS는 전기를 저장하는 창고 역할을 한다. 즉, 발전소로부터 온 전기를 보관해 두었다가 필요할 때 그 전기를 다시 꺼내 쓸 수 있도록 하는 시스템이다.
에이징 (Aging)	• 전기장치와 전기절연의 열적인 분류. 사용기간에 따라 생성하는 불가역 열화(통상의 열화현상) • 숙성되어 가는 현상
오옴 (Ohm)	전류가 흐를 때 열을 발생하는 전기저항을 나타내는 단위
오옴의 법칙 (Ohm's law)	전기회로에서 전압, 전류, 저항 사이의 상관관계를 나타내는 식이다. 전압(V) = 전류(I) × 저항(R)으로서 전압, 전류, 저항의 3가지 값 중에서 어느 2가지 값을 알면 나머지 값도 위의 식을 사용해서 계산할 수 있다.
요오드이온 (아이오딘화 은, AgI)	강한 환원제로 쉽게 전자 하나를 방출한다. 요오드이온은 무색이지만, 요오드화물 용액에서 요오드화물은 공기 중의 산소에 의해 산화되어 요오드로 유리되므로 갈색 용액이 된다.
와인딩 공정 (Winding)	배터리의 소재를 엮어 돌돌 말아서 원통형이나 각형의 틀에 삽입하기 위한 공정으로서, 원통형에는 주로 와인딩(winding) 기법을 쓰지만 각형 내부 공간에는 완전히 채울 수 없어 에너지 밀도가 낮아지는 단점이 있으므로 최근에는 스태킹(stacking) 방식도 함께 적용하고 있다.
와트 (Watt)	전기에너지나 일을 나타내는 단위로서 출력 또는 소비전력을 표시하는 것이며, 한 번에 얼마만큼의 전기를 쓸 수 있는지를 의미하는 것으로, 예를 들면 1 V의 전압으로 1 A의 전류가 흐르면 1 W 사용출력이 된다는 것을 말한다. 배터리의 용량이 같다고 하더라도 전자기기의 출력이 크면(전압이 세면) 한 번에 많은 에너지를 소모하여 사용시간이 줄어들지만 출력이 작으면 적은 에너지를 소모하므로 사용시간이 길어진다는 의미로 해석할 수 있다.
와트시 (kWh)	배터리의 용량을 표기할 때 사용한다. 즉, 배터리 용량이 30 kWh라고 한다면 30 kW로 1시간 동안 일할 수 있는 용량을 가지고 있다는 뜻

ㅇ	
유도결합 플라즈마 (Inductively Coupled Plasma)	시료를 구성 원소로 완전히 분해하고, 이 원소들을 이온으로 변환시키는 이온화 소스이다.
안전밸브 (Safety Valve)	충전 등에 의하여 발생된 가스로 인해 압력이 높아져 배터리가 파괴되는 것을 방지하기 위하여 일정 이상의 압력이 높아지면 가스가 방출될 수 있도록 한 장치(부속품)를 말한다.
알카라인 (Alkaline)	염기가 지니는 기본적 성질로서 원래는 산의 작용을 중화하고 산과 작용하여 염과 물만을 만드는 성질을 뜻한다. 수용액의 pH는 7보다 크고 붉은 리트머스 시험지를 푸른색으로 변화시키며 페놀프탈레인 용액을 넣으면 붉은색이 된다.
암페어 (Ampere)	전류의 흐름을 표시하는 단위
양극 (Positive Termnal)	축전지의 양극단자(+)로서 금속 납으로 만들어져 있다.
양극전해질 (Anolyte)	전해조 안에서 양극부근에 있는 전해질. 융막(隔膜)이 존재할 경우는 격막의 양극측에 있는 전해질(참조어 : 전해층)
역기전력 (CEMF ; Counter Electromotive Force)	배터리는 배터리의 내부저항(주로 화학적 수단)으로 전압강하가 일어난다. 따라서 충전전압은 충전할 배터리의 역기전력보다 항상 커야 한다.
역적정법	시료에 일정한 시약을 가하여 반응을 끝낸 뒤, 남아 있는 시약을 다른 시약으로 적정하여 시료의 양을 간접적으로 결정하는 방법
역충전 (Reverse Charge)	실수로 극성을 반대로 접속하여 행한 충전, 즉 충전할 예정이었는데 방전이 되고 있는 것을 말하며, 단전지 전압이 바뀔 정도이면 아주 수명을 단축하는 수가 있다.
연신 (Stretching)	일반적으로 필름을 제조할 때 스크류를 이용하여 가열 용융된 Resin을 밀어내는 방식의 압출방식에 의해 제조되는데, 이렇게 가공된 필름은 필름 배열이 헝클어져 있다. 이 상태에서 연신시키면 분자 배열이 연신방향으로 배열을 하게 되고, 한 축으로만 연신한 것을 1축 연신, 두 축으로 연신한 것을 2축 연신이라 부른다. 연신을 하면 플라스틱 필름의 물성이 무연신 필름에 비해 많은 좋은 특성을 지니게 된다.
연신 공정 (Stretching)	가열상태의 중합체를 잡아당기는 공정

ㅇ	
염화암모늄 (Ammonium chloride)	주로 건전지의 전해질로 사용되며, 아연도금·무두질·납땜을 할 때 금속 표면 위의 산화막을 제거한 후에 납땜이 잘 붙도록 하는 납땜용제로 널리 사용한다. 감기약과 진해제의 성분으로서 무색의 결정성 물질이며 물에 잘 녹아 약산성 용액이 된다. 340℃에서 녹지 않고 같은 부피의 암모니아와 염화수소 기체로 된다. 탄산나트륨을 만드는 암모니아-소다법의 부산물로 얻어지며, 이는 황산암모늄과 염화나트륨 용액을 반응시켜 만들 수도 있다.
열가소성 수지	열가소성이란 가열하면 소성 변형하기 쉽고 냉각하면 경화하는 성질인데 금속, 유리, 합성수지에서 볼 수 있다.
열융착 (Heat-Sealing)	2장의 열가소성 플라스틱의 표면을 열과 압력을 가하여 붙이는 것
열화현상	오랜 시간 충전기를 꽂아둘 경우 최대 충전치를 넘는 상태, 즉 과충전으로 인한 배터리의 총용량이 줄어드는 현상 또는 충·방전을 반복하며 배터리 내의 화학적 변화가 누적되며 성능(효율)이 감소되는 현상
열전기 (Thermoelectricity)	종류가 다른 금속선을 양쪽 끝에서 여러 가지로 접합하여 전기 회로를 만든 다음 2개의 접합점에 온도차를 주면 전류가 흐르는 현상
인버터 (Inveter)	연료전지에서 나오는 직류 전원을 교류 전원으로 변환하는 장치
액무 미충전 배터리 (Dry-Uncharged Battery)	전해액을 주입하고 초충전을 행한 후 사용하는 배터리
액입 충전제 배터리	언제나 사용이 가능하도록 초충전이 완료되어 있는 배터리
옥텟규칙	원자는 최외각 껍질이 완전히 채워지거나 전자 8개를 가질 때, 더 높은 에너지를 갖는 전자가 없을 때 가장 안정하다는 규칙이다. 즉, 18족 원소처럼 최외각 전자껍질을 완전히 채워 안정된 상태를 유지하려는 성질을 말한다.
임계점의 온도	어떤 물질의 기체상과 액체상이 같아져 더 이상 분리된 상으로 존재할 수 없는 상태(임계점)의 온도
완전방전 (Full Discharge)	배터리를 정해진 전류로 정해진 종지전압까지 방전하는 것
원자가 전자	원소에서 전자가 있는 전자껍질 중에 가장 바깥에 있는 전자껍질에 있는 전자의 수

ㅇ	
원자흡광분석법 (AAS ; Atomic Absorption Spectrophotometry)	시료용액을 아세틸렌 불꽃 속에 분무하고 중공음극관에서 원자의 스펙트럼선과 분무한 원자의 공명흡수를 이용하여 미량원소를 분석하는 방법으로서 시료는 산 등에서 용액화하므로 화학분석법에 분류되는 경우가 있다. 원칙적으로 한 원소씩 분석하는 것으로 능률적이지는 않지만 분석정밀도는 높다. 1960년대 중반 경부터 염광분석법에 대신하여 사용되었으나, 현재 고주파유도결합플라스마염질량이 분석법 등에 이행하고 있다.
용매	어떤 용액을 만들 때 용질을 녹이는 액체(예 : 물, 휘발성 액체 등)
용량분석 (Volumetric Analysis)	정량하고자 하는 물질의 부피를 측정하여 물질의 양을 계산하는 정량분석의 한 방법으로서 부피분석이라고도 한다.
용량 (Capacity)	만충전된 배터리의 능력을 말하며, 단위는 Ah이다. 한정된 기간에 걸쳐 일정한 율로 규정된 전기량을 방출할 수 있는 만충전된 배터리의 능력을 말한다.
용량보존성능 (Charge Retention)	배터리를 완전 충전한 후 일정조건에서 일정기간 동안 개로상태로 방치한 후 그 배터리가 보유하고 있는 용량을 말한다.
용적효율 (Volume Energy Density)	배터리의 단위용적당 얻어 낼 수 있는 배터리 성능을 말한다. (예 : WH/L, AH/L 등의 단위로 표시한다)
음극 (Negative Terminal)	배터리 또는 축전지의 음극 단자로 금속 납으로 만들어져 있다.
음극판 수축 (Negative Plate Shrinkage)	음극판 활물질이 균열된 형상을 하고 있을 때 나타난다. 충전이 불충분하거나 Expander 기능이 상실되었을 때 또는 점착력 상실로 인하여 활물질이 고밀도화가 되었을 때 생긴다.
인버터 (Inverter)	직류 전원을 교류 전원으로 변환시키는 장치이다. 정전 등의 비상사태에 배터리 전원인 직류를 교류로 변환 공급하여 형광등을 점등하는 등 교류기기의 전원에 이용된다.
인터칼레이션 (Intercalation)	층상구조가 있는 주인(본바탕)물질의 표면에 분포되어 있는 음이온과 결합한 양이온을 손님(첨가)물질의 양이온으로 치환시켜 화학물질들을 삽입하는 가역반응, 즉 층간 삽입화합물이라고도 한다.
MF 배터리 (Maintenance Free)	일반 차량에서 관리가 불필요한 배터리, 즉 밀폐형이라서 따로 증류수 보충 등이 불필요한 배터리를 말한다. 주로 자동차 시동용 배터리를 MF 배터리라고 한다.
UBESS (Used Battery Energy Storage System)	전기차에서 수명을 다한 배터리를 에너지 저장장치(ESS)로 재활용하는 시스템

○	
ICP-MS 분석법	"유도 결합 플라즈마 질량 분석법(Inductively Coupled Plasma-Mass Spectrometry)"을 말하며, 이 분석법은 환경 모니터링, 금속 가공, 임상 연구 등 아주 다양한 산업 분야에서 사용되고 있다.
ICP-MS 시스템	시료 도입 시스템, 플라즈마, 진공 인터페이스, 질량 분석기가 있는 이온 광학부, 이온 검출기를 포함한 5가지 기본 요소들로 이루어져 있다.
IR/OCV검사	내부저항과 전압을 측정을 하여 셀(cell)의 적합성을 선별하기 위한 검사(배터리 내부에 이물질 혼입여부, 배터리 내부 구조가 안정적인지 파악)
ISO 인증	국제적인 표준 기준 인증으로 국내 제품이 국제 기준에도 부합함을 입증하는 기준으로서 우리나라에서 현재 대표적으로 가장 많이 접하는 인증은 ISO 9001 (품질경영시스템)과 ISO 14001 (환경경영시스템)으로 분류
SAE	자동차 엔지니어 협회(Society of Automotive Engineers)
SEI (Solid Electrolyte Interphase)층	리튬이온만 이동할 수 있는 안정된 층이지만 음극재 충전시 SEI층이 굳어지는 현상을 말한다. SEI층 기계적 스트레스에 의해 쉽게 파괴되는데, 충·방전 동안 SEI층의 파괴와 재생성이 반복되면 실리콘 표면에 많은 양의 SEI층이 형성되고 입자 사이의 간격을 떨어뜨리기 때문에 입자간 전기적 접촉이 약화되고 리튬 트랩 현상이 발생하게 된다.
SLI 축전지 (SLI Battery)	일반 차량의 시동(starting), 점등(Lighting), 점화(Ignition)용 차량용 납배터리
Standby Use	트리클 충전 및 부동충전의 불시 사용에 대비하여 항상 충전상태를 유지하는 상시 대기 방식의 총칭
얼터네이터 (Alternator)	처음에는 자동차의 발전기(발전 시스템)를 제네레이터(Generator)라고 불렀다. 제네레이터는 직류 발전기이며, 즉 내부 회전체에 슬립링이 절개되어 극이 바뀌는 걸 막아 한쪽방향으로의 유도전기만 생기게 되는 발전기를 일컬었던 명칭이었지만, 이러한 방식의 발전기는 전기 사용량이 늘어나면서 한계에 도달하게 되고 1960년대 이후로 교류발전 방식이 채용됨으로써 명칭을 얼터네이터라 부르게 되었다. 일종의 합성어로 기존방식과 차별을 두게 된 것이라고 볼 수 있다. 현재는 제네레이터도 자동차용 발전기로 인식되고 우리나라 뿐 아니라 여러 나라에서 공용되는 단어이기도 하다.

<table>
<tr><th colspan="2">ㅈ</th><th></th></tr>
<tr><td colspan="2">자기방전
(Self-Discharge)</td><td>전류를 흘리지 않았는데도 배터리의 용량이 감소되는 것</td></tr>
<tr><td colspan="2">장력
(Tension)</td><td>물체 내의 임의의 면을 경계로 하여 한쪽 부분이 다른 쪽 부분을 양쪽으로 끌어당기는 힘</td></tr>
<tr><td colspan="2">저항
(Resistance)</td><td>전류의 흐름을 방해하는 성질</td></tr>
<tr><td colspan="2">저율방전
(Low Rate Discharge)</td><td>축전지의 용량에 비해 비교적 작은 전류로 행하는 방전을 말하는 것으로 보통 납 배터리는 5시간을 저전류로 행하는 방전을 실시하는 것을 말한다.</td></tr>
<tr><td colspan="2">지각
(Crust)</td><td>대부분 암석 물질들로 구성되어 있는 지구의 최외각 고체부분으로서 지구의 표층부를 형성하는 암석층(두께는 대륙 지역에서 약 35 km, 해양 지역에서 약 5 km임)이다. 땅의 어느 한 모퉁이라는 뜻으로 멀리 떨어진 땅의 일컫는 말로 쓰인다.</td></tr>
<tr><td colspan="2">조어</td><td>이전에 없던 새로운 말을 만듦으로서 여러 가지 접사를 결합하여 새로운 단어를 만들어 사용되는 낱말 → 유사어 : 신조어</td></tr>
<tr><td colspan="2">적정액</td><td>적정에 쓰이는, 농도와 조성이 알려진 표준 용액</td></tr>
<tr><td colspan="2">적층
(Stacking)</td><td>배터리 분리막 필름(Separator Film)에 전극을 일정한 간격으로 부착하고 지그재그로 접어서 형태를 만든 후에 태핑(Taping)하는 공정, 즉 양 · 음극 전극사이에 분리막으로 절연되도록 번갈아서 쌓아올린(Stacking) 후 붙이는(Taping) 공정으로 양극재, 음극재, 분리막이 합쳐진 개별 셀을 층층이 쌓는 방식을 말한다.</td></tr>
<tr><td rowspan="2">전기차
종류</td><td>BEV</td><td>EV (Electric Vehicle) = BEV (Battery Electric Vehicle)
전기를 동력으로 사용하는 자동차로서 보통 EV라고 표현하지만 내연기관 없이 리튬이온 배터리에서 전기를 충전하여 모터를 작동시켜 운행하는 순수 전기차는 BEV로 표현해야 정확하다. 충전된 전기에너지만으로 구동되기 때문에 자동차 구조를 단순화할 수 있으며, CO_2 등 배출가스가 전혀 발생하지 않아 친환경차라고 표현한다.</td></tr>
<tr><td>HEV</td><td>하이브리드 전기차(Hybrid Electric Vehicle)
화석연료 엔진과 전기모터를 함께 사용하지만 배터리를 별도로 충전하지는 않으며, 정상 주행할 때는 엔진을 주로 사용하면서 차량의 발전기에서 나오는 전기를 배터리에 저장하여 시동을 걸거나 고속주행 등 더 큰 출력이 필요할 때는 전기모터를 보조로 사용하는 방식을 채택하는 자동차이다.</td></tr>
</table>

ㅈ		
전기차 종류	PHEV	플러그인 하이브리드 전기차(Plug-in Hybrid Electric Vehicle) 가정용 전기나 외부의 전기 콘센트에 플러그를 꽂아 충전한 전기로 주행하고 전기가 모두 소진되면 가솔린 엔진으로 운행하는, 즉 내연기관과 배터리의 전기동력을 동시에 이용하는 자동차이다. 여전히 가솔린 엔진을 사용하므로 탄소 제로의 완벽한 대안은 될 수 없지만 수소연료전지차가 활성화되기 전 단계로 인식하면 된다.
	FCEV	수소연료전지차(Fuel Cell Electric Vehicle) 수소를 동력의 연료로 사용하는 차로서, 엔진에서 수소를 연소시키므로 배기가스의 청정도가 높고 EV 대비 주행거리 등 에너지 효율도에서도 우수하지만, 높은 연료전지의 가격과 기반 인프라 등이 열위에 있는 차이다.
전기차의 효율		km/kWh로 표기하며, 1 kWh의 에너지를 사용해서 몇 km를 주행할 수 있는지를 나타내는 지표
전고체 전지 (All-Solid State battery)		기존의 액체상태 전해액을 고체로 대체한 차세대 배터리로서 대용량 배터리에 적용 가능하고, 배터리 출력과 수명에 우위성이 있으며, 액체보다도 안전성이 더 높은 형태의 전지를 말한다.
전극공정		양극재, 음극재, 분리막을 제조하는 공정으로서 양극재, 음극재는 Coater, Press, Slitter 장비를 이용하여 코팅, 압착, 절단을 하고, 분리막은 코팅, 절단을 하는 작업을 통해 전기가 통할 수 있는 극판을 만드는 작업
전극재료 용매 (NMP)		(N-Methyl-2-Pyrrolidone) LCD와 반도체 제조 과정에서 세정제로 사용되거나 리튬이온 배터리 전극 제조공정에 쓰이는 제품
전류 (Current)		전기의 흐름을 의미하며, 도체를 따라 흐르는 전자의 이동으로 물의 흐름에 비교할 수 있다(측정 단위는 암페어).
전비		전기차의 연료비
전력변환장치 (PCS)		우리가 주로 사용하는 전기는 콘센트에서 나오는 교류전기인 반면 배터리에 저장되는 전기는 직류전기이다. 외부에서 배터리로 전기를 저장하려면 교류전기를 직류전기로 바꿔주어야 하는데, 이때 교류전기를 직류전기로 바꿔주는 기계를 '컨버터'라고 한다. 이렇게 배터리에 저장된 직류전기를 콘센트를 통해 우리가 사용하려면 다시 교류전기로 바꿔주는 기계인 '인버터'가 필요하다. 여기서, 컨버터의 역할과 인버터 역할, 즉 교류와 직류를 전환하기 위해 인버터와 컨버터의 역할을 자유자재로 전환할 수 있는 변환장치를 전력변환장치라고 한다.

ㅈ	
전석현상	일반적인 리튬이온 전지에 흑연 같은 탄소계 재료를 충전할 때(Li 이온이 흑연에 삽입될 때), 저온 급속충전 하에서는 음극(−극) 중 Li 이온의 고체 내 확산속도보다 부극 표면의 전하이동반응이 빨라진다. 이로 인하여 Li 이온이 부극표면 부근에서 막히게 되어 부극표면에서 Li 이온이 Li 금속으로 석출되는 현상을 말한다.
전압강하 (Voltage Drop)	저항체를 통과할 때 측정되는 전압의 차이
전해액 (전해질, Electrolyte)	배터리 내부의 양극과 음극 극판 사이에서 Li이온이 이동할 수 있도록 매개체 역할을 하는 물질로서 염, 용매, 첨가제 등으로 구성된 물질
전해액 주입	전해액을 주입하여 전극을 함침시키는 E/L Filling 공정
집전체	외부 도선에서 제공되는 전자를 전극 활물질로 공급하기 위해 중간 매집 역할을 하거나 반대로 전극 반응의 결과로 생성된 전자를 모아서 외부 도선으로 흘려주는 전달자 역할을 하는 극판 형상의 구현재료
전퇴	1799년 볼타는 동과 아연 사이에 염수로 적신 종이를 넣고 그것을 적층한 전지인 '볼타의 전퇴'를 만들었다. '퇴(堆)'라는 글자는 높이 쌓는다는 의미로 전퇴는 전지의 작은 요소를 높이 쌓은 것이라는 의미이다.
정격전압	전자 기기 작동을 위한 표준 상태의 전압
정전류 정정압 충전 (Constant Potential Current Regulated Charge)	충전 개시 시에는 일정한 전류로 충전하고, 배터리의 충전이 진행되어 일정한 설정전압에 도달한 이후에는 그 일정한 전압으로 충전하는 방법이다. 설정전압은 가스발생 전위보다 약간 높게 하는 것이 보통이다.
정전압충전 (Constant Potential Charge)	일정한 전압으로 행하는 충전이다. 초기의 충전전류가 극히 크게 되어 비경제적이므로 일반적으로는 사용하지 않고, 이 방법의 변형인 정전류 정전압 충전법 또는 준 정전압 충전법을 사용한다.
정제수 (Pour Water)	이온 교환 수지법, 전해투석법에 의하여 정제한 물을 말하며, 배터리 전해액의 조제 혹은 보수 등에 사용한다. 즉, 불순물이 없는 물을 의미하며, 증류수라고도 한다.
주기 (Cycle)	배터리에서 충전·방전을 1사이클 또는 1주기라고 한다.
준 정전압 충전 (Modified Constant Potential Charge)	충전기의 변압기에 누설 변압기를 이용하거나, 교류회로에 리액터 또는 직류회로에 저항을 삽입하여 초기 충전전류를 제한하는 충전방법
중량 효율 (Weight Energy Density)	배터리의 단위 중량당 나오는 방전성능을 말하며 WH/kg, AH/kg 등의 단위로 표시한다.

ㅈ	
조립공정 (Packaging)	전극과 원재료를 가공 및 조립하는 공정으로서, ① Lithium Polymer Battery – Notching, Stacking, Welding, Pouch Forming, Sealing 등이며, ② 각형, 원통형 배터리 – Winding, J/R insert, Welding, Filing, Washing 등이 있다.
조해성	공기 중에 있는 수분을 흡수하여 스스로 녹는 현상을 말하며, 강염기인 수산화칼륨이나 수산화나트륨이 이러한 성질을 가지고 있다(예 : 소금을 그릇에 담아 두면 물을 적시지 않아도 눅눅하게 되는 현상을 말한다).
직류 (Direct Current)	한쪽 방향으로만 흐르는 전류(예 : 건전지에서 흐르는 전류)
직렬회로 (Series Circuit)	직렬연결이란 하나의 전지의 +극은 다음 전지의 −극에, 그 전지의 +극은 또 다른 전지의 −극에 연결하는 것이다. 12 V 배터리 n개를 직렬 연결하였다면 단자 전압은 배터리의 1개의 전압의 n배가 된다. 그러나 내부저항도 n배가 된다.
전리	전해질의 일부가 용액 속에서 전기의 성질을 띠는 이온으로 분해되는 현상
전해반응 전기 분해	상업적으로 소듐, 염소와 수산화소듐, 알루미늄 제조에 사용되고, 전해 정제와 전기 도금에도 이용된다.
절연전압	출력단자와 그라운드(샤시) 사이에 접속할 수 있는 최대 외부전압을 나타내는 전원의 규격전압
접지 (Ground)	회로를 접지시키는 연결이다. 자동차용의 경우 어떤 요소에 직접 연결하는 대신 회로로 사용되는 차제에 배터리의 한 케이블을 직접 연결한다.
진공건조공정 (Vacuum Drying)	완성된 극판을 진공챔버에 넣어 극판에 포함된 수분을 제거하고 잔류응력을 완화시키는 공정
젤리롤 (Jelly Roll)	배터리의 기본 단위인 셀(Cell)을 만들기 위하여 양극판과 음극판과 분리막을 접합하여 롤 형태로 감아놓은 전극 조립체
젤라틴−화	젤라틴으로 전환되거나 젤리같이 되는 현상
즉용식 납배터리 (Dry-charged Battery)	주액 후 초충전을 실시하지 않고도 사용 가능한 납배터리로서, 일반적으로 간단한 보충전을 필요로 하는 것이 많다. 또 보충전을 하면 배터리의 성능을 초기부터 충분히 발휘한다.

ㅈ	
중국의 폐배터리 재활용 기업	① 거린메이(GEM) – 후베이성 BYD, 토요타, 혼다, 폭스바겐 등 100개 자동차 기업과 협업해서 중국의 동력전지 회수 체계를 구축하여 중국 전체 폐전지 회수의 10%를 차지하며, 매출원은 전지 재료로 비중이 57%이다. 폐기 배터리 재활용 소재가 21%를 차지하고, 나머지는 전자제품 중금속의 쓰레기를 처리한다. 전지 재료(황산니켈, 황산 코발트, 전구체 등)는 원재료를 매입하여 가공해서 판매매출 총이익률이 22%, 폐기물 처리 이익률은 14%이며, 분말(코발트 분말, 니켈 분말, 텅스텐, 카바이드 분말, 탄산 코발트 등) 사업부문에 폐전지 재활용이 포함된다. 코발트 분말의 매출총이익률은 21%에 달하는 고 마진의 사업을 하는 기업이다. ② 화유 코발트(Huayou Cobalt) 금속 생산 및 가공 서비스 제공업체로서 글로벌 고객을 대상으로 한다. 우리나라에서는 포스코케미칼의 코발트 공급사이기도 하면서, 양극재 분리기술을 보유한 TMC의 최대주주이다. 주요 매출원은 코발트로 66%를 차지하고, 이익 비중도 81%에 달하는 글로벌 코발트 공급기업이다.
전기 음성도	원자가 전자를 공유하면서 결합할 때 원자마다 전자를 끌어당기는 힘이 다르기 때문에 전자쌍은 어느 한쪽으로 치우치게 된다. 이처럼 분자에서 공유 전자쌍을 끌어당기는 능력을 상대적 수치로 나타낸 것을 말한다.

ㅊ		
초기 용량 (Initial Capacity)		• 제조 후 사용하지 않은 배터리의 실용량 • 사용함에 따라 일시적으로 실용량이 초기용량보다 증가하는 종류의 배터리가 있다. 따라서 이러한 배터리의 초기 용량은 공칭용량보다 적은 일정치 이상이면 양호한 것으로 규정하고 있다.
초박막		일반 박막보다 극도로 얇은 막
초충전 (Initial Charge)		충전되지 않은 배터리에 처음으로 행하는 충전이다. 전해액 주입 후 비교적 적은 전류로 장시간 통전하여 활물질을 충분히 활성화시킨다.
출력밀도 (Power Density)		배터리의 단위 중량당 나오는 출력을 말하며, W/kg 등의 단위로 표시한다.
충전 (charge)		배터리를 외부 전원으로부터 전원을 공급 받는 것(예 : 휴대폰 배터리를 충전 중)
충전부족 (Under-Charge)		완전충전이 되지 않은 상태를 말하며, 항상 충전부족으로 사용할 경우 배터리 수명이 감축된다.
충전기	급속	축전지, 배터리가 방전되었을 때, 외부에서 전류를 가하여 단시간에 전하를 축적하는 것을 말한다. 통상의 충전보다 전류 양을 증가시키기 때문에 축전지의 온도가 올라가는 등 부하가 걸리고 축전지의 수명이 짧아지는 단점이 있지만, 축전지를 단시간(1시간 이내)에 축전지, 배터리 용량의 50% 전류까지 충전할 수 있다. 그러나 급속 충전기를 이용하면 과대 전류로 충전하기 때문에 축전지, 배터리에는 좋지 않다.
	완속	빠르지 않은 보통의 속도로 전기에너지를 충전하는 것을 말하며, 배터리장 수명에는 장점이 되지만 충전시간이 보통 약 8~10시간 소요되므로 이용을 기피하는 현상이다.
	초급속	기존에 설치된 급속충전기 대비 3배 더 빠르게 충전이 가능한 350 kW급 초급속충전기로서, 전국 주요 고속도로 휴게소 등에 민·관 합동으로 70기 이상 구축되어 있으며 충전시간은 약 20분 정도(단, 차량에 적용된 충전기술에 따라 충전시간 차이 발생할 수 있음)이다.
충전수입성 (Charge Acceptance)		방전된 배터리의 충전 시 전류를 받아들이는 정도
충전종지비중 (Specific Gravity of Electrolyte at the End of Charge)		충전말기에서의 전해액 비중을 말한다. 완전충전을 하지 않으면 그 배터리를 대표하는 비중을 측정하기 어렵기 때문에 주의 하여야 하며, 통상 27℃로 온도를 환산한 비중치를 사용한다.
충전종지전압 (Final Charge Voltage)		충전말기에 통전상태에 있는 배터리의 전압

ㅊ		
충전상태 (State of Charge)		어느 시점의 배터리에 저장된 전기량으로서 배터리가 전류를 방출할 수 있는 전기량의 백분율이다. 즉, 충전상태는 시험하는 시점에서 전해액 속에 남아 있는 순수한 황산 양에 의해 결정된다.
충전지시계 (State of Charge Indicater)		일반 차량 배터리의 충전상태를 외부에서 알아 볼 수 있게 만든 지시계를 말한다. 녹색, 검정, 흰색으로 충전 상태를 나타내는 원형의 Hole이 있는 것을 말하며, '인디케이터'라고도 한다.
침전적정		보통 침전의 발생을 이용하는 경우가 많다. 침전 반응에 의거한 정량, 적정해야 할 이온과 화학량론적으로 반응해서 난용성 침전이 생기는 물질을 적정제로 하고, 그 표준액을 사용해서 적정을 한다. 비교적 조작이 간단하고, 빠르게 정량할 수 있지만 반응의 종점을 확인하는 방법이 적어 이용되는 침전반응은 한정되어 있다. 표준액으로서 $AgNO_3$, NaCl, 티오시안암모늄 또는 KSCN (티오시안산칼륨)을 사용하는 방법이 대표적이며, 분석 원소는 거의 할로겐 원소로 한정되어 있다. Cl^-를 질산은 표준액으로 적정하는 것이 그 대표적인 예이다.
층화현상 (전해액, Acid strat ification)		일반 차량 배터리의 충전 직후나 사용 후 장기간 방치 시 배터리 내부의 상부 전해액과 하부 전해액 사이의 비중 차이로 인하여 분리되는 현상을 의미하며, 보통 0.05 이상 차이가 날 때 층화가 되었다고 말한다. 따라서 전해액 층화현상이 장시간 계속되면 내부극판에 Sulfation 현상이 생겨 배터리의 성능저하를 가져올 수 있다.
측정의 종류	수분 측정	화학자 Karil Fischer가 개발한 특정 물질 함유량 수분검사법으로서 Titrator 적정기라고 한다. 측정하고자 하는 물질과 반응하는 물질의 일정량을 천천히 넣어 주면서 pH변화를 측정하여 함유량을 계산해냈다. 입도, ICP, SSA (비표면적) 등 양극재, 음극재의 핵심 분석 항목들은 대부분 극판 공정과 연관이 높으며 슬러리, 믹싱, 코팅, 컴프레싱 공정들로서 공정들에서 원하는 품질을 얻기 위해서 분석하는 방법이다.

ㅊ		
측정의 종류	ICP 성분 분석	양극재 구성 성분 중 중요 금속인 니켈, 코발트, 망간, 리튬의 비율을 비롯해 철, 나트륨 구리 등 중요한 불순물과 크롬, 아연, 니켈 등 금속성 이물의 함유량을 분석하는 방법이다. 기본적인 원리는 원소를 태워서 나오는 원소 특유의 빛의 컬러를 구분하고 분광하여 분석하는 방법이다. 분석자가 적정 농도의 전처리 용액을 넣으면 자동으로 분석을 하게 된다.
	SSA 비표면적 측정	입자의 표면 면적을 계산해 내는 분석장비로서 일반적으로 양극재는 분석하지 않고, 리튬이온을 받아들이는 음극재에서 중요한 분석 항목이다. 입자 표면을 진공화하고 특정 가스를 주입하여 가스가 입자 표면에 부착되는 것을 이용해 주입된 가스량의 합계를 측정하여 전체적인 표면적을 계산한다.
	XRF 성분 분석	ICP와 비슷한 기능으로 좀 더 범용적으로 사용이 가능하며, ICP는 액체상태에서 측정하고 XRF는 다양한 형태에서도 측정이 가능하다. Sample에 x-ray를 주사하여 나오는 빛을 주사하게 되는데, 실제 원자가 x-ray를 받으면 특유의 2차 엑스레이를 방출하여 이것을 분석하여 포함된 원소의 함량을 분석할 수 있는 기기이다.
	압축 밀도 측정	음극재를 일정한 압력으로 눌러서 얼마나 눌리는 지 측정하여 밀도를 계산하는 것으로서 압축밀도의 측정을 극판 제조공정 중 극판 밀도와 밀착성을 높이기 위한 프레싱공정과 연관이 있다.
	용량 측정	배터리에서 가장 중요한 기능인 용량과 수명을 측정하는 방법이다. 이 성적서는 리튬 하프 셀로 만들었는데, 이것은 개발 단계에서 하는 분석표이고, 일반적인 방식은 코인셀로 배터리를 만들어서 용량을 측정한다. 제작된 코인셀은 간단한 장치를 이용하여 용량을 측정하고, 수명 사이클 테스트까지 진행이 가능하다.
	탭 밀도 측정	음극재 탭의 밀도를 측정하는 것으로서 측정원리는 매스실린더에 파우더를 넣고 진동 탭, 반동을 주어서 파우더가 내려가는 위치를 측정하여 밀도를 계산하는 방법이다.

ㅋ	
카드뮴 (Cadmium, Cd)	은백색의 광택을 띠는 금속으로서 지표면에서 흔히 발견되며 아연, 납 또는 구리 같은 광물과 결합된 형태로 존재하므로 이들 금속을 제련할 때 부산물로 생성된다. 또한 건전지, 페인트 등의 제조에도 사용되며, 금속 용기, 도자기 용기 등에 미량 오염되어 있을 수 있다. 우리나라에서는 2004년부터 독성물질로 분류되어 사용이 금지되었다.
카본 블랙 (Carbon black)	카본 블랙 입자는 보통 구형(공 모양)이며 흑연보다 규칙성이 작은 결정성 물질이다. 카본 블랙을 3,000℃에서 장시간 가열하면 흑연으로 변한다. 지금까지 알려진 미세한 입자로 된 물질 중 카본 블랙은 제조공정에 따라 입자의 크기를 다양하게 변화시킬 수 있는 물질이다. 탄화수소를 부분적으로 연소시켜 그을음 형태로 얻으며, 주로 자동차 타이어 및 다른 고무제품의 강화제와 건조 피막의 은폐력이 큰 검은 색소로 인쇄용 잉크, 페인트, 먹지 등에 사용한다. 또한 보호막, 플라스틱, 전자회로의 저항기로도 쓰이며 강화 충전제로 사용하여 내마멸성과 내연마성을 높게 한다.
카르복시 메틸셀룰로오스 (CMC ; Carboxy Methyl Cellulose)	수용액은 열에 약하고 60°C 이하에서는 안정한데 80°C 이상에서 장시간 가열하면 점도가 저하된다. 알코올, 아세톤, 에테르에 용해되지 않으며 수용액에 황산알루미늄, 염화제이철, 황산구리, 중크롬산칼륨을 가하면 침전되는 물질이다.
캐스팅(Casting)	재료, 결합(배합)방법, 등을 선정하는 것
캔 (Can)	원통형 또는 각형 배터리의 금속 케이스
클림핑 공정 (Crimping)	전해액 누수를 방지하는 공정으로서 원통형 전지의 캔 위 뚜껑에 해당하는 캡을 올려놓고 밀봉시키는 작업공정
코팅 공정 (Coating)	양극은 알루미늄 호일(Aluminium foil)에 양극 슬러리(Slurry)를, 음극은 동박(Cu plate)에 음극 슬러리(Slurry)를 코팅(Substrate)하는 공정
코크스 (Cokes)	석탄(石炭)의 일종으로서 석탄을 공기를 차단한 채 1,000℃ 정도의 온도로 가열하면 기체 성분은 빠져나가고 주로 탄소 성분만 남는데, 이를 코크스라 한다. 코크스는 석탄 덩어리에서 기체 성분이 빠져나가므로 작은 구멍이 많은 다공성 덩어리로 주로 연료에 사용된다.
콘스타치 (Cornstarch)	옥수수를 갈아서 만든 녹말가루로서 푸딩, 아이스크림 따위의 요리용이나 세탁용 풀을 쑤는 재료로 쓰는 물질

ㅋ	
큐어링 공정 (Curing)	① 원래 '치유'라는 의미 ② 배터리의 부풀어 오름 방지를 위한 열처리 공정 ③ 일정한 온·습도로 처리하여 배터리 표면의 데미지(Demage)를 치유함(메꿈)으로서 다른 불순물 방입을 차단하는 공정 (예 : 시멘트의 물 배합에 적합한 온도를 유지하고 물 배합반응에 필요한 수분이 부족하지 않도록 일조, 풍우, 진동 등에 대한 것을 차단한다)
KC (Korea Certification)	지식경제부, 노동부, 환경부, 방송통신위원회, 소방방재청 등 5개 부처에서 각각 부여하던 13개 법정 인증마크를 통합해 단일화 한 국가통합인증마크이다. 산업통상자원부에 따르면 자동차, 가전제품, 소화기 등 730여 개 품목으로 대부분의 생활 필수용품이 포함된다고 하며, KC인증을 완료한 제품이라면 감전, 화재, 폭발 등 위험으로부터 안전하다고 한다.

ㅌ	
티그리스 (Tigris)	고대 메소포타미아 문화의 발달유역을 중심으로 흐르는 티그리스 강은 길이 약 1,900 km로 수원지는 터키아나톨리아에 위치한 하제르 호수와 반 호수 두 곳이며, 두 물줄기는 터키 동쪽의 타우루스 산맥에서 시작하여 남동쪽으로 흘러 이라크 남부의 알 쿠르나(Al-Qurna)에서 유프라테스 강과 합류한다.
터치 패널 (Touch panel)	손가락이나 스타일러스로 화면을 눌러 입력하는 장치를 말하며, 손가락 끝이 닿은 위치를 센서로 검지하여 어떤 표시 요소가 지정되었는가를 특정하고, 대응하는 동작을 한다. 은행의 에이티엠, 역의 승차권 발매기, 스마트폰, 태블릿 PC 등에 쓰인다.
테스트 (Test)	제조공정을 거쳐 나온 배터리는 각종 성능과 수명 테스트를 받는다.
투과 방사선 방법	X선이나 γ선을 강, 알루미늄, 티타늄 등의 피검재료에 투과하여 균질성을 확인하는 방법으로 사용
튜빙 공정 (Tubing)	캔의 외면을 절연성 외피(손으로 만져도 안전)로 피복하기 위하여 캔의 외부에 외장재를 입히는 작업공정
트리잉 (Treeing)	축전지를 장기간 사용함에 따라 양극 활물질이 음극 활물질을 향하여 나뭇가지처럼 뻗어나가거나 성장하여 극판간에 국부적으로 전기적인 쇼트를 일으키는 현상
트리클 충 (Trickle Charge)	배터리의 자기방전을 보충하기 위하여 부하를 끊은 상태에서 항상 미세한 전류로 충전하여 놓은 것으로서, 정전류법과 정전압법이 있다.
탈 이온수 (Deionized water)	이온 교환 수지를 통해 용해되어 있는 이온을 모두 제거한 물
탭 (Tab)	젤리롤에서 각각의 그리드(Grid)로부터 흘러나오는 전류를 모아서 하나의 출력으로 내보내기 위한 단자
통전	전기회로에 단선이나 접속 불량이 없는지 알아보는 것, 전기가 통하게 제대로 연결되었는지 알아보는 것

ㅍ	
파우치 (Pouch)	리튬폴리머 배터리의 봉지재
파우치 필름 (Pouch Film)	배터리 외부를 감싸서 내용물을 보호하는 얇은 필름지(기술장벽이 높아 전량 수입에 의존하고 있다고 한다)
Pouch Forming	알루미늄 소재의 Pouch를 성형하여 그 안에 접혀진 양/음극재와 분리막(Folded Cell)을 넣는 공정
파일럿 플랜트 (Pilot Plant)	대규모의 공장 생산 플랜트의 건설에 착수하기 전에 공정, 설계, 조작 등의 자료를 얻기 위하여 만드는 소규모의 설비
퍼텐셜 에너지 (potential Energy)	물체가 어떤 특정한 위치에서 잠재적으로 지니고 있는 에너지(위치에너지)
포메이션 (Formation)	충·방전하여 전지의 용량을 확인하고 활성화시키는 공정
프로토타입 셀 (Prototype Cell)	• 양산(量産)에 앞서 제작해보는 원형(原型)을 '프로토타입'이라 하는데, 디자인 확인, 경영진 평가, 승인, 관계자에 전시 등을 위해 사용되는 실물에 매우 근사한 풀 사이즈의 모델을 말한다. • 보통은 주행할 수 없지만, 때로는 주행 가능한 모델로 만들기도 한다.
표준전지 전위 (Standard Cell Portential)	이온 농도는 1 M이고, 반응물 기체의 분압이 1 atm, 온도 25℃일 때의 기전력이며, 보통 E°로 표시한다.
폴리에틸렌 (PE)	밀도가 낮아 단단하지는 않은 반면, 신축성이 우수한 저밀도 폴리에틸렌은 가공이 쉽다는 특징과 방수성이 뛰어나고 보온력이 좋기 때문에 농업용·포장용 투명 필름, 종이컵 안쪽의 코팅재료 등으로 사용한다.
폴리프로필렌 (PP ; Poly Prophylene)	일반 PP필름을 일축 또는 이축으로 연신하여 인장강도, 인장탄성율, 충격강도, 인장파열강도, 굴곡수명 등의 기계적 강도 및 내열성, 내한성, 투명성, 가스 차단성 등의 특성을 원래 필름에 비해서 크게 향상시킨 것
폴리비닐리덴 플로라이드 (PVDF)	(Polyvinylidene Fluoride) 불소계 고분자 물질로서 결정성과 열가소성을 가져 가공성이 좋으며, 150°C 아래의 온도에서는 내화학성, 높은 기계적 강도 및 압전특성도 보여주는 우수한 물성의 재료
PT 배터리 (Plastic Twelve Battery)	일반 차량의 플라스틱 재질의 케이스를 사용한 12 V 배터리를 의미하며, 전해액 중 증류수가 가수분해되어 증발하는 양이 많아 주기적으로 배터리의 증류수를 보충하면서 사용하는 보수형 배터리
팽윤현상	어떤 물질이 용매를 흡수하여 부푸는 현상(배터리의 배부름 현상)

ㅍ	
페이스트 (Paste)	건전지, 1차 전지에서 주로 사용되는 용어. 음극에 인접한 전해액을 포함하는 젤라틴화된 층 <참조어> 전해조
플루오린 (F)	육플루오린화 황은 수소 플루오린화 탄소, 프레온 가스 등과 함께 인체에 무해하고 불에 타지도 않는 이상적인 화합물질로서 에어컨 등의 냉매, 반도체를 만들 때 들어가는 세정제 등으로 많이 사용했지만, 오존층 파괴와 온실가스 효과 때문에 현재는 규제 대상이며, 플루오린(F)분자는 상온에서 엷은 황록색 기체로서 다른 할로젠 원소와 마찬가지로 맹독물이다.
플루오린화	어떤 물질이 플루오린과 화합한 것 또는 어떤 물질과 플루오린을 화합하는 것

ㅎ	
하이 니켈 (Hi-nickel)	양극 소재로서 니켈-코발트-망간을 함유한 층상계 소재 중 가격이 비싼 코발트 사용을 최소화할 수 있는 차세대 양극 소재로 주목받고 있다. 하이 니켈 양극 소재는 에너지 밀도가 높고 가격 경쟁력이 우수하지만, 높은 에너지 밀도에도 소재 안정성이 높지 않아 합성이 까다롭고 수명이 짧다는 단점이 지적되었다.
허용 최저전압 (Allowable Minimum Voltage)	부하측의 기기가 요구하는 최저전압에 전지와 부하사이의 접속선 등의 전압강하를 합한 전압
해리현상 (Dissociation)	화합물이 각각의 분자나 원자 또는 이온 등으로 나뉘는 현상 (예 : 염산 HCl이 물에 녹아 H^+와 Cl^-의 두 이온으로 나뉘는 것 또는 생물체 내에서 일어나는 헤모글로빈의 산소운반)
해리반응	분자가 그것을 형성하고 있는 원자단이나 분자로 분해되어 가역적으로 원래의 분자로 되돌아와서 얻을 수 있는 반응
화성 공정 (Formation)	배터리 제조 및 충전 시 극판의 기판에 도포되어 있는 산화연을 양극판의 경우 과산화연으로, 음극판의 경우 해면상연으로, 전기화학적으로 활성물질로 변화시키는 공정
회복충전 (Recovering Charging)	일반 차량의 방전된 배터리를 다음 방전에 대비하여 용량이 충분히 회복될 수 있도록 행하는 충전
해면상연 (Spongy Lead)	전기분해 등에 의하여 해면상으로 생성한 연(납)으로서 납배터리의 음극판 활물질

ㅎ		
한국의 폐배터리 재활용 기업	성일하이텍(주)	국내 최초로 배터리 폐기물을 분해해 습식 제련 과정을 거쳐서 소재 양산에 성공했다. 배터리 재활용 사업은 폐배터리의 확보가 중요한데, 국내외에서 나오는 폐배터리를 가져와 리튬, 코발트, 니켈, 망간 등을 회수하는 작업을 하며, 배터리 업체 가운데 삼성SDI와 거래량이 가장 많다.
	고려아연(주)	주력 제품인 아연은 30.84%를 생산하고 있으며, 연(납) 수요의 대부분은 차량용 배터리 제조용이지만, 그 외에 다양한 용도로 사용되는 특히 연(납)은 재활용이 용이하기 때문에 폐배터리를 이용한 재생 연 생산량의 증대가 예상된다. 2018년 LG화학과 합작으로 2차 전지에 사용되는 양극재는 전구체 원료인 황산니켈을 생산과 폐휴대폰에서 니켈, 구리 등 16종 이상의 귀금속을 추출하여 재활용 중이다.
활물질 (Active Material)		극판에 도포되어 있는 납 화합물로서 황산과의 전기화화적인 반응에 의해서 전류를 발생시키는 활성물질
활성화공정		활성화 장비(Fomation)를 이용하여 배터리에 충·방전 공정을 통한 전기적 특성을 부여하는 공
함침 (Impregnation)		다공성 물체에 기체 또는 액체상태의 물질을 침투시켜 그 물체의 특성을 사용 목적에 따라 개선하는 일
합금 (Alloy)		합금의 성분은 탄소를 제외하면 보통 금속이며, 보통 각 성분의 혼합물을 녹여 만든다. 오늘날 가장 중요한 것은 합금강으로서 철, 탄소 이외 크롬, 니켈, 망간, 몰리브덴, 규소, 텅스텐, 바나듐, 붕소 등을 혼합한 것이며, 용도에 따라 다양한 원소를 혼합해 다양한 성질을 만들어낸다.
황산염 (Sulfate)		황산(H_2SO_4)에서 유도된 여러 가지 염으로서 황산이온(SO_4^{2-}), 나트륨(Na), 마그네슘(Mg), 암모늄(NH_4) 등의 양이온을 함유하고 있는 염으로 이루어진다. 이외에도 영어의 Sulfate는 황산의 에스테르를 뜻하기도 하는데, 이것은 황산의 수소원자가 메틸(CH_3)기나 에틸(C_2H_5)기 같은 탄소를 포함하고 있는 결합단에 의해 치환된 것이다.
희유금속		지구상에 천연 부존량이 적거나, 또는 많이 존재하고 있지만 고품질의 것이나 순수한 금속으로서는 얻을 수 없는 금속
희토류		희유금속의 한 종류이며, 말 그대로 '희귀한 흙'이라는 뜻으로 광물은 아니다. 원소 주기율표에 나와 있는 란타넘(lanthanum)계열 원자 번호 57에서 71까지의 15원소와 3족원소인 스칸듐(Sc) 원자번호 21번, 바로 아래 있는 3족 원소 이트륨(Y) 원자번호 39번 원소를 합친 17원소를 통틀어 말한다. 란탄계열 (금속원소) | 57 La 란탄 | 58 Ce 세륨 | 59 Pr 프라세오디뮴 | 60 Nd 네오디뮴 | 61 Pm 프로메튬 | 62 Sm 사마륨 | 63 Eu 유로퓸 | 64 Gd 가돌리늄 | 65 Tb 테르븀 | 66 Dy 디스프로슘 | 67 Ho 홀뮴 | 68 Er 에르븀 | 69 Tm 툴륨 | 70 Yb 이테르븀 | 71 Lu 루테튬

참고문헌 및 출처

- GREEN CAR 친환경자동차의 모든 것, 국창호 외 3인 엮, (주)골든벨, 2021
- 차세대 배터리개발 경쟁 www.samsungsdi.co.kr LG화학, Technology & Column, 2021 (Data & 출처)
- https://www.samsungsdi.co.kr 삼성SDI, Technology & Column, 2021 (Data & 출처)
- 현대자동차 www.hyundai.com, Technology & Column (Data & 출처), 2021
- 세방전기 www.gbattery.com, Technology & Catalog & 축전지의 취급방법 설명서
- (주) 제이씨리소시즈 회사 소개서
- https://www.ncs.go.kr 국가직무능력표준 NCS (Data & 출처), 2021
- 화학분석 기능사, 김재호, (도서출판) 성안당, 2020
- 전기자동차 시장 및 배터리 관련 기술 연구 동향, 김양화외 3인, KHNES, 2019
- 리튬 2차 전지시장 및 기술동향 분석과 대응방향, KDB미래전략연구소 산업기술리서치센터, 산업은행조사월보, 2019
- https://www.ebestsec.co.kr 이베스트투자증권 Technology & Column, 2021
- https://www.ibks.com IBK투자증권, Technology & Column, 2021
- 환경부 저공해차 통합정보 누리집 www.ev.or.kr/ 자료집, 2018
- 고효율 2차 전지 분야 첨단 기술정보 수집, 오동훈, 장용재, 미래창조과학부
- 리튬 2차 전지 소재 기술동향, 과학기술일자리진흥원, 2018
- 2차 전지, 선우 준 저, (출판문화원) 서울대학교, 2015
- 고효율 중대형 2차 전지 시장동향과 기술개발 전략, 편집부 저, (출판) 씨에치오얼라이언그, 2015
- 오승모, 전기화학, 자유아카데미, 서울, 2010
- https://ko.wikipedia.org (출처), 2010
- https://www.flickr.com (출처), 2010
- 알기쉬운 열의세계, 장길홍 저, (인쇄출판) 보성각, 2009
- 기초일반화학, 대학화학교재연구회 저, (도서출판) 동화기술, 2008
- 위험물각론(제2판), 김창섭 저, (인쇄출판) 토파민, 2008
- 물리학의 이해, 대표역자 조영석, (도서출판) 북스힐, 2007
- 기초일반화학, 대학화학교재연구회 저, (도서출판) 동화기술, 2006
- J. Wang, Analytic Electrochemistry, 3rd Ed., Wiley-VCH, New Jersey, 2006
- G.-A. Nazri and G. Pistoia, Editors, Lithium Batteries, Kluwer Academic Publisher, Boston/New York/London, 2004.
- https://www.samsungsdi.co.kr/column/technology/detail/54229.html (Data & Photo)
- 2차 전지 배터리기술로드맵 점검, 산업브리프 키움증권 www.kiwoom.com 2001 (출처)
- https://chemistry-station.tistory.com/category 화학발전소(Data & 출처)
- https://cheungjae.tistory.co (Data & 출처)
- 삼성SDI 블로그(http://www.sdistory.net/manufacturing) (Data & 출처)

- http://www.kogas.re.kr/gas/window.jsp
- 메리츠증권리서치센터(Data & 출처)
- https://www.earticle.net 고분자 과학과 기술학술원(출처)
- https://www.daum.net/image (한화투자증권 리서치센터 ; 출처)
- https://blog.naver.com/whdans830/222339715645 (Data & 출처)
- 성일하이텍(주), 케이프투자증권 리서치본부(Data & 출처)
- daum 백과사전 (출처)
- 서울와이어(http://www.seoulwire.com) & https://trans-siberia.tistory.com/291 (출처)
- 산업자료, 하이투자증권(Data & 출처)
- https://blog.naver.com/notenter9/222438081760 (photo & 출처)
- https://patents.google.com/patent/KR101342696B1/ko (출처)
- terms.naver.com 네이버 지식백과

• **오서영** (Oh, Seo-Yeong)
(前) 포항대학교 전기에너지과 겸임교수
(現) 대한민국 산업현장교수

• **이정현** (Lee, Jung-Hyeon)
(現) 현대엔지니어링, 폴란드 해외현장

• **윤좌현** (Yun, Jwa-Hyeon)
(現) 포스코, 노무협력실 협력상생그룹 과장

이해하기 쉬운 **2차전지** 정가 24,000원

발 행 2024년 9월 10일 초판 2쇄
저 자 오서영 · 이정현 · 윤좌현
발행인 정우용
발행처 도서출판 **동화기술**
경기도 파주시 광인사길 201(문발동, 파주출판도시)
Tel (031)955-4211~6 donghwapub@nate.com
Fax (031)955-4217 www.donghwapub.co.kr
(등록) 1977년 12월 19일/9-16호

ISBN 978-89-425-9365-1